KB253747

기초 로봇 공학

The Foundation Robotics

오가와 코이치 · 카토 료조 지음
공학박사 김진오 옮김

BM (주)도서출판 성안당

기초 로봇공학

Original Japanese Edition
HAJIMETE MANABU KISO ROBOTTO KOUGAKU
written by OGAWA KOICHI & KATOH RYOZO
Copyright © 1997 by OGAWA KOICHI & KATOH RYOZO
Korean translation rights reserved by Sung An Dang
All rights reserved.

No part of this publication may be reproduced, stored in a
retrieval system, or transmitted, in any form or by any means, electronic,
mechanical, photocopying, recording, or otherwise, without the prior written
permission of the publisher.

이 책은 동경전기대학과 성안당의 저작권 협약에 의해 공동 출판된 서적으로, 이 책의
어느 부분도 성안당 발행인의 서면 동의 없이 전기적, 기계적, 사진 복사, 디스크 복사
또는 다른 방법으로 복제하거나, 정보 재생 시스템에 저장하거나, 또는 다른 방법으로
전송할 수 없음.

한국어판 판권 소유 : **BM** ㈜도서출판 **성안당**
© 1997~2024 **BM** ㈜도서출판 **성안당** Printed in Korea

머리말

공상의 세계에 있던 로봇이 현실적인 것이 되었고 현재 그것이 산업 분야에서 널리 이용되고 있다.

예전에는 소설 속의 세계에서 영웅, 꼭두각시 인형 등이 로봇적인 존재로서 우리들에게 즐거움과 꿈을 주었다. 그런데 이제는 전자공학(일렉트로닉스)을 비롯해서 기계공학, 컴퓨터공학, 정보공학 등, 로봇 기술을 떠받치는 공학기술이 진보·발전한 덕분에 로봇의 실용이 현실화되었다. 산업용 로봇이 실용 단계에 들어선 것은 이미 오래됐고, 최근에는 사람이 살 수 없는 우주 공간이나 심해에서도 서서히 로봇이 사용되기 시작했다.

로봇은 움직인다. 사람들은 누구나 움직이는 것에 흥미를 갖는다. 대학의 공과계, 공업전문대학, 공업고등학교의 기계과나 전기과에는 로봇을 배우고 싶어서 입학하는 학생이 많다. 확실히 로봇은 보고 있어도 즐겁고 만들어도 즐겁다. 그러나 그 구조를 확실히 이해하고 제작하려면 충분한 준비가 필요하다. 로봇이 어떤 물체를 원하는 위치에 재빨리 운반하고 그 물체를 정확히 자리잡게 하려면 계측(센서) 기술, 제어(컴퓨터나 액추에이터) 기술 등 공학 지식과 경험이 필요하다.

본서(本書)에서는 로봇을 배우려는 초보자들을 위하여 '로봇이란 무엇인가', '로봇은 어떠한 구조와 기능을 갖고', '어떻게 움직이는가'에 대한 개요를 알기 쉽게 기술하고 있다. 로봇공학은 기구학, 역학, 제어공학, 계측공학, 전기·전자공학, 컴퓨터공학 등 기계, 전기, 전자 등의 여러 분야에 걸쳐 있는 종합 학문 분야이다. 본서는 로봇을 만들고 움직이게 하기 위해 고려할 사항에 주안점을 두고 로봇 전체를 알 수 있도록 폭넓고 개략적으로 쉽게 기술했다.

제1편의 「로봇공학의 기초」에서는 '로봇이란 어떠한 것인가?', 그리고 '그것을 움직이는 메커니즘은 어떻게 되어 있는가'를 알고자 하는 초보자를 위해 기술하였다.

　　그리고 제2편의 「로봇 제어의 시작」에서는 로봇중에 사람의 팔에 해당하는 머니플레이터에 설명을 한정시켜 그 모델링법과 이것을 움직이기 위한 제어 방법에 대해서 설명하였다.

　　본서 한 권의 학습으로 로봇이 창조된다고는 생각할 수 없다. 로봇이 움직이는 원리와 구조, 이론, 응용의 한 단계를 이해하고, 로봇에 대한 관심을 높일 수 있다면 본서의 목적은 달성된다고 생각한다.

　　마지막으로 출판에 도움을 주신 동경전기대학 출판국의 岩下行德씨에게 지면을 빌어 마음속 깊이 감사드리는 바이다.

小川鑛一・加藤了三

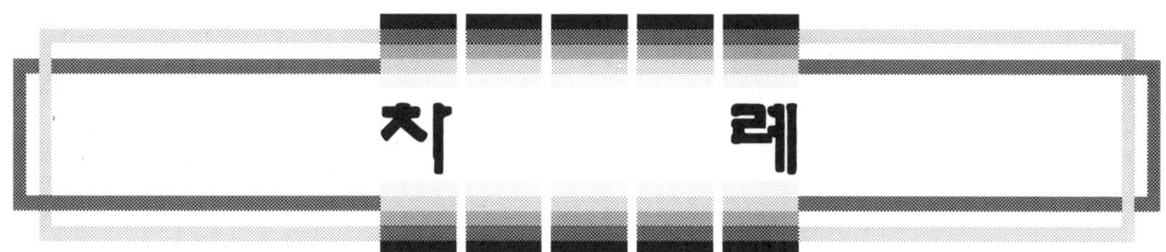

차   례

제1편 로봇공학의 기초

제 2 편 로봇 제어의 시작

제 1 편

로봇공학의 기초

    제1편에서는 로봇이라는 단어, 로봇이라는 이미지를 어렴풋이 알고 있는 초보자가 로봇공학을 학습하는 데 필요한 기본 개념과 관련 학문 분야에 대해서 먼저 기술한다.

    이어서 산업용 로봇을 예로 들어 로봇을 움직이기 위해 빼놓을 수 없는 제어(컨트롤)에 대한 이야기, 로봇 본체의 구조, 움직이기 위해 필요한 기계 요소, 센서나 증폭기 등의 전자(일렉트로닉스) 기술 등에 대해서 알기 쉽고 상세하게 기술하였다.

    로봇의 움직임을 보고 있으면 재미있다. 그러나 이것을 만드는 데는 많은 어려움이 뒤따른다.

    제1편을 독파함으로써 그 이유와 로봇이라는 기계에 관한 줄거리를 이해한다면 다행이겠다.

제 **1** 장

로봇이란

움직이는 것에 흥미를 갖는 것은 사람의 본성으로서, 움직이는 로봇에게 많은 사람들이 매력을 느끼는 것은 이해할 수 있다.

그러나 로봇의 동작 원리를 배우고 그것을 설계·제작하려면 광범위한 공학 분야의 지식과 경험이 필요하다. 따라서 이 장에서는 로봇이란 어떠한 것이고 어떻게 작업을 하는지를 우선 고찰하고, 다음에 로봇공학에 관련된 여러 분야를 살펴본다.

이어서 로봇의 동작 원리를 사람의 동작과 비교해본다.

1·1　로봇의 시작

일반인들은 로봇에 대해 사람과 같은 모습과 형태를 가지고 있고 사람과 같이 행동하는 기계라는 이미지를 갖고 있다. 이와 같이 행동하는 로봇은 지금까지 많은 SF 소설에서 소개되었고 우리 인간에게 많은 꿈과 희망과 용기를 주었다.

「로봇」이라는 말은 체코슬로바키아의 작가 카렐 채펙의 조어이다. 그의 작품 「로섬 유니버설 로봇 회사(R.U.R)」(희곡, 1920년)에 나오는 로봇은 복잡 정교한 장치에 의한 인공의 자동 인형이다. 그 후 1939년경 아이작 아시모프는 로봇에 관한 많은 소설을 썼다. 그의 작품에 등장하는 로봇은 정교하게 설계된 안전한 기계로서, 아시모프의 로봇 3원칙이라고 하는 다음과 같은 원칙을 가진 것이었다.

제1조 : 로봇은 사람에게 위해를 가해서는 안되고 사람에게 위해가 미치는 것을 방관해서는 안된다.

제2조 : 로봇은 사람이 부여한 명령에 복종하지 않으면 안된다. 다만 제1조에 반하는 경우는 그렇지 않다.

제3조 : 로봇은 제1조와 제2조에 반하지 않는 한 로봇 자신을 지키지 않으면 안된다.

이렇게 해서 「로봇」이라는 말이 세상에 나온 이후 근대 기술의 핵심을 모은 산업용 로봇이 출현하기까지 다시 또 수십 년이 소요됐다. 오늘날 로봇은 컴퓨터로 제어되고 고도로 자동화된 기계적인 머니퓰레이터로서 산업면에서 중요한 역할을 수행하고 있는 것은 모두가 알고 있는 사실이다.

오토메이션(자동화 ; 자동 기계, 자동 장치)과 로봇은 관련이 깊은 기술이므로 여기서는 양자를 비교해서 생각해 보기로 하자. 산업에서의 **오토메이션**은 「기계적, 전자적으로 조업 및 제조를 계측·제어하는 기술로서, 컴퓨터를 기본으로 하는 시스템에 관한 기술」이다. 이 기술의 예로는 산업의 각종 제조 프로세스에 응용되고 있는 피드백 제어시스템, 제조 라인, 자동화된 조립용 기계, 수치 제어에 의한 기계(NC 공작 기계), 로봇 등을 들 수 있다. 따라서 로봇은 사람의 작업을 대신하는 산업 자동화 기술의 한 형태라고 할 수 있다. 산업용 오토메이션에는 고정화된 오토메이션, 프로그램 가능한 오토메이션, 플렉시블한 오토메이션이 있다.

「**고정화된 오토메이션**」은 제품의 생산 규모가 큰 경우에 제품을 효율적으로, 또 가공·조립을 신속하게 하기 위해 특정한 전용 설비·장치를 바탕으로 하는 것이다. 이러한 종류의 「고정화된 오토메이션」은 제품을 만들지 않으면 그 생산 설비를 사용하지 않게 되는 결점이 있다. 따라서 단명의 제품 제조에는 적합하지 않은 방식이다.

「**프로그램 가능한 오토메이션**」은 제품의 생산 규모가 비교적 작은 경우에 적합하며, 만들어야 할 제품에 다양성을 부여할 수가 있다. 이 경우의 생산 설비는 제품의 형태에 따라 쉽게 변화·적응되도록 설계된다. 여기서 말하는 「**적응**」이란, '프로그램'에 의한 작업 변경을 할 수 있는 제어시스템을 사용하여 제조하는 제품에 대해서 유연하게 대처할 수 있음을 말한다. 제품을 제조하는 기계 장치의 시퀀스(정해진 순서에 따르는 조립, 제조)는 이 프로그램에 따라서 실행된다. 프로그램 가능한 장치는 제품이 변경되어도 프로그램의 변경만으로 제품을 대량 생산할 수 있으므로 경제적이다. 이와 같이 프로그램이 가능하고 적응성을 가진 제조 장치는 그 장치 하나로 상이한 제품을 소량이라도 경제적으로 제조 가능하다.

「**플렉시블한 오토메이션**」은 한층 더 어려운 다품종 소량생산에 적합하며 프로그램의 변경 등이 센서 정보를 바탕으로 자동적으로 이루어지므로 앞의 두 방식보다 훨씬 지능적이라고 할 수 있다.

산업용 로봇은 제조 장치에 범용성을 갖게 하는 것을 목적으로 하고 있기 때문에 인간적 특성을 부여한 프로그램 기계라고도 할 수 있다.

현재 로봇에서 가장 사람에 가까운 동작을 하는 부분은 움직임이 있는 암(팔)이다.

로봇 암은 프로그램에 따라 시퀀스적으로 움직인다. 암의 동작을 정지하는 시기는 작업 전환시나 작업 종료시이다. 자동화 라인 또는 자동화된 장치와 로봇이 일체가 되어 작업하도록 하기 위해서는 취급하는 제품에 따라 상이한 프로그램을 사용할 필요가 있다. 이와 같은 로봇 작업의 예로 공작 기계 장치에의 가공 소재 설치, 분리, 자동차 제조 라인에서의 의자 반입 작업, 금속 제품의 스폿 용접 작업, 도장 스프레이 작업 등을 들 수 있다. 큰 대상을 취급하는 자동차산업에서부터 미소한 IC(집적 회로) 등의 반도체 본딩 작업에 이르기까지 열거할 수 없을 정도로 다양하게 응용되고 있다. 또한 최근에는 우주 로봇, 심해 로봇, 기상 관측 로봇, 유원지의 어뮤즈먼트 로봇 등 직접 산업과 관계없는 분야로도 로봇의 활약 장소가 확대되었다.

산업용 로봇은 사람의 모습·형태를 닮지 않아도 되며 사람과 같이 행동할 필요도 없다. 산업용 로봇은 공장 바닥에 고정되는 경우가 많고 그 움직임도 한쪽 암에 의해 행해지는 경우가 많다. 미래형 로봇의 움직임은 사람의 움직임이나 행동에 가까워질지도 모른다. 그렇게 되기 위해서는 로봇에게 고도의 센서 능력을 주어 보다 지능적인 조작을 할 수 있게 하고, 로봇 자체가 이동할 수 있도록 하지 않으면 안된다. 또한 로봇은 사람과 같이 적은 에너지 소비로 활동할 수 있어야 한다.

1·2 로봇은 어떻게 작업을 하는가

로봇은 자동적으로 움직이는 기계의 일종이다. 더운 곳이나 추운 곳 등 과혹한 장소에서도 사람을 대신하여 불평없이 계속 일을 할 수 있다. 그러나 로봇을 사용하는 경우에는 그 사용 목적에 따라 로봇의 작업을 가르쳐 주어야 한다.

사람은 그리 의식하지 않아도 자신의 팔이나 손가락을 간단히 움직일 수 있다. 그러나 로봇 암 선단의 핸드 위치는 사람이 가르쳐 주지 않는 한 자체적으로 핸드를 움직여 목표 지점에 도달시키는 것이 불가능하다. 로봇 핸드를 어떻게 움직이고 핸드 위치를 어디로 정하는가는 사람이 교시해서 정하지 않으면 안된다.

제품이 들어 있는 골판지를 트럭 짐받이에 적재하는 로봇을 생각해 보자. 사람이 적재하는 경우라면 양 팔을 벌려 골판지 상자를 들어 올려 트럭 짐받이에 쉽게 얹을 수 있다. 양 팔을 사람과 같이 벌려 화물을 안을 수 있는 로봇은 아직 본 적이 없다. 그래서 이와 같은 골판지 상자를 이동시키는 경우는 로봇 핸드부에 흡입기를 달아 그 흡입기를 골판지 상자 윗면에 붙여 들어 올리는 동작을 시킨다. 들어 올린 골판지 상자를 트럭 짐받이상에서 어떻게 배열해 나가는가도 사람이 정해주어야 한다. 그것을 로봇이 자동적으로 배열해 나가도록 하려면 짐받이의 환경을 사람이 인식하여 미리 짐을 쌓는 위치나 순서를 로봇에게 가르쳐 주지 않으면 안된다. 일반적으로 로봇을 둘러싼 환경은 사람이 인식하고 그것을 교시해 주지 않으면 움직일 수 없다. 그 교시 결과, 골판지 상자를 잡은 로봇 핸드는 지시받은 대로 움직일 수 있게 된다.

사람은 트럭 짐받이를 보면 그 높이, 넓이, 적재 순서를 곧 이해한다. 그러나 로봇은 이해할 수 없으므로 미리 이동시켜야 할 높이, 위치를 로봇에게 지정해 주지 않으면 안된다. 이것이 로봇에 대한 교시이다.

1·3 로봇의 운동을 위한 제어

자동차 제조 라인의 스폿 용접 로봇에서는 용접하는 장소의 위치결정이 중요하다. 이 경우 사람은 「위치결정」을 비교적 간단히 한다. 한편, 전자회로나 반도체 소자의 와이어 본딩 작업은 그 「위치결정」에 높은 정밀도가 요구되므로 사람에게는 힘든 작업이다. 그런데 이러한 「위치결정」을 로봇에게 시킬 경우, 처음에는 다소 어려움이 있지만, 일단 그 방법을 교시하면 사람이 따를 수 없을 정도의 정확성과 빠른 속도로 실행한다. 물건을 운반하는 경우 「위치결정」에 어떠한 문제가 있는가를 생각해 보자. 그림 1·1에 나타낸 것과 같이 가벼운 물체 W를 a 위치에서 b로 이동시키는 것을 생각해 본다.

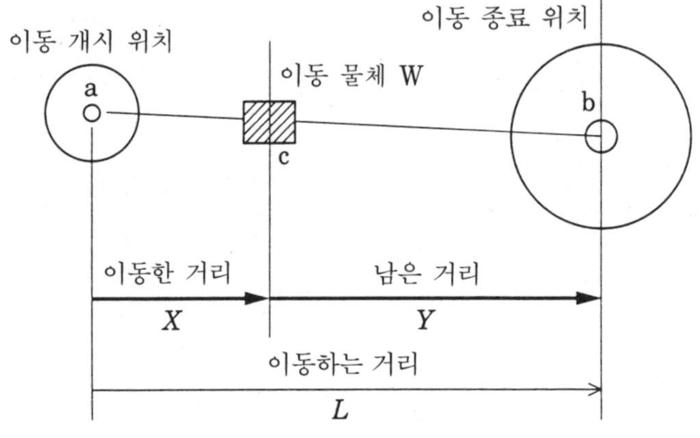

그림 1 · 1 로봇에 의한 물체의 이동과 위치결정

사람이 물체를 옮길 경우는 우선 물체를 손에 들고 이동을 개시한다. 그 위치를 눈으로 보는 동시에 목표 위치도 확인하여 계속 변화하는 c−b간의 거리 Y를 눈으로 본다.

여기서 a는 출발 위치, b는 목표 위치, c는 경로 도중의 물체 위치이다. 물체가 목표 위치 b에 근접함에 따라 속도를 줄이고 이윽고 위치 b에서 물체를 정지시킨다. 이 정지 위치는 물체와 목표 위치와의 거리 Y가 제로인 곳이기도 하다. 이러한 일련의 행동, 특히 이동시켜야 할 전체 이동 거리 L, 현재 위치 c와 목표 위치 b까지의 거리 Y의 계산은 사람의 두뇌가 한다. 사람이 물체를 손으로 이동시키는 경우의 변위, 속도, 가속도에 대한 개요는 그림 1·2와 같다.

그림 1·3에 나타내듯이 물체 W가 목표 지점 b에 거의 정확하게 도달할 수 있는 것이 이상적이다. 그러나 지나쳐 위치 d에서 정지하는 일도 있다. 이때 목표점으로부터의 차이는 그림과 같이 $\varepsilon(\varepsilon_x, \varepsilon_y)$만큼이다. 이 ε가 제로가 되면 정확하게 「위치결정」이 되므로 ε는 작을수록 위치결정 정밀도가 좋아진다.

그러나 작업에 따라서는 그림 1·3에서 개략적인 목표인 큰 원 내에 들어가면 되는 경우도 있고 세밀한 목표인 작은 원 내에 들어가지 않으면 안되는 경우도 있을 것이다.

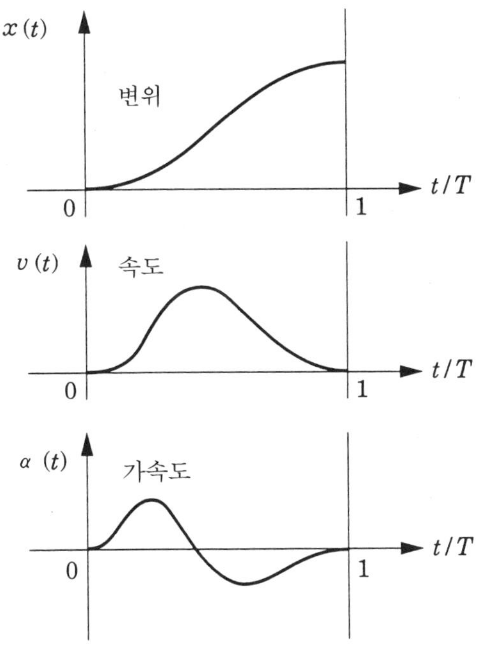

그림 1·2 사람이 물체를 이동시킨 경우의 변위, 속도, 가속도 패턴
(T는 동작 종료 시간이고 t/T는 무차원화 시간)

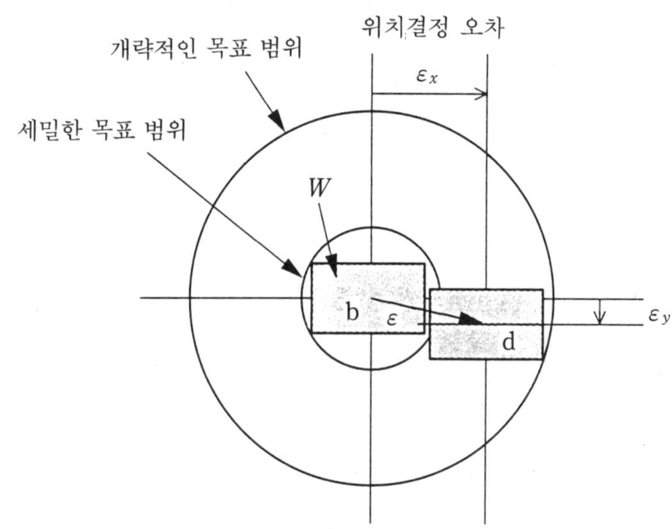

그림 1 · 3 위치결정 정밀도

스폿 용접과 같은 경우는 작은 원 내(정밀도가 높은 예)에 넣고, 또 전술한 트럭의 화물 적재 작업과 같은 경우는 큰 원 내(정밀도가 낮은 예)에 넣는 로봇 위치결정 작업의 예라고 할 수 있다.

로봇 핸드에 물체를 잡게 하여 목표 위치까지 이동시키는 동작이 사람이 하는 동작과 어디가 다른가를 생각해 보자. 로봇은 모터의 구동력으로 동작하고 핸드는 물체를 잡는 능력만 있는 것으로 한다. 또한 그림 1 · 1의 위치 a로부터 이동을 개시하여 계속 변화하는 이동 거리 X는 측정할 수 있는 것으로 한다. 사람이 할 수 있는 일을 로봇에게 시키기 위해서는 물체가 이동한 거리 X를 측정하여 X가 이동 거리 L과 같아진 곳에서 물체를 정지시키면 된다. 이 X가 L과 같아졌다는 것($X=L$)을 로봇이 어떻게 알 수 있는가가 문제이다. 또한 $X=L$이 됐을 때 로봇의 동작을 정지시키려면 어떻게 하면 되는가도 문제이다. 이와 같은 문제를 이론적으로 해석하는 분야가 제어공학이다.

모터에 전압이 가해지면 모터가 회전하고 그 전압이 제로가 되면 모터는 정지한다. 여기서 이동 거리에 비례한 전압을 발생시키는 위치 센서를 사용하는 것으로 한다. 즉, 거리가 X일 때는 E_X [V]라는 전압이 발생하고, 거리가 L이 되면 그것에 대응하는 전압 E_L [V]가 발생하는 센서가 사용되고 있다고 한다.

물체가 이동 거리 L의 중간인 c에 있는 경우 그곳으로부터 목표 위치 b까지의 거리 Y는 $L-X$이며, 그것을 전압에 대응시키면 E_L-E_X가 된다. 이 차의 값을 E_Y 라고 한다.

여기서 a부터 b까지의 전체 이동 거리 L 은 일정하므로 그것에 대응하는 전압 $E_L[\text{V}]$ 도 일정하다. 물체가 목표 위치 b에 근접함에 따라 거리 X 가 증가한다. 한편, 거리 $Y(=L-X)$ 는 감소하고 물체가 목표 위치에 도달하면 Y 는 제로가 된다. 목표 위치를 지나치면 Y 는 마이너스 값이 된다.

물체 이동 개시 시점에서는 전압 E_L 이 모터 입력 단자에 우선 가해진다. 모터 는 그 전압에 비례한 힘으로 회전하기 시작한다. 그 결과, 로봇 핸드는 목표 위치 를 향해서 기세좋게 움직이기 시작한다. 목표 위치에 접근함에 따라 Y 가 작아지 므로 전압 $E_Y(=E_L-E_X)$ 도 감소하여 모터 속도가 늦어진다. 드디어 핸드가 위 치 b에 도달하면 $Y(=L-X)$ 는 제로, 즉 $X=L$ 이 된다. 이 상태의 위치 센서 출력 전압 E_X 는 E_L 과 같아지므로 $E_Y(=E_L-E_X)$ 는 제로가 된다. 따라서 모터 에 전압이 가해지지 않아 로봇의 동작은 정지한다.

그림 1·4는 지금까지의 설명을 도식화한 것이다. 이 그림은 **블록선도**라고 하며, 제어공학이나 로봇공학에서 많이 사용하는 중요한 그림이다. 박스 안에는 로봇 핸 드를 움직이기 위한 모터, 로봇, 위치 센서 등의 요소와 장치명을 기입한다.

박스 안에 그림과 같이 각 요소의 명칭을 기입하고 제어계를 설명할 수도 있지만 후술하는 것과 같이 수식(라플라스 변환)으로 표현한 전달함수 식을 기입하는 경우 도 많다.

요소를 기입한 박스와 박스 사이를 화살표로 연결한다. 이 화살표는 로봇 제어 계에서 사용하는 기계량, 전기량, 경우에 따라서는 공기압량 등의 신호나 파워의 흐름을 나타내고 있는 것에 주의해야 한다.

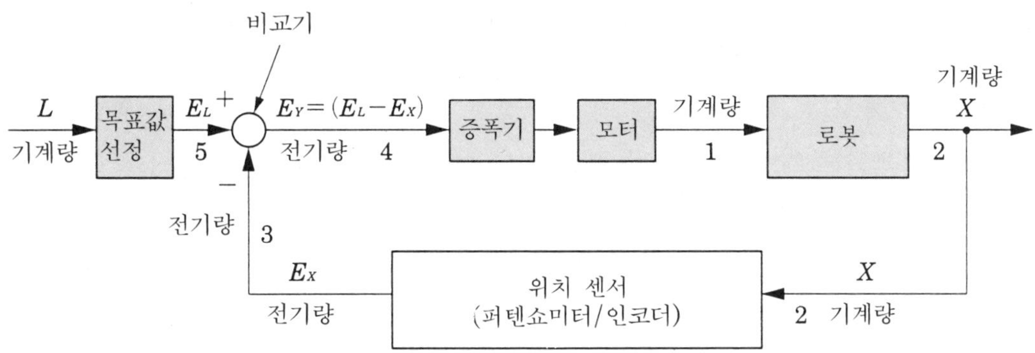

그림 1·4 로봇 핸드의 제어계

그림 1·4의 로봇 제어계의 경우에 대해서 설명하면, 모터와 로봇간의 화살표 1은 기계량 신호(힘의 전달)의 흐름이고 모터의 입력 부분(화살표 4)은 전기량(전압)의 신호이다.

또한 로봇의 출력이고 위치 센서(퍼텐쇼미터)에의 입력이기도 한 화살표 2는 로봇 핸드의 위치 또는 각도 신호이며, 기계량이다. 그런데 위치 센서의 출력(화살표 3)은 전기량 E_X 인 것에 주의해야 한다. 이와 같이 제어계의 신호는 여러 가지 에너지 레벨로서 화살표 방향을 따라 흐른다는 약속이 되어 있다.

E_L 은 이동 거리 L 을 신호(전압, 화살표 5)로 나타낸 값으로서, **목표값**이라고 한다. 그림 안의 ○표시는 **비교기**라고 한다. 여기서는 전압으로 표시된 목표값(지령 신호 E_L)과 위치 센서가 측정한 핸드 이동 거리 신호 E_X 와의 뺄셈($E_L - E_X$)을 하는 연산 요소를 나타낸다.

○표시에 들어가는 화살표 선단 부근에 +와 −기호가 표시되어 있다. 이것은 E_L 이 플러스 신호, E_X 가 마이너스 신호가 되어 각각 ○표시에서 합해진다고 하는 의미를 나타내고 있다. 따라서 ○표시에서 출력되는 신호는 $E_L - E_X$ 의 연산 결과이다.

로봇 핸드의 이동 거리 X (화살표 2)는 **제어량**이라고 한다. E_X 는 그 거리(제어량) X 를 위치 센서(퍼텐쇼미터/인코더)에서 전기 신호로 변환한 값이다. 또한 모터를 돌리기 위한 신호(전압) E_Y 는 $E_L - E_X$ 와 같으며, 이것을 제어공학에서는 **제어 편차**라고 한다.

여기서 그림 1·4는 어디까지나 로봇 핸드의 동작 개요를 설명하기 위한 블록선도이며, 실제로 모터를 돌리기 위해서는 전력(파워)이 필요하다. 이를 위해, 모터 바로 앞에는 파워(전력) 증폭기가 있고 또 그 바로 앞에는 그림에는 표시되어 있지 않지만, 제어의 질을 높이기 위한 제어 장치(컨트롤러)가 있다.

예를 들면 로봇 핸드가 정지하는 경우에 진동하면서 정지하면 곤란하므로 그렇게 되지 않도록 신호 처리를 하는 역할을 갖게 한 것이다. 또한 모터와 로봇의 결합은 일반적으로는 기어를 거쳐 동력을 전달한다. 여기서는 이와 같은 요소와 요소간의 접속 메커니즘의 상세한 설명은 생략한다.

이상의 설명에서 알 수 있듯이 실제로 위치결정 대상이 되는 양은 제어량(기계량) X 이다. 로봇 핸드의 위치결정을 자동적으로 하게 하기 위해서는 앞에서 설명한 것과 같은 피드백 제어가 불가결하며, 그림 1·4와 같은 시스템 구성을 취할 필요가 있다.

1·4 로봇공학을 학습하기 위해

로봇공학을 배우기 위해 필요한 기본 사항을 설명한다. 로봇을 배우고 그것을 만들려면 당연히 그것을 어디(조립용인가 반송용인가)에 사용하는가? 취급하는 대상(자동차와 같은 대형 제품인가, 시계와 같은 소형 제품인가)은 무엇인가? 어떤 환경의 장소(일반 공장에서 사용하는가, 우주 공간이나 해양에서 사용하는가)인가 …등을 미리 고려해야 한다. 그렇지 않으면 설계·제작을 할 수 없다. 여기서는 로봇공학을 배우기 위해 관련된 공학 분야는 무엇인지, 그리고 이들 분야가 왜 필요한가를 생각해 보기로 하자.

지금까지 기술해 온 바와 같이 로봇은 오직 모터만을 원동력으로 하여 움직이는 기계는 아니다. 사람과 같이 지능적인 행동을 실현시켜 사람들에게 도움이 되는 일을 시키기 위한 자동 기계이다. 사람의 행동을 보면 알 수 있듯이, 사람은 손발을 움직여 대상물이 놓인 환경이나 그 상태를 5감을 사용하여 감시한다. 동시에 머리를 써서 일의 상태에 따라 차례대로 판단을 내리면서 행동을 한다.

이와 같이 사람의 행동을 닮은 기계인 로봇에게 사람과 같은 지능적인 움직임을 하도록 구성하려면 운동의 근원이 되는 모터 이외에도 대상물이나 환경의 상태를 인식하거나 감시하는 센서, 그 행동이 올바른가의 여부를 판단하는 컴퓨터 등이 필요하다. 그것들은 모두 사람에 비유하면, 그림 1·5에 나타낸 것처럼, 모터는 근육에, 센서는 눈, 코, 귀 등의 5감에, 컴퓨터는 사람의 두뇌에 대응시켜 생각하면 이해할 수 있다.

전술한 것과 같은 간단한 로봇 핸드를 움직이는 것만으로도 팔(암)이라는 **링크 기구**, 물체를 잡거나 들어 올리거나 하는 **핸드 부분**(이것을 **엔드 이펙터**라고 한다), 암을 움직이는 동력원인 **모터**, 이동 거리를 측정하는 **위치 센서** 등이 필요하다.

로봇의 설계 단계 또는 핸드의 움직임을 검토하는 경우, 각 요소(엘리먼트)의 수학 모델을 도입하여 로봇 핸드의 움직임이나 응답을 계산으로 구하거나 또는 시뮬레이션을 하는 일이 있다. 이 경우 제어 대상(로봇의 팔)의 운동방정식을 유도하여 수학 모델을 작성한다.

이 수학 모델에 대해서 피드백 제어계를 구성하고 컴퓨터로 시뮬레이션을 한다. 1입력 1출력의, 이른바 아날로그 제어계(고전 제어계)에서는 라플라스 변환법에 의해 로봇 핸드의 응답을 어느 정도 해석할 수 있다.

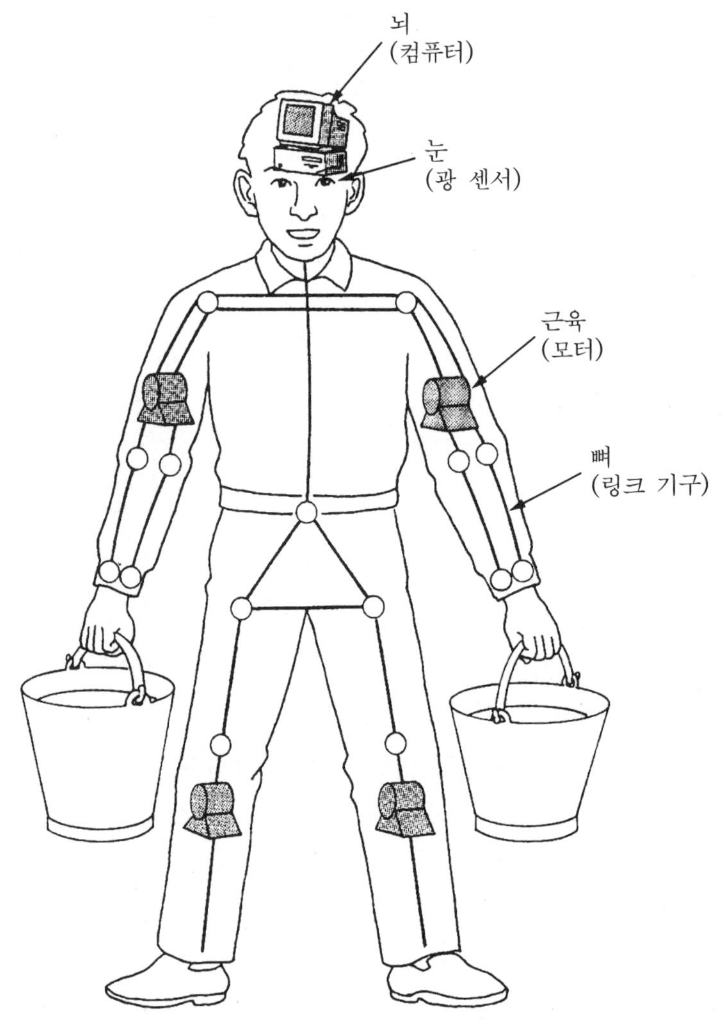

그림 1 · 5 사람과 로봇의 요소 비교

그런데 최근에는 컴퓨터 기술의 발달에 의해 로봇 제어를 디지털로 할 수 있게
되었다. 이렇게 되면 그 제어는 디지털 제어라는 새로운 기술에 따르지 않으면 안
된다. 신호도 당연히 디지털 신호, 그 처리도 컴퓨터에 의한 디지털 신호 처리를
하게 된다. 사용하는 센서도, 예를 들면, 위치 검출 센서에 인코더라는 디지털 센
서가 사용된다. 또한 컴퓨터가 처리할 수 있는 신호는 디지털량이다. 그런데 실제
제어 대상의 제어량(거리나 각도 등)은 아날로그량이다.

따라서 디지털량으로 측정할 수 있는 센서(수는 적다)는 별도로 하고 일반 아날
로그량 측정용 센서에 의한 측정 데이터를 컴퓨터에 집어넣기 위해서는 **아날로그-
디지털 변환기(A/D 변환기)**가 필요하다. 또한 컴퓨터로 처리한 데이터는 디지털

량이므로 그 신호로 보통의 아날로그 제어용 서보모터를 직접 돌릴 수는 없다. 그래서 컴퓨터 출력 부분에 **디지털-아날로그 변환기(D/A 변환기)**가 필요하다.

　앞에서 설명한 것을 종합하여 보면, 로봇을 움직이기 위해서는 그림 1·6과 같이 여러 가지 공학 분야가 관련되어 있음을 알 수 있다.

　최근에는 로봇, NC 공작 기계, 카메라, 표판매기, 현금인출기, 자동판매기, 전자 머신, CD 스테레오 장치 등에서 볼 수 있듯이 기계기술과 전자기술이 공존하고 있다. 또한 그 성능·정밀도를 높여 소형으로 취급하기 간단하고 낮은 가격의 제품이 많아졌다. 이와 같이 기계와 전기·전자기술이 융합된 기술을 **메카트로닉스**라고 총칭하고 있다.

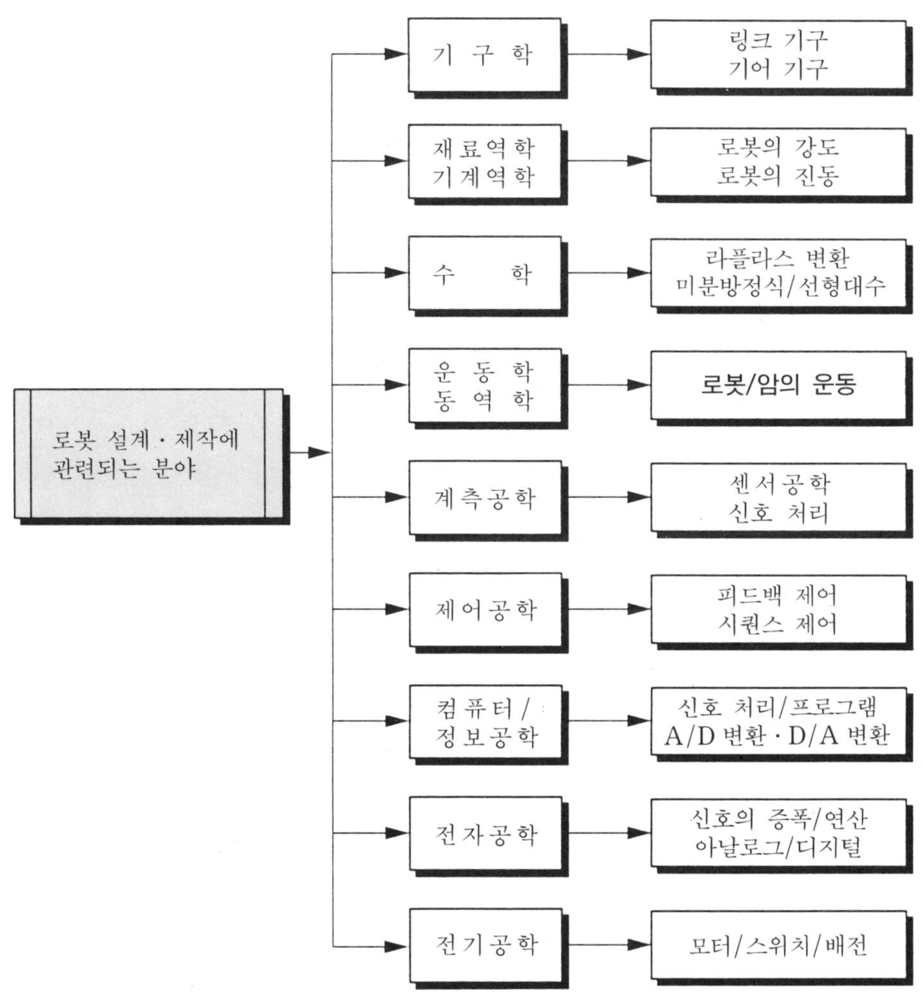

그림 1·6 로봇의 설계·제작에 필요한 지식과 요소

1·5 사람과 로봇의 비교

로봇의 움직임을 실현시키기 위한 제어의 개략은 지금까지의 설명으로 이해됐을 것이다. 로봇의 구체적인 모양과 형상은 어떠한가? 또 그것에 사용되는 구조나 요소는 어떠한 것인가에 대해서는 제2장에서 상세히 설명하겠다.

일반적으로 로봇은 반드시 사람의 형태를 닮지 않아도 된다. 그러나 지금까지 만들어진 모든 건물, 장치, 기계, 도구류는 사람의 치수를 기준으로 하여 만들어져 있다. 그러므로 로봇에게 어떠한 일을 시키려면 인간형 로봇이면 여러 가지로 편리할 것이다.

그러나 사람과 같이 훌륭하게, 그리고 많은 기능을 가지고 일을 처리할 수 있는 자동 기계는 아직 없다. 양손을 사용하여 컵에 맥주를 따르거나 여러 대의 로봇이 협조하여 일을 하는 등의 로봇은, 연구는 하고 있지만 실용되지는 못하고 있다.

산업용 로봇의 기본 구조는 **직교 좌표형**, **원통 좌표형**, **극좌표형**, **다관절형**으로 분류된다. 사람의 팔과 가장 가까운 모양의 로봇은 다관절형 로봇이다. 그래서 다관절형 로봇을 사람과 비교하면서 로봇과 사람은 어디가 어떻게 다른가를 생각해 보자.

그림 1·7은 다관절형 로봇과 사람의 형태를 나타낸다. 그림 (a)의 로봇은 산업용 로봇으로서 물체를 잡고 운반하는 기능밖에 가지고 있지 않은 것으로 한다. 이 것이 현재 많이 사용되고 있는 산업용 로봇이다. 이제 그림 (a)의 로봇과 그림 (b)의 사람을 비교하면서 생각해 본다.

일반 산업용 로봇은 관절각 측정용 각도 센서, 물체의 파지(把持) 확인용 힘 센서 등, 얼마 안되는 수의 센서밖에 가지고 있지 않다. 한편, 사람은 눈(시각), 귀(청각), 코(후각), 혀(미각), 피부(촉각)와 같은 훌륭한 5감(센서)을 가지고 있다. 그리고 또 신체 전체의 피부 표면에는 온도를 느끼는 감각, 아픔을 느끼는 감각도 있다.

사람은 이상과 같은 훌륭한 5감을 가지고 있으므로 자극이 크거나 위험한 환경에 자진해서 들어가서 다치거나 하는 일은 절대로 없다. 화재가 발생한 경우를 예를 들면, 로봇은 그곳을 걸어가도 그 열을 느끼지 못하므로 도망가지 않는다. 이와 같은 로봇의 특성을 반대로 이용하면 불 속에도 태연히 돌입하는 화재 소화 로봇의 출현이 가능해질 것이다.

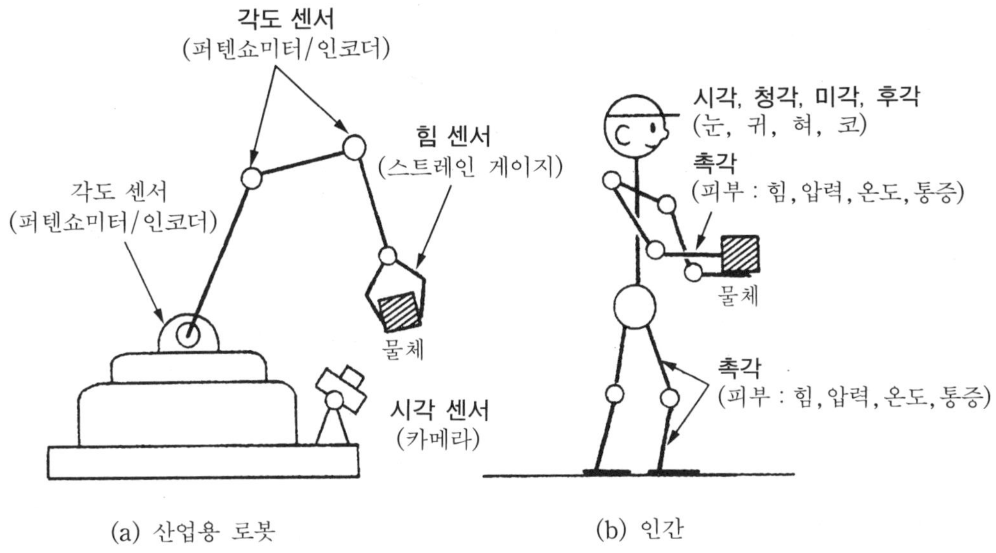

그림 1·7 **로봇과 사람의 형태**

그림 1·7 (a)의 로봇은 극히 간단한 산업용 로봇이었다. 이것을 사람에게 한 발 근접시키고자 기능을 주거나 학습 능력을 갖게 하려는 연구가 시행되고 있다. 그렇게 되면 로봇에게 시각이나 촉각 등 고도의 센서 능력을 갖게 함과 동시에 기억 용량이 대단히 큰 메모리 장치를 갖게 할 필요가 있다. 이와 같이 로봇을 해마다 지능적인 것으로 만들기 위해 노력하고 있지만 사람과 같이 두 발로 걷고 두 손으로 작업을 할 수 있고 또 여러 대의 협력을 필요로 하는 지능적인 작업을 할 수 있는 로봇은 아직 나오지 않았다.

사람이 걸을 수 있는 능력을 가진 대단한 것이다. 매일 사람은 걸어서 미지의 정보를 계속 획득하고 있다. 그리고 이들 정보를 머리 속에 축적하고 과거의 정보나 경험에 의지하여 미래의 일들을 예측하고 있는 것이다.

한편, 로봇은 사람이 절대 할 수 없는 것을 할 수 있는 특징이 있다. 그것은 사람들에게는 도저히 불가능한 스피드로, 또 지치지 않고, 쉬지 않고, 잔소리도 않고 주야를 불문하고 장시간에 걸쳐 일을 할 수 있다.

이 장에서는, 로봇의 형태에 대한 상세한 것은 설명하지 않았지만, 로봇의 동작 원리에 대한 개요와 사람과 비교한 경우의 특징은 이해할 수 있었을 것이다. 다음 장부터는 로봇의 형태, 동작을 주기 위한 기계·전기 요소 등에 대해서 차례대로 상세히 설명하겠다.

연습 문제 [1]

1. 그림 1·2는 사람이 책상 위에 있는 물체를 어느 위치 A로부터 다른 위치 B로 이동시켰을 경우의 이동량(변위), 속도, 가속도의 시간 변화이다. 이 사람 대신 로봇이 상기와 동일하게 물체를 이동시킬 경우에 변위, 속도, 가속도는 대략 어떻게 되는가를 도시하라.

2. 그림 1·4에서 목표값 E_L 을 부여하면 E_Y 가 영이 되는 방향으로 로봇 핸드가 움직인다. 움직이는 도중에 다음의 (1)과 (2)의 경우 로봇의 동작을 고찰하라.
　(1) 비교기가 고장, 화살표 4의 전기량이 갑자기 「제로」가 되었다.
　(2) 위치 센서가 돌연 단선되었다.

3. 로봇에는 센서가 필요하다고 한다.
　(1) 센서란 무엇인가?
　(2) 왜 로봇에게 센서가 필요한가?

4. 사람과 로봇을 대비시키는 경우 사람의 ① 두뇌, ② 근육, ③ 눈은 로봇의 무엇에 대응되는가?

5. 로봇을 배우는 데는 여러 가지 학문 분야가 관계된다고 한다. 그 중 기구학, 제어공학, 전자공학은 로봇을 배우는 데 왜 필요한지를 간단히 설명하라.

제2장

로봇의 형태·구조·요소

　로봇의 모양, 구조, 구성 요소 등에 따라 그 형태는 여러 가지이며, 이들은 로봇이 어떠한 목적으로 사용되는가에 따라서 달라진다. 이것도 로봇인가하고 생각될 만한 것도 있다.

　이 장에서는 산업용 로봇을 예로 들어 로봇의 형태 및 구조를 살펴보고, 로봇을 구성하는 기구에 대해서 알아본다.

　그리고 기계적인 구조나 기구와 액추에이터(모터, 유압 실린더 등의 작동기)에 의해 동작이 어떻게 만들어지는지 알아본다.

2·1 로봇에 필요한 요소

　그림 2·1은 사람이 물체를 들어 올리려고 하는 모습을 나타낸 것이다. 사람은 이와 같은 간단한 동작 하나도 우선 눈으로 물체의 위치, 크기를 확인한다. 그리고 그것을 손으로 잡고 들어 올리는 것이 가능한가를 확인하는 과정을 그리 의식하지 않고 한다.

　그런데 그 물체가 상당히 무겁다는 것을 알면 물체에 몸을 근접시키고 발의 위치를 잡아 그 물체를 들어 올리기 위한 자세를 취한다.

　로봇은 사람과 같은 형태를 취할 필요가 없으며 그림 2·2와 같은 로봇의 구조, 형태면 된다. 이 그림의 로봇과 전술한 그림 2·1의 사람을 비교해 보자.

　그림 2·2의 로봇의 이동 장치는 사람으로 말하면 다리에 해당한다. 그림 2·2는 보행형 로봇을 나타내고 있지만, 로봇은 사람과 같이 두 발 보행으로 이동할 필요는 없다. 자동차나 자전거와 같은 차륜식이면 된다. 그러나 차륜식으로 이동하는 경우는 자동차 도로와 같이 차도를 포장·정비해 둘 필요가 있으며 황무지나 포장되어 있지 않은 나쁜 길을 이동하는 경우라면 차륜식보다 보행형 로봇이 유리한 것을 쉽게 알 수 있다.

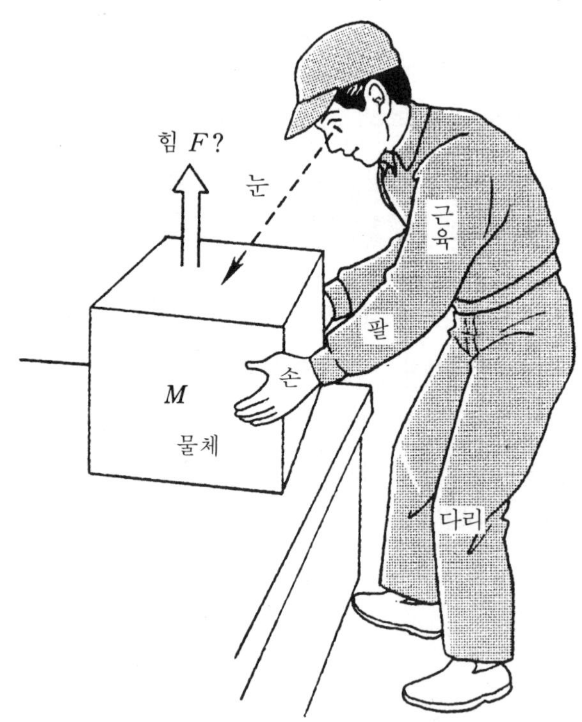

그림 2 · 1 사람은 미지의 중량물을 어떻게 들어 올리는가

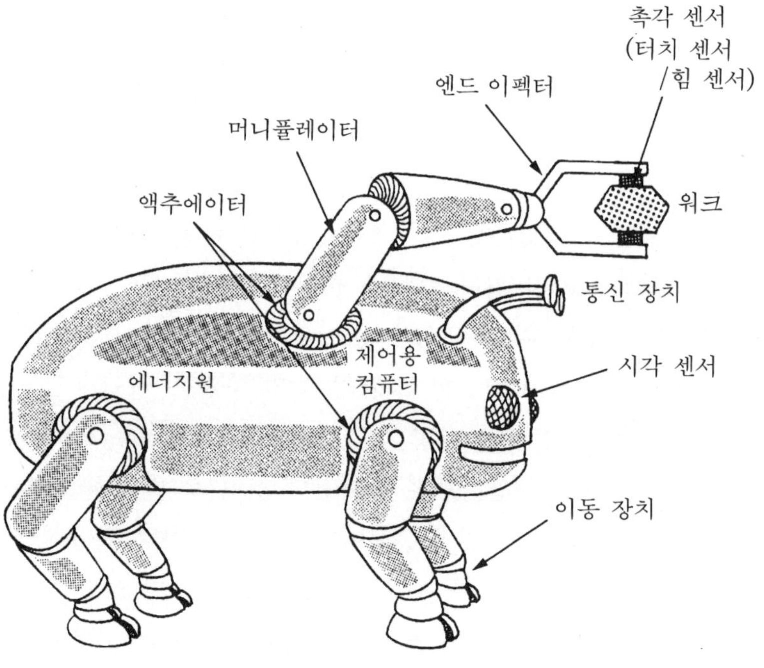

그림 2 · 2 자율형 로봇

사람과 같이 식사를 1일 3회밖에 하지 않고 자력으로 돌아다니면서 일을 하는 로봇이 출현하면 이상적이다. 그런데 그림 2·2와 같은 자율형 로봇은 그 움직임을 부여하는 에너지원이 문제이다.

통상적인 자율형 로봇은 배터리에 의한 「모터 구동」이나 가솔린을 연료로 하는 「엔진 구동」이다. 산업용 로봇에 있어서는 대다수 경우 전선이나 공기(유)압 파이프가 로봇에 접속되고 그로부터 로봇이나 기계에 전기 에너지나 유압·공기압을 공급하여 동작을 실현시키고 있다. 여기서 간단히 그림 2·2에 나오는 로봇의 각 요소에 대해서 설명한다.

● **액추에이터**(actuator) : 전원, 공기압원, 유압원 등으로부터 파워(동력)가 공급되며 로봇에게 동작을 부여하는 모터나 실린더 등과 같은 구동 장치를 말한다. 이것은 사람으로 말하면 근육에 대응되는 것으로서, 「작동기」라고도 불린다.

● **통신 장치** : 원격 조작에 의해 로봇에게 정보를 전달하거나 지시를 주기 위한 장치이다. 이것을 사람으로 말하면 귀(음성 정보의 수신기), 입(음성 정보의 발신기), 코(냄새 정보의 수신기) 등이다.

● **제어용 컴퓨터** : 로봇 내 여러 곳에 배치한 센서가 검출하는 물리(온도, 빛, 소리 등) 정보나 그 처리·연산용 마이크로 컴퓨터로부터의 신호를 통합해서 처리하는 중앙 컴퓨터로서, 사람으로 말하면 두뇌에 대응된다.

● **엔드 이펙터**(end effector) : 작업 대상물을 잡는 그리퍼, 대상물을 도장하는데 사용하는 스프레이 건, 스폿 용접의 전극 접점, 용접의 용접 토치, 드릴, 그라인더, 절단용 워터 제트 등 기기나 용구의 총칭으로서, 로봇 암 선단에 달아 사용하는 것을 말한다. 「효과기」라고도 불리지만 로봇 관계 서적에서는 「엔드 이펙터」라고 표기되는 경우가 많다. 사람으로 말하면 손에 대응된다.

● **머니퓰레이터**(manipulator) : 링크 기구를 기본으로 해서 암, 그리퍼를 구성하는 작업 장치이다. 사람에 비유하면 팔에 해당한다.

● **에너지원** : 배터리와 같은 에너지 축적 요소를 말한다. 에너지원을 독립적으로 갖지 않는 로봇의 경우는 전선이나 파이프를 사용하여 외부로부터 전력이나 공기(유)압을 로봇에게 보낼 필요가 있다. 항공기, 선박, 자동차와 같은 교통 기관(이것들도 대형 로봇이라고 생각할 수 있다)은 제트 연료, 중유, 가솔린 등의 연료가 에너지원이며, 이것은 사람에 비유하면 식료품에 대응된다.

● **센서**(sensor) : 외계(로봇이 설치된 외부 환경)나 내계(로봇 자체의 팔이나 엔드 이펙터 위치나 각도)의 물리 정보나 현상을 잡아 전기 신호로 변환하는 요소를

말한다. 사람에 비유하면 5개 감각 기관인 눈(시각), 귀(청각), 코(후각), 혀(미각), 피부(촉각)에 해당된다.

2·2 로봇의 형태와 구조

로봇의 형태와 구조는 그 로봇을 어디에 사용하는가, 그리고 사용 목적은 무엇인가에 따라 달라진다. 산업용 로봇은 공장 내에 고정되는 경우가 많다. 고정된 산업용 로봇은 주로 사람의 팔과 같은 형태를 취하는 경우가 많다. 그 팔 선단에는 전술한 엔드 이펙터라고 하는 기기나 용구를 달아 작업을 하게 한다. 여기서는 주로 산업용 로봇의 형태와 구조에 대해서 알아본다.

[1] 로봇의 기본 구조

사람의 팔을 움직이는 힘의 근원은 근육이다. 그것은 부드럽고 직동적으로 신축하여 힘을 내는데, 그 변위량은 비교적 작다. 그림 2·3은 사람의 관절을 움직이기 위해 뼈에 근육이 붙어 있는 모습을 나타낸다.

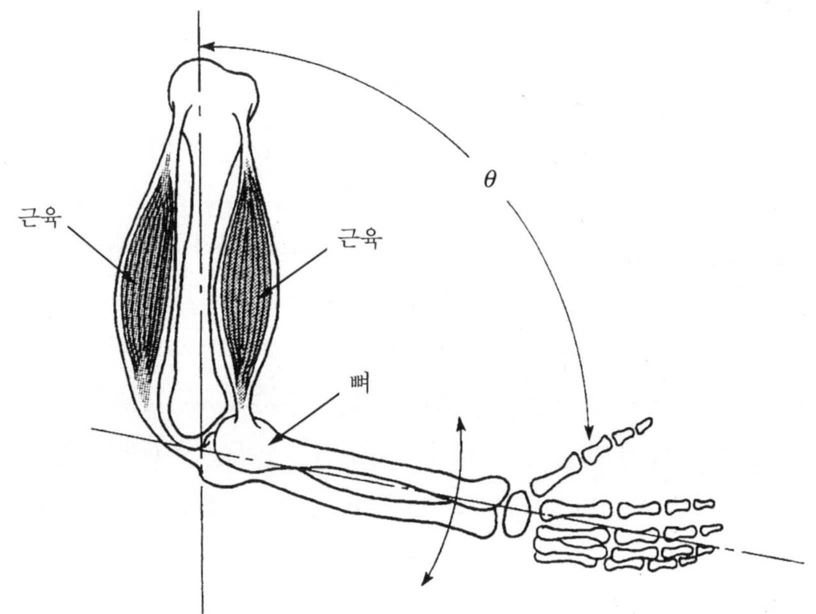

그림 2·3 길항 운동에 의해 움직이는 사람의 팔

그림에서 알 수 있듯이 사람의 팔은 가장 많이 뻗어도 관절각 θ는 기껏 $180°$, 가장 많이 오므려도 $0°$ 정도이다. 근육은 오므릴 때 힘을 내지만 늘릴 때는 힘을 내지 않는다. 그 때문에 그림 2 · 3과 같이 근육은 뼈 양측에 배치되며 어느 편 근육을 오므림으로써 팔을 오므리거나 펴거나 한다. 이와 같은 팔의 움직임을 **길항**(拮抗) **운동**이라고 한다.

이에 비해서 로봇을 포함한 기계 장치의 구동은 전기모터에 의한 회전력, 공기압 실린더, 유압 실린더에 의한 직동력이 대부분이다. 로봇이라는 기계를 움직이는 근원은 이와 같은 회전 또는 직동의 액추에이터이다. 로봇에는 그림 2 · 4와 같이 네 가지 기본 구조가 있다. 이들 로봇은 주로 산업용으로서, 암 선단에 설치한 엔드 이펙터가 대상물을 잡아 소정의 위치에 이동시키거나 워크(가공 물체)와 같은 대상물을 가공 기계에 설치하는 일을 한다.

그림 2 · 4 (a)는 z축 주위의 회전, 수직면 내의 회전, 그리고 반경 방향으로도 직동하는 **극좌표형 로봇**(그림 2 · 5 (c) 참조)이다. 그림 (b)는 수직축 주위의 회전, 수직축을 따른 상하 동작, 그리고 반경 방향으로도 직동하는 **원통 좌표형 로봇**(그림 2 · 5 (b) 참조)이다. 그림 (c)는 x, y, z의 3축 방향으로 직선적으로 움직일 수 있는 **직교 좌표형 로봇**(그림 2 · 5(a) 참조)이다. 그림 (d)는 사람의 팔과 비슷한 동작을 하는 **관절형 로봇**이다. 이와 같은 로봇의 기본 구조를 바탕으로 사용 목적에 맞게 개발된 실용 로봇이 현장에서 많이 활약하고 있다.

[2] 로봇의 위치를 결정하는 좌표계

수학에서 취급하는 좌표계에 직교 좌표, 원통 좌표, 극좌표가 있다. 이들의 좌표계는 그림 2 · 4에서 관절형 로봇을 제외한 나머지 3개의 기본 구조와 일치한다. 이들 좌표계는 공간에 있는 1점의 위치를 나타내는 방법으로서, 가장 널리 알려져 있는 것이 그림 2 · 5 (a)에 나타내는 직교 좌표이다. 이것은 원점을 기준으로 해서 x축, y축, z축의 3개 축이 각각 직교하고 있는 좌표계이다. 각 축을 따라 측정한 위치 x, y, z로 공간의 점 P를 나타낼 수 있다.

그림 (b)는 원통 좌표이다. 이 경우도 공간의 점 P를 나타내기 위해 그림과 같이 r, θ, z를 사용한다. r는 반지름이며, r가 커지면 원통의 굵기도 커진다. θ는 기준축으로부터의 각도로서, 이 θ와 r만으로 평면상의 1점(r, θ)이 정해진다. 다시 또 높이 z를 도입함으로써 공간상의 임의의 1점을 정할 수가 있다.

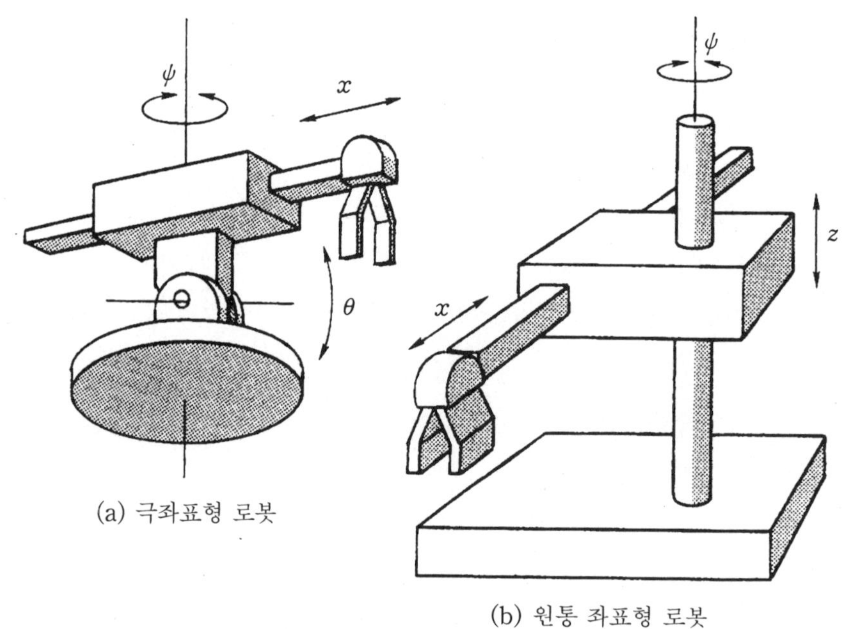

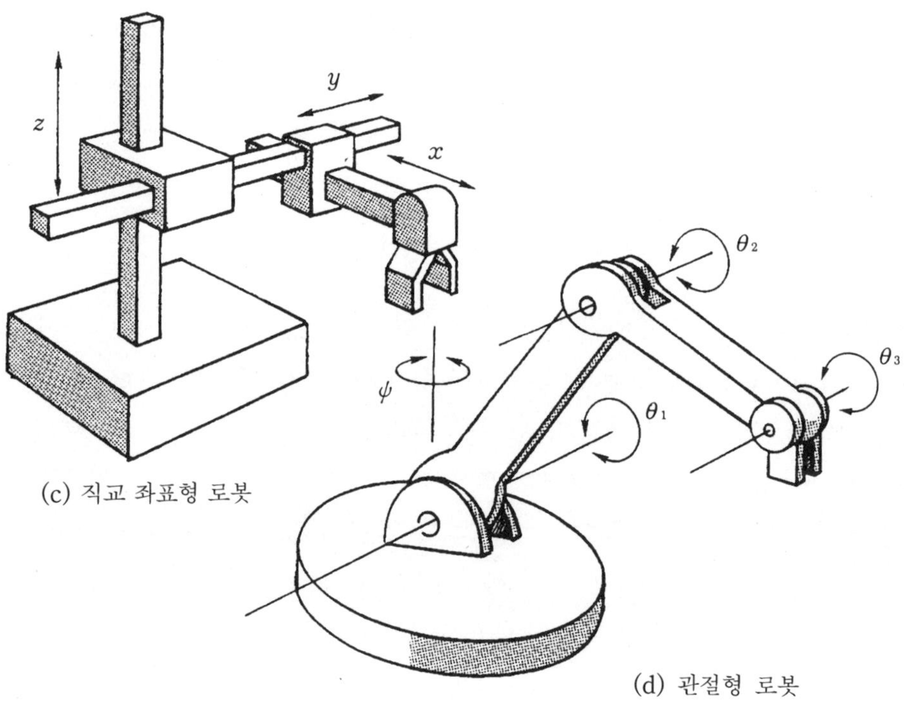

그림 2 · 4   산업용 로봇의 4가지 기본 구조

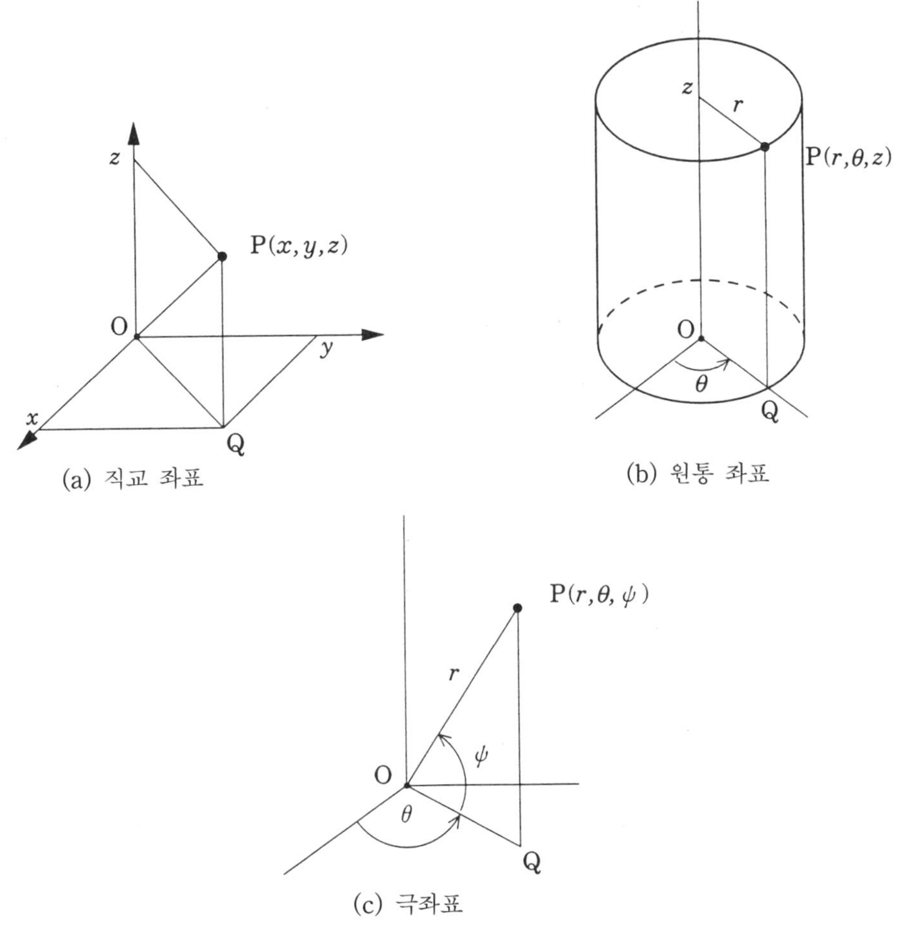

그림 2 · 5 로봇의 위치를 정하는 좌표계

그림 (c)는 극좌표이다. 이 좌표는 그림에 나타낸 것과 같이 길이 r, 평면상의 각 θ, 수직 평면 내에서 수평면과 r가 이루는 각 ψ로 공간상의 점 P를 나타낼 수 있다. 이상 기술한 좌표계를 바르게 정해 두지 않으면 로봇 암 선단을 목표로 하는 올바른 위치로 이동시킬 수가 없다. 이와 같은 이유 때문에, 로봇을 제어하기 위해서는 후술하는 것 같은 어려운 수식이 사용되는 것이다.

예제 **2 · 1** 그림 2 · 4 (a)의 직교 좌표에서 x, y, z가 각각 $1\,\mathrm{m}$라고 한다. 이 직교 좌표(1, 1, 1)를 원통 좌표, 극좌표로 나타내라.

풀이 원통 좌표

$$r = \sqrt{x^2 + y^2} = \sqrt{1^2 + 1^2} = \sqrt{2} = 1.414\,[\mathrm{m}]$$

$$\tan\theta = y/x \text{에서}, \quad \theta = \tan^{-1}(1/1) = 45°$$

$$z = 1 \ [\text{m}]$$

극좌표

$$r = \sqrt{x^2 + y^2 + z^2} = \sqrt{1^2 + 1^2 + 1^2} = \sqrt{3} = 1.732 \ [\text{m}]$$

$$\theta = \tan^{-1}(1/1) = 45°$$

$$\psi = \tan^{-1}(z/\sqrt{x^2 + y^2}) = \tan^{-1}(1/\sqrt{2}) = 35.26°$$

[3] 로봇의 자유도란

우리들이 생활하고 있는 공간에서 임의의 점인 P의 위치는 그림 2·5에 제시한 어느 좌표계로도 나타낼 수가 있다. 그러나 그 것은 좌표를 나타내는 단순한 1점이다. 그 점에 물체가 놓여진 경우, 그 것이 전후 또는 좌우로 경사지는 경우도 있다. 또한 그 위치의 수직축 주위로 요동하는 일도 있다. 따라서 공간에 놓여진 그 물체의 자세를 좌표만으로는 나타낼 수 없다.

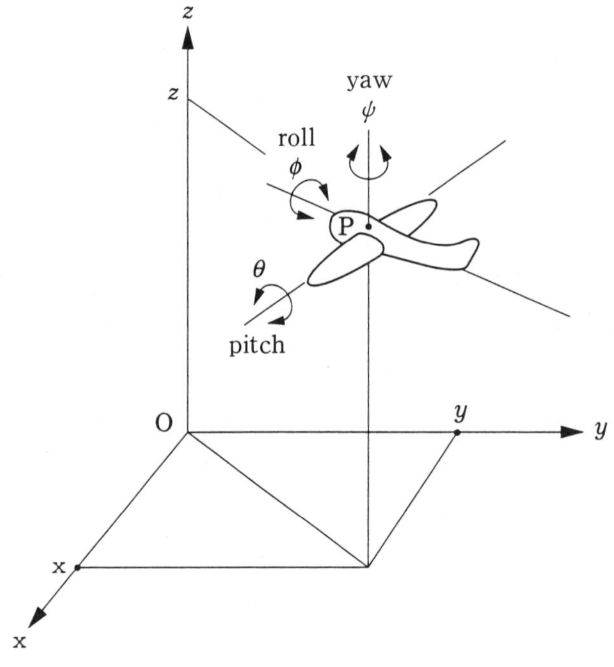

그림 2·6 3차원 공간에서의 자유도에 대한 설명도

예를 들면 그림 2 · 6에 나타내는 것 같은 항공기 위치는 x, y, z의 직교 좌표로 표시된다. 그러나 항공기가 돌풍과 같은 외란을 받을 경우 그림 2 · 6에 나타낸 것과 같이 θ, ϕ, ψ의 요동 운동이 일어난다.

이와 같은 요동 운동을 나타내는 각은 **피치각**(θ), **롤각**(ϕ), **요각**(ψ)으로 각각 호칭되고 있다.

이상 기술한 것과 같이 3차원 공간에 놓인 물체의 상태(위치와 자세)를 나타내는 데는 x, y, z의 위치 정보에 더해서 θ, ϕ, ψ의 각도 정보를 추가한 6개의 변수가 필요하다는 것을 알 수 있다. 이와 같이 물체의 위치와 자세를 정하는 데는 변수가 6개 필요하며, 공간에 놓여진 물체의 자유도는 6이라고 표현한다. 여기서 **자유도**라고 하는 것은 계의 운동이나 상태 변화를 정하는 변수 중 상호 임의로 변화할 수 있는 변수의 수를 말한다.

기계공학의 한 분야인 기구학이나 로봇공학에서 자유도라는 용어가 자주 사용된다. 그림 2 · 7은 자유도가 1과 2인 링크 기구의 예이다. 그림 (a)는 가장 간단한 로봇 암을 상정한 회전형 로봇 암으로서, 변수를 θ로 하는 자유도 1인 기구(로봇)이다.

그림 (b)는 θ_1, θ_2를 변수로 하며, 그림 (c)는 직동 x와 회전 θ를 변수로 하는 자유도 2인 기구이다. 로봇을 포함한 기계는 그 자유도의 수가 많을수록 복잡한 동작을 할 수 있게 된다.

그림 2 · 6에 나타낸 것과 같이 3차원 공간에서 물체가 자유롭게 자세를 바꾸면서 동작할 수 있게 하려면 로봇은 6개의 자유도를 필요로 한다. 자유도가 6인 로봇은 '6자유도 로봇'과 같이 자유도의 수를 앞에 붙이기도 한다.

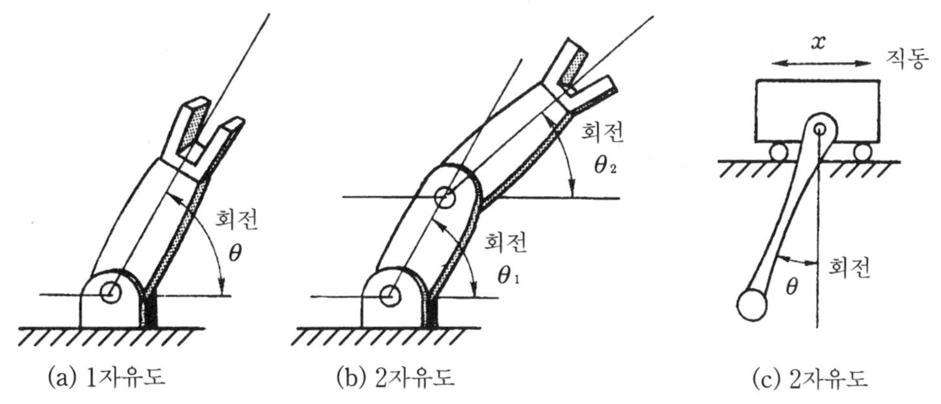

그림 2 · 7 1자유도 및 2자유도 기구

로봇의 선단(엔드 이펙터)이 3차원 공간내에서 자유롭게 동작하여 일을 할 수 있는 경우, 그 선단의 자유도는 6이 아니면 안된다. 그렇지 않으면 사람의 손끝으로 물체를 조작하듯이 자유롭게 물체의 위치와 방향을 결정하는 것이 불가능해진다. 덧붙이자면 사람의 한 쪽 팔(어깨, 팔꿈치, 손목, 5개의 손가락 포함)은 무려 27개나 되는 많은 자유도를 가지고 있다.

2·3 로봇의 관절과 손목

사람의 관절을 움직이는 근원은 근육이다. 사람의 팔은 그림 2·3에 나타낸 것과 같이 근육의 길항 작용에 의해 움직인다는 것은 이미 기술한 바 있다. 그런데 로봇이라는 기계를 움직이는 데는 그림 2·8과 같이 그 기본으로서 직동적으로 움직이는 액추에이터를 이용하거나, 회전하는 모터를 이용하거나, 또는 양자를 병용하는 방법이 있다. 로봇을 움직이는 방법은 몇 가지로 분류할 수 있다.

예를 들어, 그림 2·8 (a)와 같은 직동 운동을 하는 구동 장치로는 공기압 실린더, 유압 실린더 등이 있다. 그림 (b)~그림 (d)에 나타낸 관절은 각각 회전 방법이 다른 것이다. 핸드 부분(엔드 이펙터)을 돌리는 동일한 회전 운동도 그림 (b)~그림 (d)와 같이 이것을 짜맞추는 방법에 따라 운동 방법이 다르다. 사람의 팔을 대비시켜서 생각해 보면 그림 (b)는 팔을 수평으로 펴서 좌우로 크게 돌리는 운동에 해당한다. 그림 (c)는 팔을 비트는 운동, 그림 (d)는 팔을 비행기의 프로펠러와 같이 돌리는 운동에 해당한다.

이러한 구동 장치를 조합해서 3차원적으로 움직이도록 만든 예가 그림 2·9에 있다. 이는 극좌표 방식의 로봇 암으로서, 여기서 극좌표라는 것은 이미 그림 2·5 (c)에 들었다.

그림 2·9와 그림 2·5 (c)를 비교하면 알 수 있듯이 암의 직동 운동이 그림 2·5 (c)의 r에 대응하고 또 각각의 그림에 나타낸 θ, ψ는 각각 그림 2·5 (c)에 대응하는 변수이다.

그림 2·10은 3자유도 로봇의 손목을 나타낸다. 이 손목 부분(엔드 이펙터 부착면)에 작업 내용에 따라 다른 엔드 이펙터(그리퍼, 용접기, 그라인더 등)를 부착하는 것이다. 그림에서 명확해지듯이 회전 부분은 3곳이며 각각 손목의 피치(θ), 롤(ϕ), 요(ψ)이다.

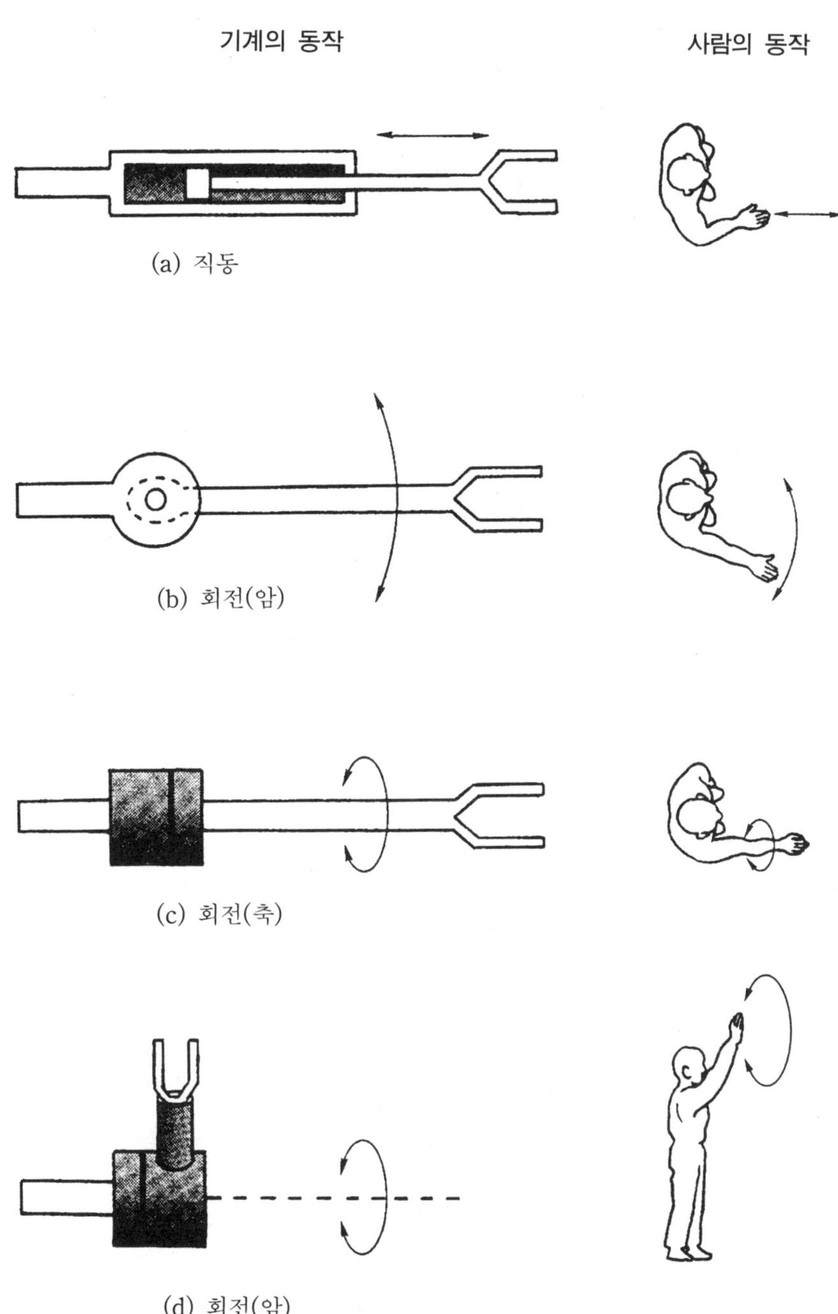

그림 2 · 8 여러 가지의 로봇 관절

이상, 산업용 로봇 암의 기본 구조는 그림 2 · 4에 나타낸 것과 같이 네 가지가 대표적이며 각각의 좌표계에 대응한 로봇 형태와 사람 관절에 대응하는 암이 있음을 설명하였다. 이러한 로봇 암 구동에는 직동하는 액추에이터 또는 회전하는 모터를 사용하게 된다. 이들 구동 기본 구조(관절)는 그림 2·8에 나타낸 것과 같으며, 이러한 관절을 조합함으로써 그림 2·4에 나타낸 산업용 로봇 암이 구성되는 것이다.

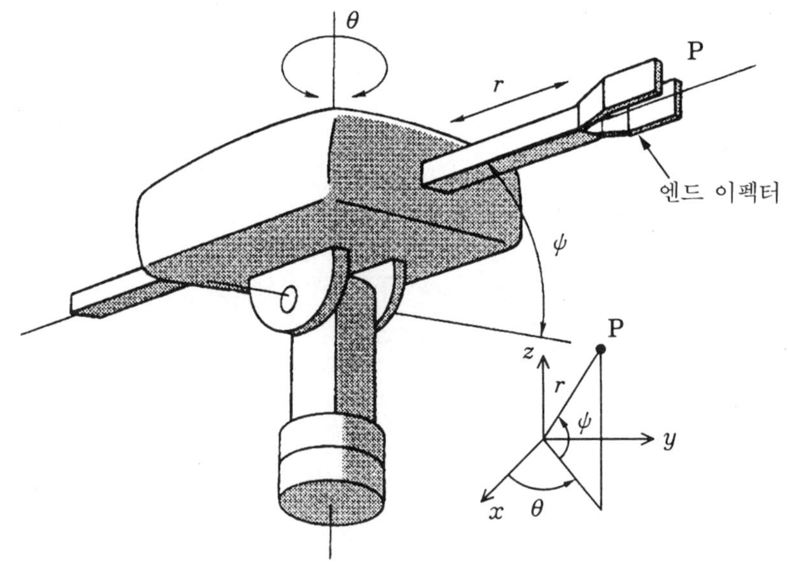

그림 2·9 3자유도 극좌표 로봇

예를 들어 그림 2·9에 나타낸 극좌표 형식의 로봇에 대해서 생각하면 직동, 수직면 내의 회전, 선회에 대한 관절은 각각 그림 2·8의 그림 (a), 그림 (b), 그림 (d)에 대응하고 있음을 알 수 있을 것이다.

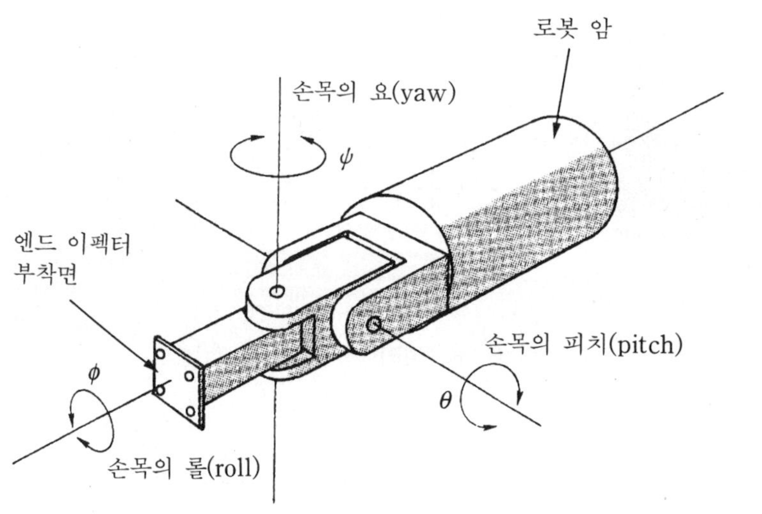

그림 2·10 3자유도 로봇용 손목

2·4 로봇 암과 핸드에 힘을 전달하는 방법

지금까지 기술한 것과 같이 로봇의 동작은 회전 운동 또는 직동 운전을 기본으로 한다. 그리고 로봇 암의 동작을 실현시키기 위해 사용되는 기구는 기계공학의 한 분야인 기구학의 링크 기구, 기어 기구이다. 또한 로봇 암을 직선적으로 움직이기 위한 기본 요소에 볼 나사, 타이밍 벨트, 풀리, 차륜 등이 있다.

로봇의 존재 목적은 사람이 기피하는 물체 또는 위험한 물체를 운반하거나 사람에게 있어서 단조로운 작업을 대행시키는 데 있다. 이를 위해서는 물체를 잡거나 이동시키기 위한 힘이 필요하다. 여기서 그 힘의 전달 방법에 대해서 생각해 보자.

[1] 로봇의 구동과 액추에이터

사람의 팔은 기구학에서 말하는 링크 기구에 대응시켜 생각할 수가 있다. 이 「기구학」이라는 것은 기계의 근본이 되는 링크 기구를 위시해서 기어 기구, 캠 기구, 벨트 기구 등 여러 가지의 움직이는 메커니즘에 관한 학문이다.

전술한 것과 같이 사람의 팔을 움직이는 근원은 근육이다. 로봇의 경우 그에 대응하는 것은 회전을 주로 하는 동력원(액추에이터)에 전기모터와 유압모터가 있고, 직동 동력원에 유압 실린더, 공기압 실린더, 고무 인공 근육이 있다. 이와 같은 회전 동력원과 직동 동력원을 어떻게 활용하여 로봇 암이나 핸드를 움직이는가가 로봇 설계의 열쇠가 된다.

전기모터는 비교적 간단히 이용할 수 있지만 그 모터가 내는 힘은 유압 실린더에 미치지 못한다. 그래서 소형 로봇에는 전기모터가 응용되고 큰 구동력이 필요한 로봇에는 유압 실린더가 사용되는 경우가 많다.

1방향 연속 회전을 전용으로 하는 배수 펌프나 환기 팬에 사용되는 모터와 달리 로봇에 사용되는 전기모터는 시동, 정지를 빈번하게 반복하므로 제어 전용의 모터이다. 그 때문에 회전각 센서, 속도 센서가 모터 본체와 일체화되고 있는 것도 있다. 그림 2·11 (a)는 그 일례이다. 그림 안의 **인코더**라고 하는 것은 모터 회전각이나 회전수를 측정하는 센서이다. 또 **태코미터 제너레이터**란 「속도 계측용 발전기」라고 불리며, 모터의 회전 속도를 검출하는 센서이다. 이것들은 로봇 핸드를 원하는 위치에 신속히 이동시키기 위해 빼놓을 수 없는 것이다.

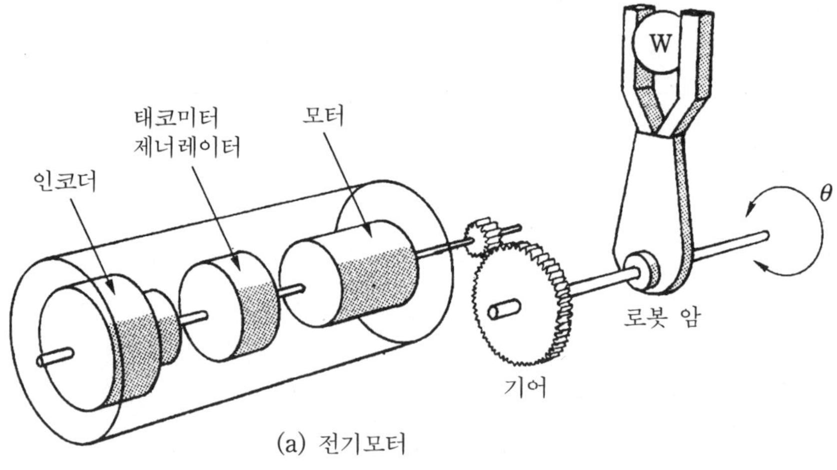

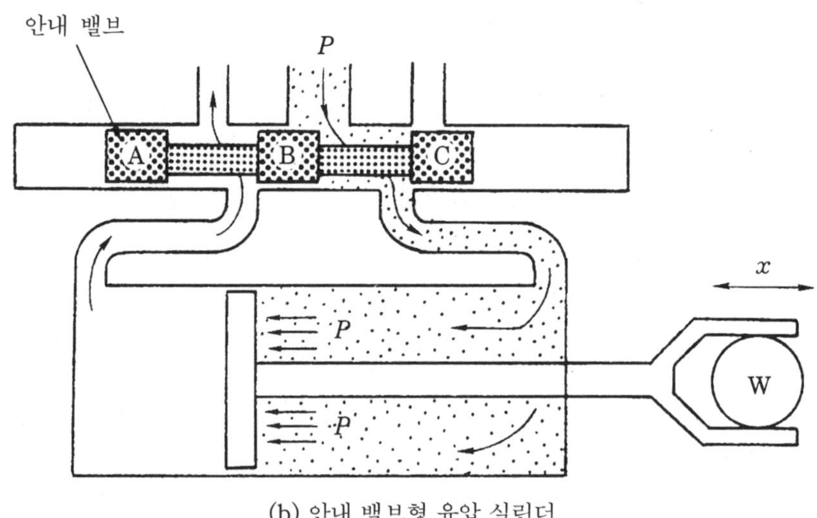

그림 2·11　액추에이터의 예(전기모터와 유압 실린더)

　통상적인 모터는 에너지 효율을 좋게 하기 위해 고속으로 회전시키는 것이 보통
이다. 로봇의 동작은 비교적 느리고 큰 출력 토크가 요구되는 경우가 대부분이므
로 고속 회전 모터에 감속기가 필요하다. 그 때문에 크기가 다른 기어를 맞물려 회
전수를 떨어뜨리는 기어 감속기가 달린 「기어부착 모터」라는 것이 사용된다.

　또한 1개의 축 주위를 회전하면서 회전 속도를 떨어뜨리도록 연구된 「하모닉 드
라이브」라고 불리는 것도 사용된다.

　회전자 주위를 몇 개씩의 N극과 S극이 둘러싼 구조를 한 「다이렉트 드라이브

모터」라고 하는 것도 사용되고 있다. 이 모터는 N극과 S극을 어긋나게 하여 회전자를 움직이기 때문에 회전 속도가 느리며 큰 힘을 내므로 감속기가 필요없다.

그림 2 · 11 (b)는 직동 유압 실린더의 동작 원리를 나타낸다. 그림의 안내 밸브는 작은 힘으로 좌우로 움직일 수 있다. 그림 위치에서는 압력 P가 피스톤 우측으로 가해지므로 피스톤은 좌측으로 이동하고 그에 따라 워크(가공되는 물건) W는 좌측으로 이동한다. 워크가 원하는 위치에 도달하면 안내 밸브 위치를 우측으로 움직여 밸브 B와 C로 압력 P가 실린더에 가해지지 않도록 실린더 입구를 막으면 된다.

[2] 회전 운동을 직동 운동으로 변환하는 방법

회전 운동을 주로 하는 모터의 회전 운동을 직동 운동으로 변환하는 것은 가능하다. 그림 2 · 12에 그 예를 든다. 그림 (a)는 **피스톤 크랭크 기구**이다. 이것은 링크 l_1의 회전 운동을 슬라이더 l_3의 직동 운동으로 변환하는 것이다. 그리고 그림 (b)는 **래크**와 **피니언**으로서, 모터의 회전 운동을 로봇 핸드의 직동 운동으로 변환하는 것이다. 그림 (c)는 모터의 회전 운동을 **벨트**와 **풀리**를 사용하여 직동 운동으로 바꾸어 그 벨트에 직결된 로봇 핸드를 직동시키는 기구이다. 여기서 사용되는 벨트는 타이밍 벨트라고 하며, 슬립이나 백래시(일종의 덜거덕거림)를 억제한 벨트이다. 그림 (d)는 **볼 나사**(파워 스크루)라는 것으로, 긴 나사가 모터로 회전 구동되면 그 나사와 조합된 로봇 핸드가 직동하는 것이다. 이 볼 나사는 백래시를 적게 하도록 한 회전 운동을 직동 운동으로 변환하는 요소이다.

그림 2 · 12에 나타낸 것과 같이 직선적으로 움직이는 로봇 암에 강력한 작업력이 요구되는 경우는 각각의 암에 전기모터를 직결할 수는 없다. 즉, 큰 힘을 내기 위해 모터 회전축에 그림 2 · 13과 같은 **기어**를 삽입한다. 이와 같은 기어를 사용하면 회전 속도는 희생되지만 암이 낼 수 있는 힘은 증가한다.

여기서 전기모터의 출력축 토크를 τ, 기어수를 N_1, N_2라고 하면 암을 돌리는 힘(토크) T는 N_2/N_1배, 즉

$$T = \frac{N_2}{N_1} \times \tau$$

가 되며, 기어수비(N_2/N_1)만큼 암의 힘을 증가시킬 수가 있다.

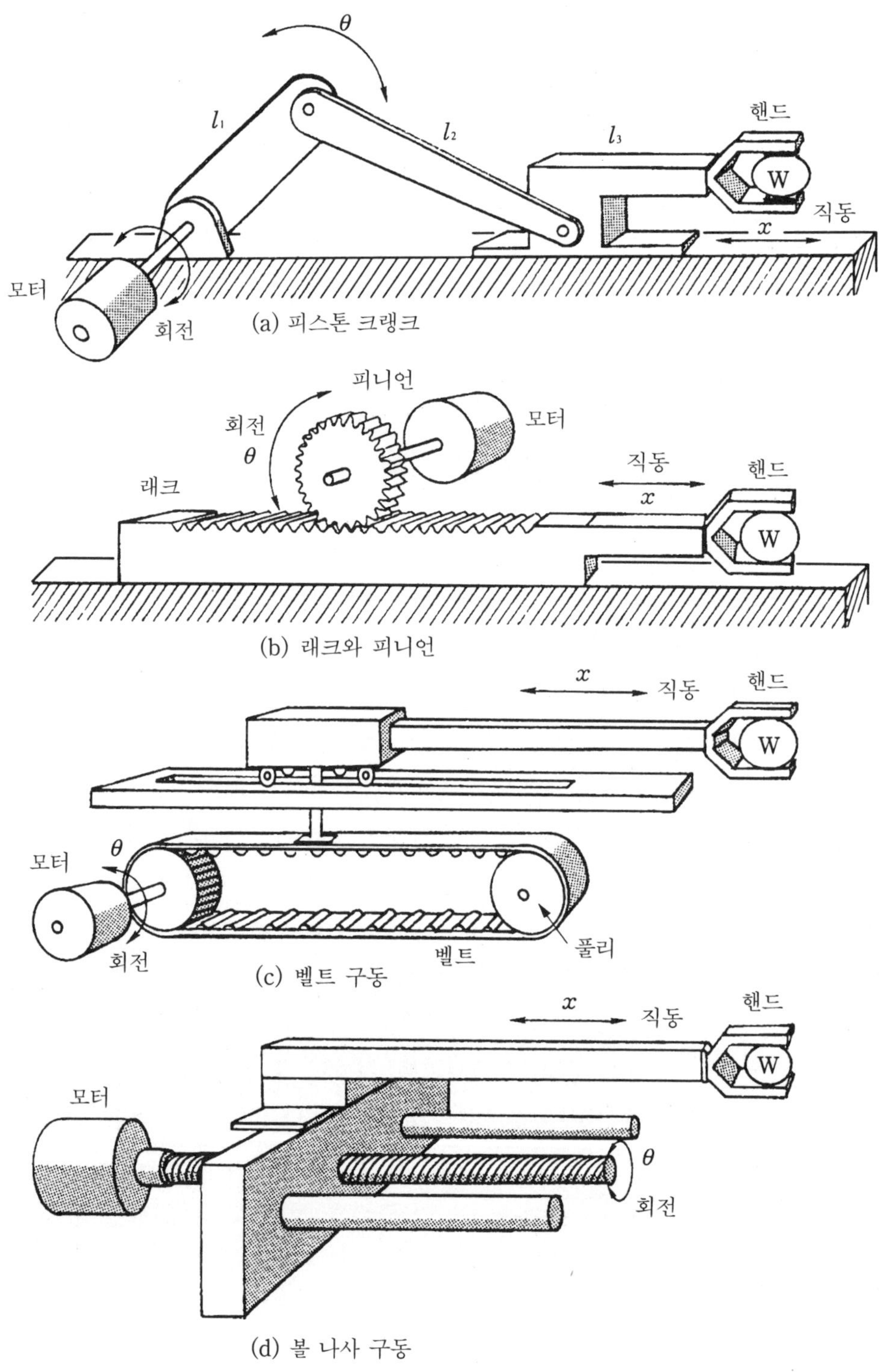

그림 2 · 12 회전 운동을 직동 운동으로 변환하는 방법

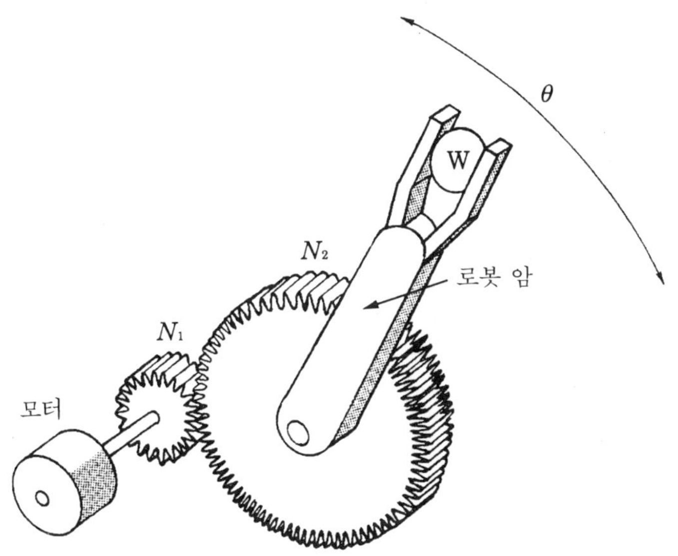

그림 2 · 13 간단한 기어 기구

[3] 직동 운동을 회전 운동으로 변환하는 방법

물건을 운반하는 방법 중 이동 범위가 극단적으로 커진 경우가 항공기이고 열차이다. 이것은 항공 엔진이나 전기모터가 연속적으로 한 방향으로 계속 회전하여 그 힘을 동력으로 해서 원거리의 두 지점간을 이동하여 목적을 달성한다. 그런데 로봇 암은 동일한 방향으로 계속 회전하는 일은 없다.

일반적으로는 로봇이 취급할 수 있는 작업 범위나 이동 범위는 한정되어 있다. 그 이동 범위 내에서 그림 2 · 12에 나타낸 것과 같은 몇 가지 방법으로 목적하는 로봇 암의 동작을 설계하는 것이다. 이동 범위가 한정된 **유압 실린더**는 직선 운동을 주로 하지만, 그림 2 · 14는 그 직선 운동을 회전 운동으로 변환할 수 있는 예를 나타낸다.

특수한 액추에이터로서 **고무 인공 근육**이 있다. 이 고무 인공 근육에 공기압을 가하면 그 길이는 원래 길이의 20%가 축소하고 그때 내는 힘은 100 kgf(980 N)이다. 고무 인공 근육의 구조는 고무 튜브 외측을 튼튼한 망상 섬유로 싼 것으로서, 그 내부에 압력을 가했을 때의 변위와 수축력을 로봇의 구동원으로 이용하는 것이다.

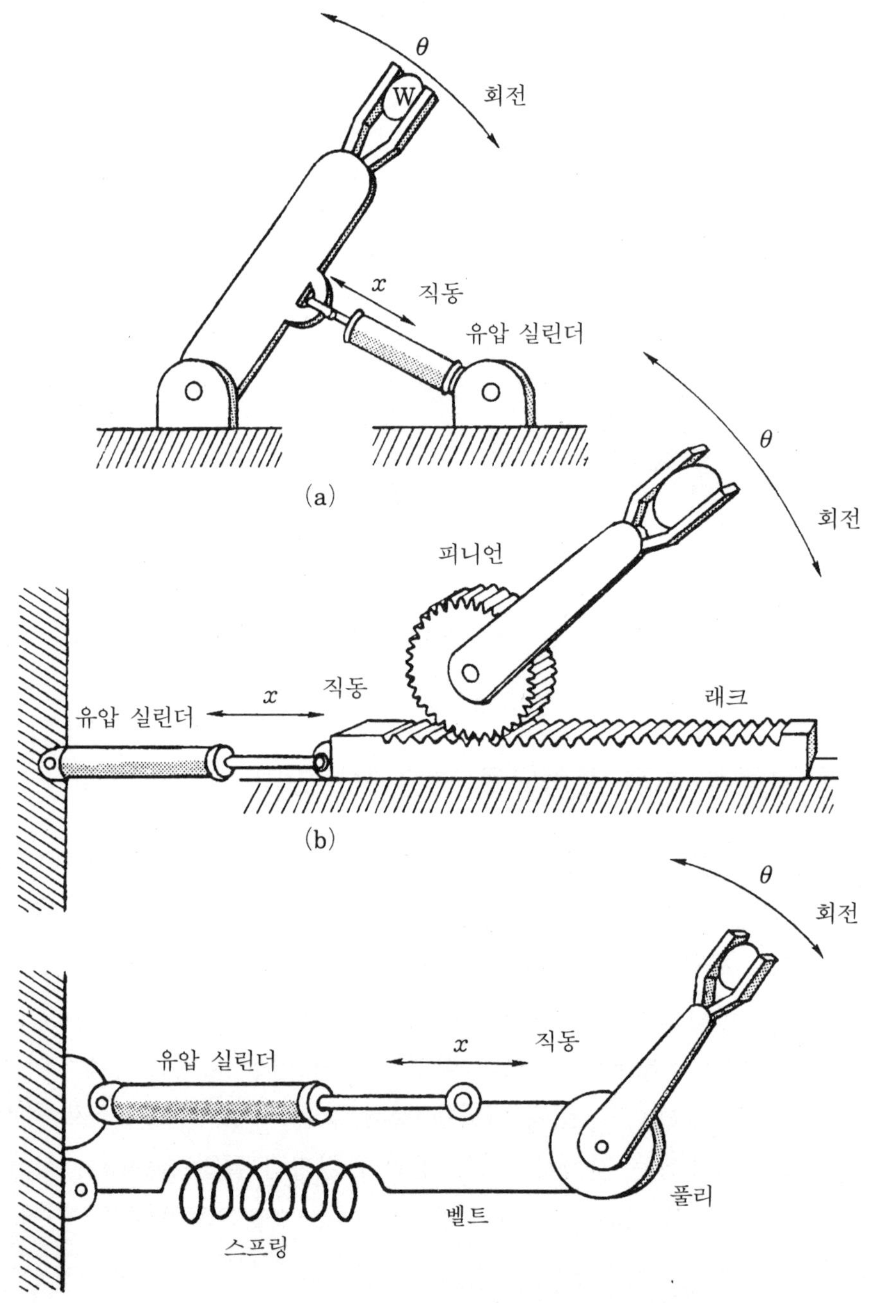

그림 2 · 14 직동 운동을 회전 운동으로 변환하는 방법

공기압이 가해지고 있지 않은 경우의 고무 인공 근육은 부드럽고 공기압이 가해
지면 금속봉과 같이 단단해진다. 변위량은 적지만 그때 낼 수 있는 힘은 매우 크
다. 이러한 특성을 이용하고 사람 근육의 길항 작용을 흉내내어 직동을 회전 운동

으로 변환하는 그림 2 · 15와 같은 로봇 암도 있다. 고무 인공 근육 대신 직동 유압 또는 공기압 실린더를 사용해도 된다.

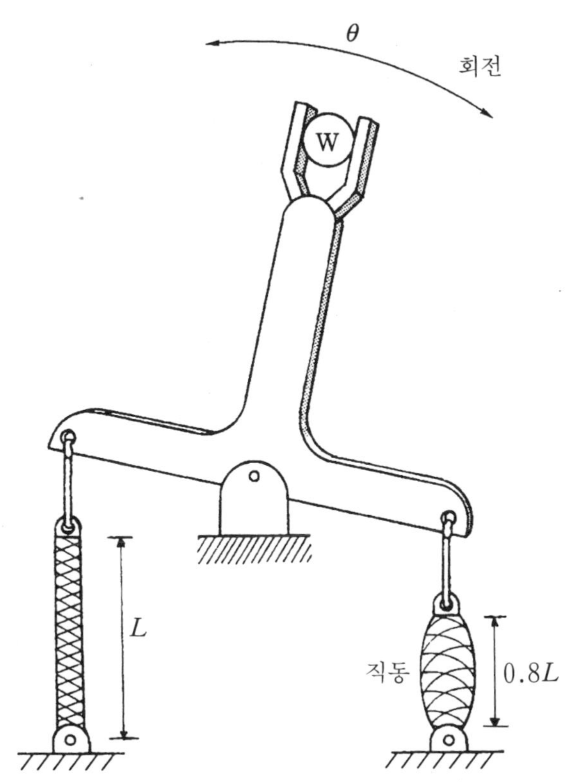

그림 2 · 15 고무 인공 근육과 그 이용법의 일례
(직동 - 회전 변환 기구)

[4] 링크 기구와 로봇 암

일반적인 로봇 암에는 링크 기구가 응용되고 있는데 그 링크는 닫혀 있지 않다. 여기서 링크 기구가 닫혀 있지 않다는 것은, 그림 2 · 7 (b)에 나타낸 것과 같은 링크 기구를 말한다.

이에 비해서 그림 2 · 16 (a)는 4개(그 중 1개는 기초부에 고정되어 있는 경우가 많다)의 링크로 구성되며, 닫힌 **4절 링크 기구**의 기본형이다.

여기서 링크 기구의 로봇으로의 응용을 생각해 보자. 그림 (b)~그림 (e)의 4절 링크 기구는 4절이라고 하지만 l_1, l_2, l_3의 3개의 링크밖에 사용되고 있지 않다.

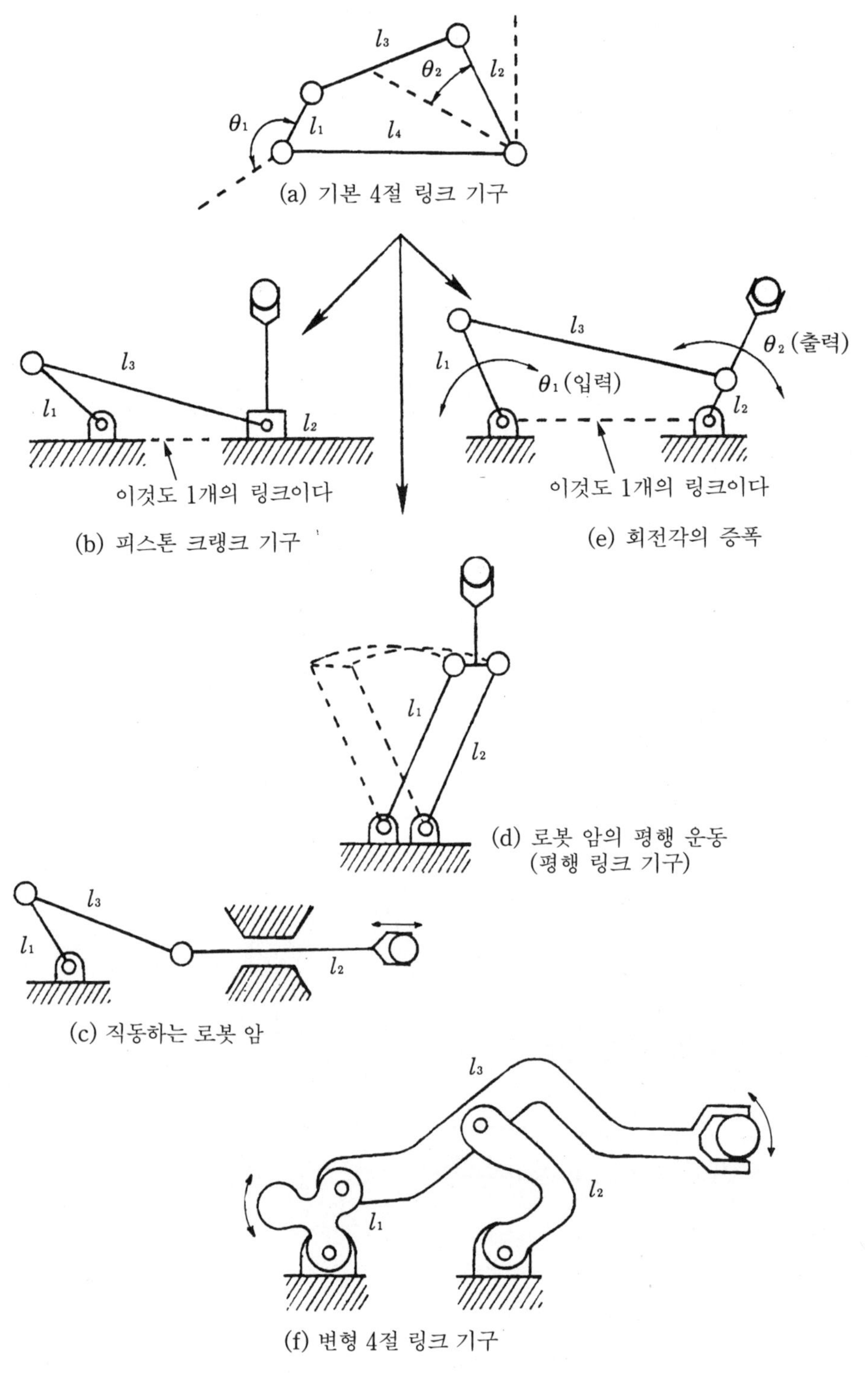

그림 2 · 16   4절 링크 기구와 그 응용

특히 그림 (b)에서는 슬라이더를 설치하고 있는데, 링크는 2개밖에 볼 수 없다. 그러나 기구학에서는 슬라이더도 링크 수의 1개로 하고 있는 것이다. 또, 그림 (b)나 그림 (e)에 나타내듯이 기초부에 고정된 것 같이 보이는 고정 부분도 1개의 링크봉 l_4로 하고 있다. 따라서 그것들은 모두 4개의 링크로 구성되어 있으므로 4절 링크 기구이다.

지금 여기서 그림 2·16 (a)의 링크 l_1을 구동 링크(입력 링크)라고 하자. 각 링크의 길이는 $l_1 < l_2 < l_3 < l_4$라고 하면 구동 링크 l_1이 360° 회전하면 링크 l_2는 점선으로 나타낸 범위 내를 요동한다. 이 링크 기구는 링크 l_1의 회전각 θ_1(입력각)이 링크 l_2의 회전각 θ_2(출력각)로 축소됐다고 할 수 있다. 반대로 그림 (e)에 나타내듯이 링크 l_1의 길이를 링크 l_2보다 길게 하고 링크 l_1을 구동 링크(입력각)로 하면 링크 l_2의 각도(출력각) θ_2는 링크 l_1의 각도 θ_1보다 커진다. 즉, 각도가 증폭됐다고 볼 수 있다.

그림 2·16 (b)는 피스톤 크랭크로서 유명한 링크 기구의 하나이다. 이것은 그림 (a)의 링크 l_2 부분을 슬라이더로 바꾼 경우로 볼 수 있다. 링크 l_1이 회전을 계속하면 슬라이더 l_2는 왕복 운동을 한다. 이 기구의 슬라이더 부분을 그림 (c)와 같이 긴 봉상으로 바꾸면 이것은 직선 운동을 하는 로봇 암으로 할 수가 있다.

그림 2·16 (a)에서 링크 l_1과 링크 l_2 및 l_3와 l_4의 길이를 같게 하면 그것은 **평행 링크 기구**가 된다. 특히 l_3와 l_4를 극단적으로 짧게 하면 그림 (d)와 같이 핸드가 병진 운동을 하는 기구가 된다. 이것은 자동차 와이퍼에 응용되고 있는 기구이기도 하다. 또한 이 평행 링크 기구를 잘 조합하면 그림 2·17과 같은 로봇을 구성할 수도 있다.

그림 2·16 (f)는 각 링크 형상을 바꾼 4절 링크 기구이다. 언뜻 보기에 4절이라고 생각되지 않는 형상을 하고 있지만 이것도 훌륭한 4절 링크 기구이다.

이상 기술한 것과 같이 링크 기구는 지능적인 동작을 하는 로봇을 설계하고자 하는 경우에 불가결한 존재이다.

자동차와 같이 우리들에게 친숙한 기계에서도 명확하듯이, 엔진 주위를 잘 보면 링크 기구, 기어 기구, 캠 기구가 많이 응용되고 있다. 또한 핸들 기구, 브레이크 기구, 엑셀 기구, 엔진의 동력 전달 기구 등 기계 계통 전부에 기구학이 응용되고 있다. 로봇을 위시해서 모든 기계의 동작을 잘 관찰하면 그들 기계에는 기구학에서 배우는 기구가 가득 들어 있음을 알 수 있다. 링크 기구, 기어 기구, 캠 기구가 사용되지 않는 로봇이나 기계는 존재하지 않는다고 할 수 있다.

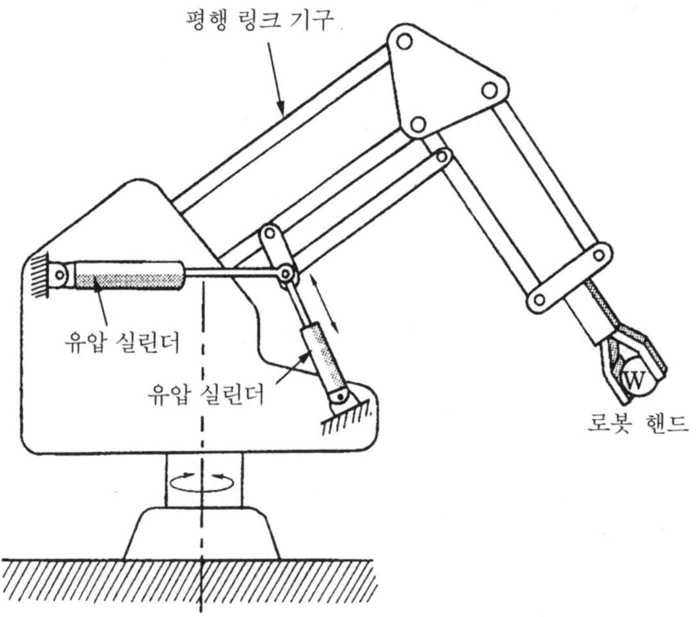

그림 2 · 17 평행 링크 기구를 응용한 로봇

연습 문제 [2]

1. 사람과 기계의 특징을 비교하라.

2. 로봇은 사람에 비해서 어떠한 장점이 있는가?

3. 로봇에서 액추에이터를 빼놓을 수는 없다. 그 이유는 무엇인가?

4. 그림 2·5의 (b) 원통 좌표, (c) 극좌표에서의 변수를 사용하여 그림 2·5 (a)의 직교 좌표 x, y, z 를 표시하라.

5. 자유도가 3인 기구에는 어떠한 것이 있는가. 그림으로 표시하라.

6. 평면상에 있는 공의 자유도는 얼마인가?

제 **3** 장

로봇의 손발을 임의 위치 · 자세로 설정하기 위해서

로봇을 만족스럽게 동작시키기 위해 관절 수를 늘리면 복잡한 기계가 된다.

이렇게 복잡해진 로봇은 이미 수동으로는 조작할 수 없고 컴퓨터의 힘을 빌리게 된다. 컴퓨터는 고속으로 데이터를 처리할 수 있지만 모터를 움직이는 파워는 낼 수 없다. 또 취급 신호가 디지털이어서 센서나 액추에이터 등 많은 아날로그 디바이스와 데이터를 주고 받을 수 없다. 그것을 가능케 하는 것이 A/D 변환기나 D/A 변환기이다.

이 장에서는 로봇이 지능적인 동작, 정밀도가 우수한 위치결정을 하기 위해서는 센서나 컴퓨터가 필요하고, 그것들을 사용한 계측, 제어기술이 불가결하다는 것을 설명한다.

3 · 1 로봇에게 작업을 시키기 위해서

로봇을 사용하는 목적은 사람에게는 ① 위험한 작업, ② 단조로운 작업, ③ 정확하고 빠른 반복 작업 등을 로봇에게 대행시키는 데 있다. 여기서는 로봇을 동작시키는 목적과 그 동작을 어떻게 만들어 내는지 알아 본다.

[1] 로봇은 무엇을 위해 동작시키는가

사람은 농사를 짓고, 나무를 베고, 물건을 만든다. 오락이나 스포츠로서 볼을 차고, 달리고, 수영을 한다. 또, 심해, 고산, 우주 등 미지의 세계에 대한 모험도 한다. 이러한 일이나 놀이 중에도 기계화, 자동화가 이루어진 것이 있고, 그 중 몇 가지는 로봇화도 되고 있다. 특히 산업세계에서는 일찍부터 자동화가 발달되어 일부에 사람이 하는 작업을 산업용 로봇이 대신하고 있는 예도 있다.

최근에는 심해나 우주에서도 로봇의 활약이 대단하다. 이와 같은 로봇은 현재 사람이 로봇에게 지령을 사전에 부여하지 않으면 움직이지 않는 것이 많다. 이동하는 작업 대상물을 쫓아가서 그것을 잡고 그 잡은 대상물에 대해서 가공이나 조립 작업을 하는, 고도의 지능을 가진 로봇이 부분적이긴 하지만 사용되기 시작하고 있다.

그림 3·1은 로봇이 작업 환경, 작업 대상, 제어 대상에 어떠한 작업을 시작하여 그 동작 결과를 검지하고 그것에 수정을 하는 과정을 나타낸 개념도이다. 그림의 점선 내는 로봇을 나타낸다. 지금 이 로봇을 사람에 비유하면 그 사람은 작업 환경을 우선 정리하고, 다음에 작업 대상물(제품)에 대해서, 예를 들어 부품을 조립하는 등과 같은 조작을 간단히 할 수 있다. 그리고 그 대상물을 육안으로 보거나 손으로 만져보고 결과를 확인한다. 이 때 제품을 보는 사람의 눈이 로봇에게는 시각 센서가 된다. 손으로 만져 보고 그 감촉으로 양부를 판정하기 위한 사람의 촉각이 로봇에게는 터치 센서가 된다. 그림 3·1에서는 시각 센서, 촉각 센서 등을 종합해서 검출 장치로 나타내고 있다.

다음에 그림 3·1의 점선 내 로봇의 경우를 생각해 보자. 이 점선 내의 로봇은 환경이나 대상에 어떠한 작업을 하기 시작한다. 거기에는 환경이나 대상의 상태를 검출하는 검출 장치도 있다. 컨트롤러는 동작 결과인 성과를 목표값과 비교하고 그 다음의 작업을 지령하는 역할을 한다.

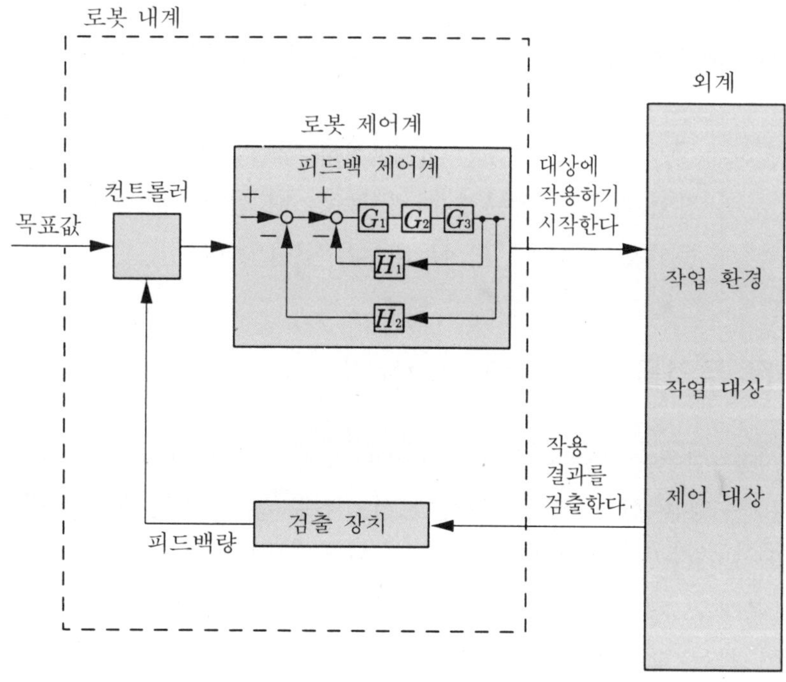

그림 3·1 로봇 내계와 외계의 관계

　여기서 「목표값」이라고 하는 것은, 예를 들어 로봇 암을 30° 기울이고 싶을 때 그 30°가 목표값이며, 대상에 동작시키는 것을 목표로 하는 값이다. 컨트롤러 내에 설치되어 있는 비교기는 목표값에서 작업 성과인 검출값(**피드백량**이라고도 한다)을 빼는 연산 기능을 가지고 있다. 목표값에서 검출값을 뺀 값을 제어공학에서는 **제어 편차**라고 한다. 컨트롤러는 이 제어 편차에, 예를 들어 증폭이라든가 적분과 같은 연산 처리를 가하고 로봇에 대한 동작 지령 신호를 만들어낸다.

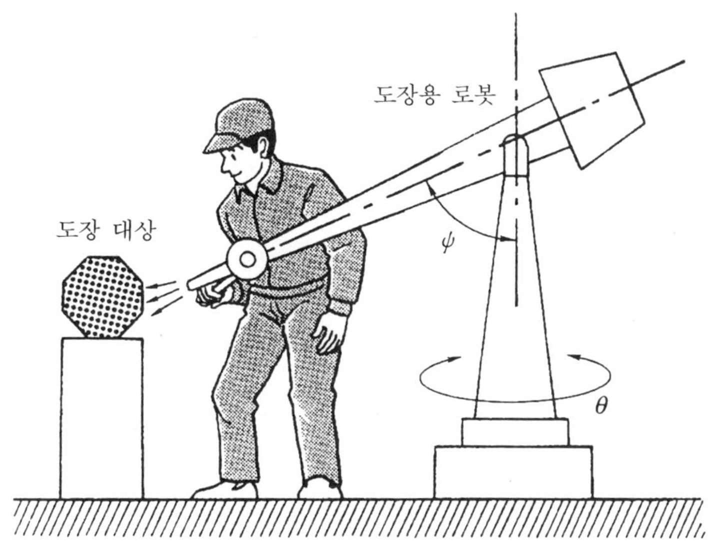

(a) 다이렉트 교시

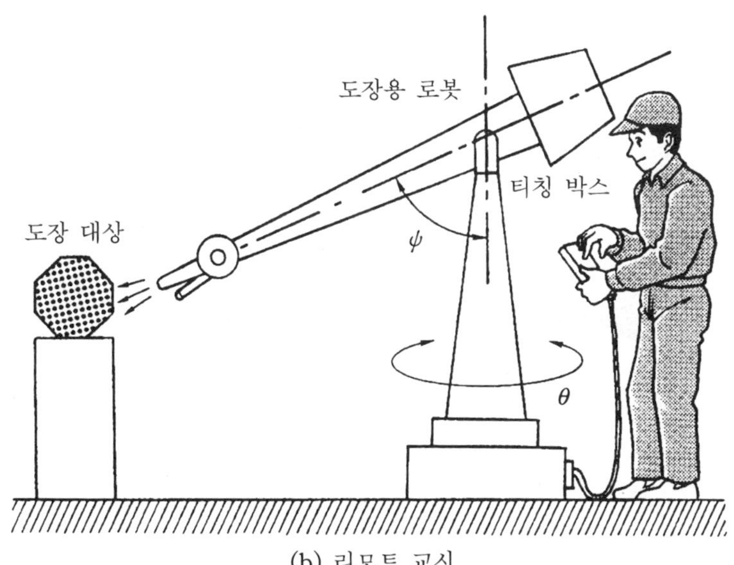

(b) 리모트 교시

그림 3 · 2   도장용 로봇의 교시법

대상에 대해 작업을 시작하는 경우 어떻게 그 목표값을 정하는가를 생각해 보자.

그림 3·2는 도장용 로봇에 교시(티칭)를 하고 있는 상태를 나타낸다. 그 교시 중에 로봇에 설치한 스프레이 건을 작업자가 직접 잡고 그림 (a)와 같이 대상물에 도장을 하는 방법이 있다. 이 때의 로봇 관절 등의 동작(θ나 ϕ 등)은 전부 기억 장치에 기억시켜 둔다.

이 직접 교시에 비해서 그림 (b)와 같이 간접적으로 교시하는 방법도 있다. 이것은 티칭 박스라는 조작반을 통해 이동시켜야 할 스프레이 건의 주요 위치를 가르쳐 주는 방식이다. 이렇게 해서 얻어진 교시 데이터를 기억 장치에 보존해 두고 실제로 도장을 개시하는 경우에 그 교시된 동작에 관한 데이터를 기억 장치에서 빼내어 교시한 동작을 재생하는 것이다.

동일한 도장 대상물에 대해서라면 교시된대로 동작을 하루종일 반복할 수 있다. 위에서 예로 든 도장 로봇의 경우 로봇으로의 동작 교시 결과를 일련의 데이터로 정리한 것이 목표값이다.

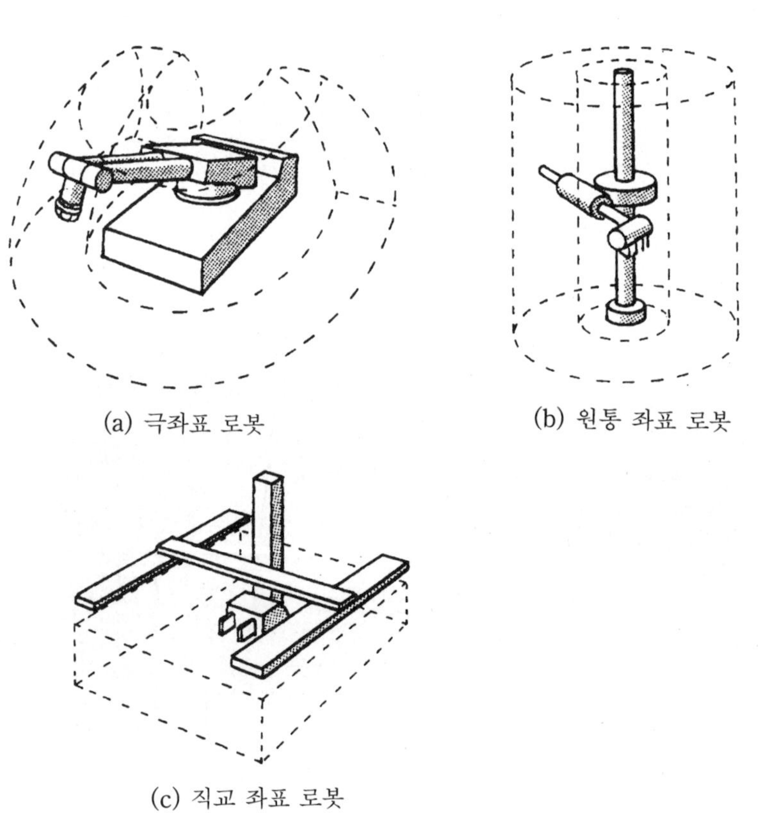

(a) 극좌표 로봇   (b) 원통 좌표 로봇

(c) 직교 좌표 로봇

그림 3·3 로봇의 작업영역

로봇 핸드의 작업영역은 로봇의 형태에 따라 결정된다. 그림 3·3에 나타낸 점선 영역은 극좌표 로봇, 원통 좌표 로봇, 직각 좌표 로봇의 작업영역을 나타낸다. 각각의 로봇 암의 작업영역은 도시한 것과 같은 차이가 있다. 따라서 로봇에게 어떠한 작업을 시키는가에 따라 로봇의 형태를 결정하여야 한다.

[2] 로봇을 어떻게 동작시키는가

사람이 어느 지점에 서서 작업을 할 때 손과 발을 최대한으로 늘려 작업할 수 있는 범위가 작업영역이다. 사람의 손은 좌우, 상하, 회전과 같은 동작을 쉽게 할 수 있다. 예를 들면 목재를 쌓거나 조립하는 작업 등의 복잡한 작업을 그 장소에 따라 판단하여 용이하게 할 수 있다.

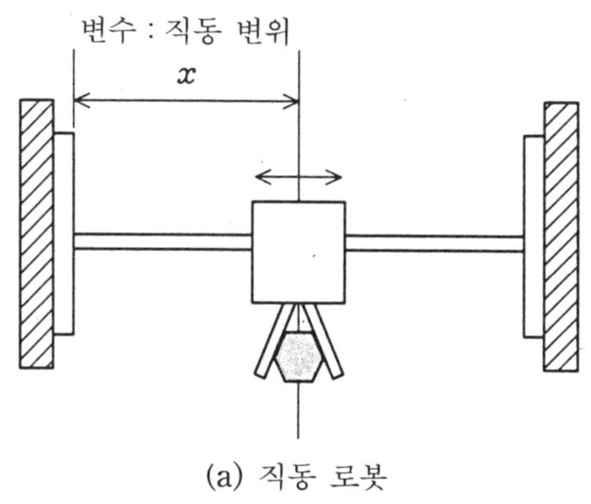

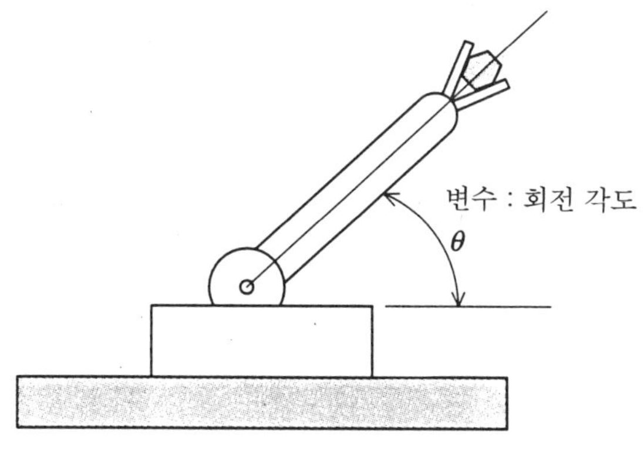

그림 3 · 4   기본적인 1자유도 직동형 로봇과 회전형 로봇

그림 3·4는 가장 간단한 로봇(로봇이라고 할 수 없을지도 모르지만)의 예이다. 그림 (a)는 좌우의 동작, 그림 (b)는 회전밖에 할 수 없다. 그러나 한 방향으로 밖에 동작할 수 없는 가장 간단한 로봇이라도 그것을 동작시키는 구조를 이해하면 복잡한 동작을 할 수 있는 로봇의 동작 원리를 이해할 수 있다.

산업용 로봇에는 일반적으로 바닥면을 이동하지 않는 것이 많다. 고정된 위치에서 지능적인 동작을 시키려면 그림 3·5와 같이 관절을 증가시켜야 한다. 그림 3·4 (b)는 암 길이를 반지름으로 하는 원의 일부가 작업영역이었다. 그런데 2개의 링크와 관절을 가진 그림 3·5의 로봇은 그림과 같이 링크 l_1과 링크 l_2의 길이의 합이 최대 작업영역을 결정한다.

또한 그림 3·4 (b)의 암으로는 절대로 도달할 수 없었던 경우라도 그림 3·5 (b)와 같이 암 길이 l_1보다 짧은 영역에도 핸드는 도달할 수 있다. 이와 같이 암의 수는 1개보다 2개, 2개보다 3개 있으면 보다 복잡한 형상의 공간 내에 핸드를 도달시킬 수 있다.

이상은 로봇이 고정된 위치에서 할 수 있는 작업영역이었다. 그 로봇이 이동할 수 있도록 그림 3·6과 같이 바퀴를 달면 작업영역이 한층 더 확대되는 것은 물론이다. 그림 3·6의 위치 A에 로봇이 고정되어 있으면 l과 h로 정해지는 위치까지의 작업밖에 할 수 없다. 그러나 그 로봇이 위치 B까지 동작할 수 있게 되면 상하는 바뀌지 않지만 좌우는 $L+l$라는 위치까지 작업이 가능해진다.

암을 움직이는 것뿐이면 모터를 달면 된다. 그러나 움직이는 로봇을 원하는 위치에 정지시키지 않으면 로봇으로서 역할을 하지 못한다. 그래서 암이나 이동차가 목표하는 위치에서 정지하도록 하려면 어떻게 하는가를 생각해 보자.

로봇은 기계 요소의 집합체이지만, 그것만으로는 동작하지 않는다. 로봇이 동작을 하기 위해서는 전기, 전자, 제어, 컴퓨터, 정보 등의 지식과 기술도 필요하다. 여기서 「전기」는 모터를 돌리기 위해서, 「전자」는 컨트롤러나 증폭 회로를 위해서, 「제어」는 로봇에 원하는 동작을 부여하기 위해서, 「컴퓨터」는 로봇에게 지령을 주거나 신호를 처리하기 위해서, 「정보」는 로봇시스템내에 전달되는 신호의 질이나 속도를 향상시키기 위해서 필요한 것이다.

그림 3·7은 한 개의 로봇 암을 전기모터를 사용해서 동작시키기 위해 필요한 가장 간단한 요소간의 접속과 배치를 나타낸다.

로봇이 목표값대로 움직여 주는 것만으로 작업을 수행할 수 있다면 시각 센서나 촉각 센서는 필요하지 않다.

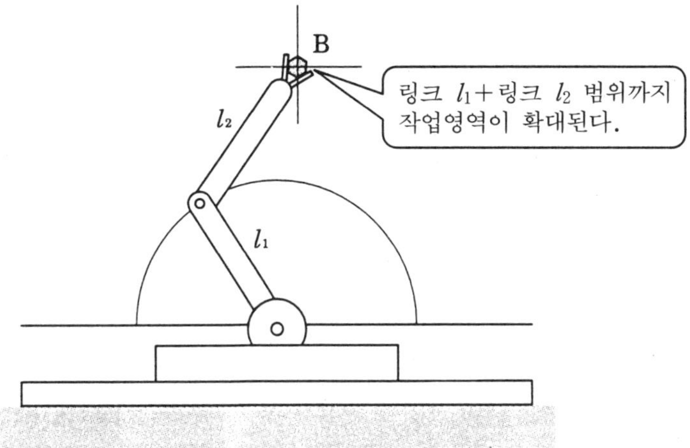

(a) 링크 l_1의 작업영역을 초과하는 위치결정

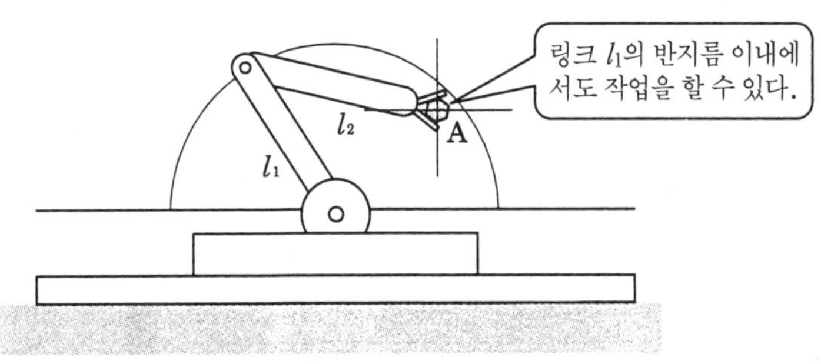

(b) 링크 l_1의 작업영역 이내의 위치결정

그림 3 · 5   2자유도 로봇

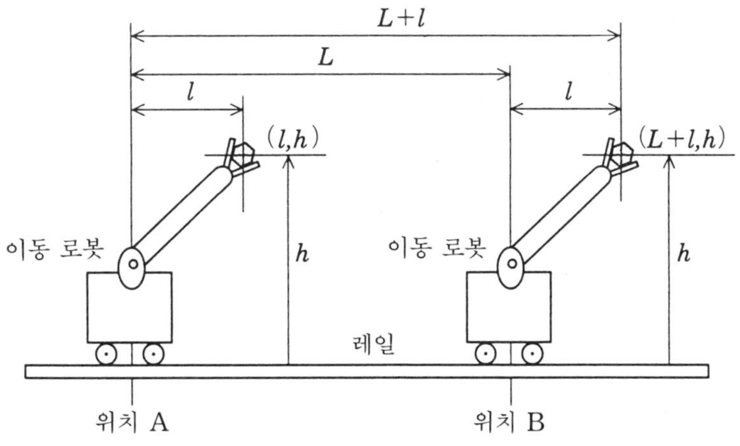

그림 3 · 6   이동 가능한 로봇

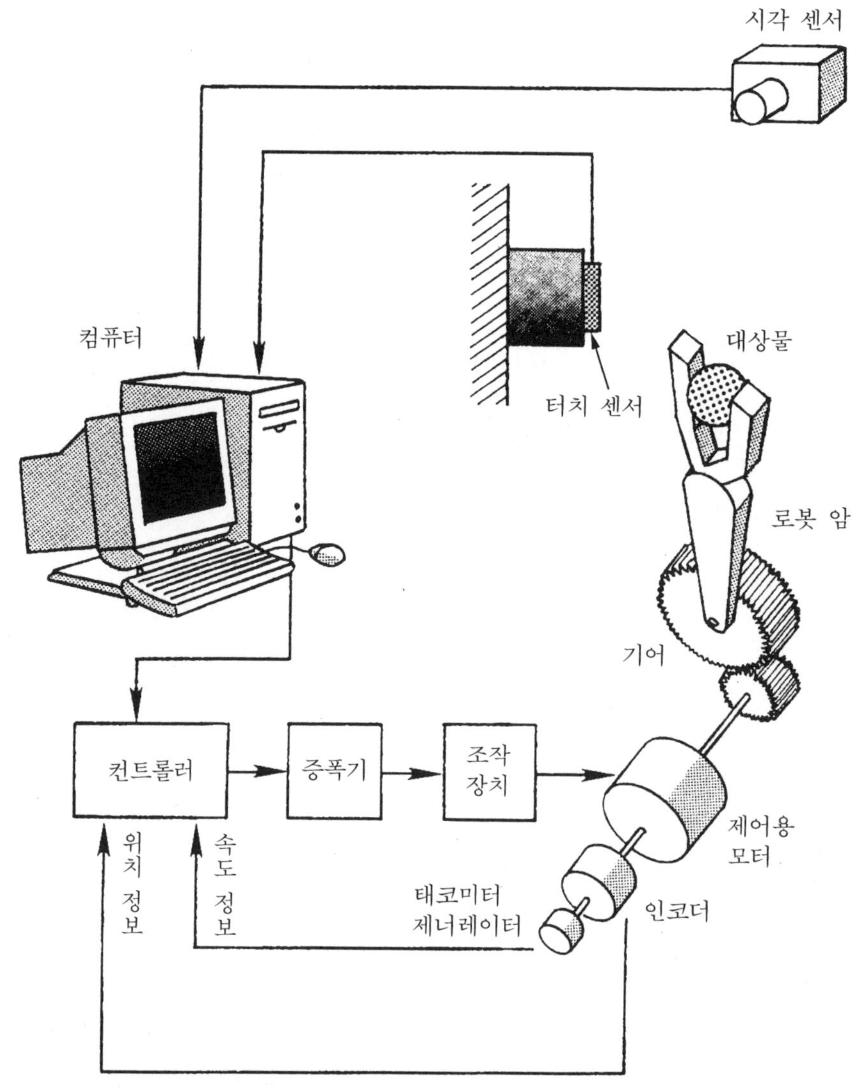

그림 3·7 로봇을 지능적으로 하기 위한 센서

그러나 운반해야 할 물체의 위치가 작업마다 약간씩 다르면, 그 암의 동작과 운반 물체의 위치를 카메라라고 하는 시각 센서로 감시하거나 그 위치에 도달한 것을 감지하는 촉각 센서를 설치하여야 한다.

즉, 조작 토크에 수정을 가하면서 암을 움직일 필요가 있다. 그림 3·7의 방식은 시각 센서를 갖고 외계의 상태도 관찰할 수 있는 시스템으로, 사람의 행동에 한 발 근접한 방식이라고 할 수 있다.

그림 3·8은 그림 3·2에 나타낸 도장용 로봇으로 작업시킬 경우의 로봇시스템을 나타낸다.

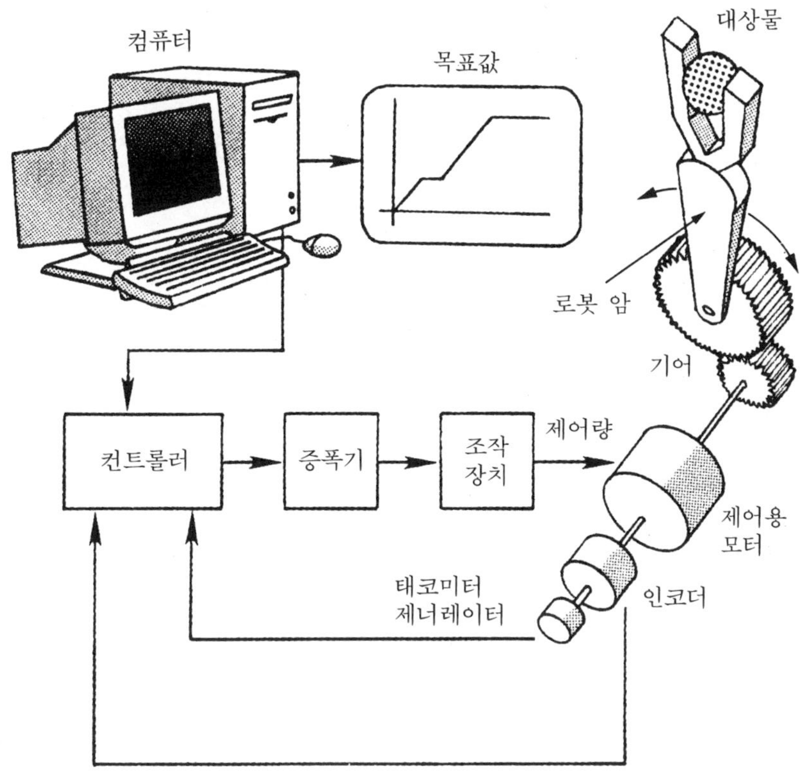

그림 3 · 8 로봇의 블록선도와 목표값

즉, 미리 교시에 의해 얻어진 목표값(데이터)을 컴퓨터 내 메모리에 기억시켜 둔다. 로봇 조작을 개시하면 작업자가 교시한 목표값대로 암이 움직이면서 도장이 실행되는 것이다.

[3] 로봇을 폭주시키지 않게 하기 위해

전기모터에 전원을 접속하면 그 모터는 계속 회전한다. 그림 3 · 7, 그림 3 · 8에 나타낸 로봇시스템도 마찬가지이다. 만일 인코더와 태코미터 제너레이터로부터의 위치 정보, 속도 정보를 컨트롤러에 되돌리지 않는, 즉 피드백을 가하지 않고 목표값을 부여하면 암은 계속 돌아 폭주한다.

그런데 그림 3 · 7, 그림 3 · 8은 인코더라고 하는 위치 센서를 사용한 제어시스템이므로 목표값을 부여하면 암은 그 목표 위치와 일치할 때까지 이동하여 정확히 정지한다. 그림에서는 태코미터 제너레이터(속도계측용 · 발전기)로부터의 신호도 피드백시키고 있다.

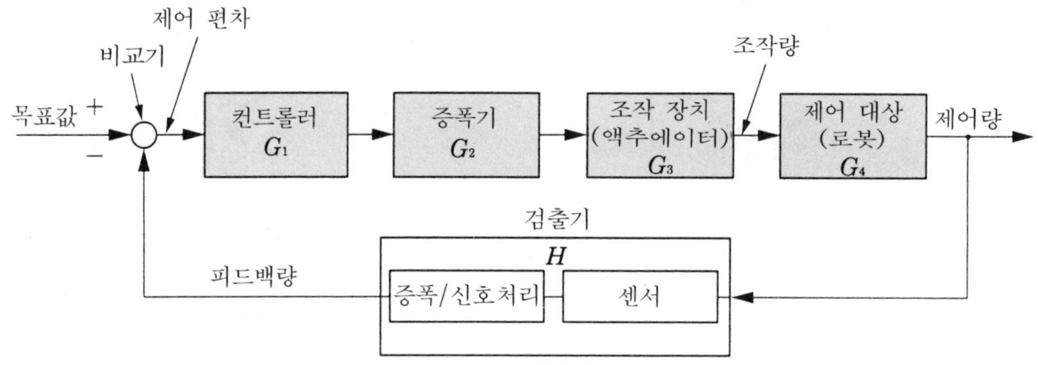

그림 3·9 일반적인 제어계의 블록선도

　이 센서는 암의 동작을 원활하게 하는 역할(안정성 확보)을 갖게 하여 암이 힘이 넘쳐 지나쳐 버리는 것을 억제하기 위해 반드시 필요하다.

　그림 3·8에 이해하기 쉽도록 로봇 암을 입체적으로 그렸다. 그러나 이와 같은 로봇 암도 제어 대상의 하나이므로, 제어공학에서는 이것을 제어 대상으로 정리하여 그림 3·9와 같은 블록선도로 나타낸다. 그림 3·9의 검출기 내에 나타낸 센서는 그림 3·8의 인코더와 태코미터 제너레이터를 말한다. 그것들과 감속 기어가 일체로 되어 있는 제어용 모터의 예를 그림 2·11 (a)에 들었다. 비교기, 신호처리기(필터), 증폭기 등의 전자회로는 제어 장치 내에 들어 있는 경우가 많다.

　어쨌든 로봇을 구성하는 각 요소의 역할을 뽑아내어 그림 3·9와 같이 요소와 신호의 흐름을 명확하게 나타내고 시스템 구성 요소의 기능과 역할을 블록선도로 표현하는 것이 일반적이다. 그림 3·9의 블록선도를 보면 각 요소간의 상대 관계나 접속 순서, 신호의 흐름을 잘 알 수 있다.

　여기서 로봇 암을 목표값대로 동작시킨다고 할 때, 그 목표값이 완만히 변동하면 그 암을 목표값대로 따르게 하는 것은 비교적 간단할 것이다. 그러나 그 목표값이 계단 형상, 즉 스텝 함수적으로 변화하는 경우는 암의 동작이 목표값보다 반드시 늦는다. 이 지연을 줄이고 또한 진동을 수반하지 않게 신속히 목표값에 근접시키는 동작을 실현시키기 위해 증폭기의 게인(증폭도)이나 검출기의 게인을 바꾸고 그때마다 실험적으로 암의 동작을 실측하여 확인하려면 시간과 노력이 든다.

　제어공학이나 로봇공학에서는 그림 3·9와 같이 시스템 구성 요소를 분할한 수학 모델을 우선 준비하고, 그것들을 연결한 시스템 전체의 해석이나 수치 실험(시뮬레이션)을 한다. 여기서 각 요소를 수식(모델)으로 표시하는 것은 어떠한 것인가를 다음에 설명한다.

3 · 2 로봇의 움직임을 이해하기 위한 수식

그림 3 · 9에 로봇 암 제어계의 블록선도를 나타냈다. 이 블록선도에서도 각 요소간의 관계나 신호의 흐름을 용이하게 읽을 수 있다. 각 로봇 구성 요소를 수식모델로 나타낸 로봇 제어계 입력에 목표값을 가하면 그 계의 출력인 제어량 변화를 수학적으로 관측할 수 있다.

여기서 「**목표값**」이라고 하는 것은 사전에 변화 상태가 명확한 스텝 형상 신호, 임펄스 신호 또는 정현파 신호이다. 로봇 암 제어계에 상술한 목표값을 주고 제어량의 변화를 조사하는 것이므로 각 요소의 수식 모델이나 그 특성을 미리 알고 있어야 한다.

그림 3 · 10 (a)는 증폭기의 입출력 특성이다. 0.1V의 입력 전압을 가했더니 1V의 출력 전압이 얻어졌다고 한다. 여기서 이 증폭기 게인(증폭도)은 10배라는 것을 알 수 있다. 여기서 출력은 입력의 10배로 되어 있지만 입출력 신호의 시간적 지연은 없는 것에 주의하여야 한다. 그림 3 · 10 (b)는 입력 신호 $0.1u(t)$(단위 스텝 함수 $u(t)$에 대해서는 나중에 설명하겠다), 출력 신호 $u(t)$를 라플라스 변환하여 각각 $0.1/s$, $1/s$로 표시한 그림이다. 이 라플라스 변환은 후술하는 것같이 선형시스템이나 입출력 신호를 수식 모델로 표현하는 경우에 효과적이기 때문에 제어공학에서는 반드시 사용되는 방법이다.

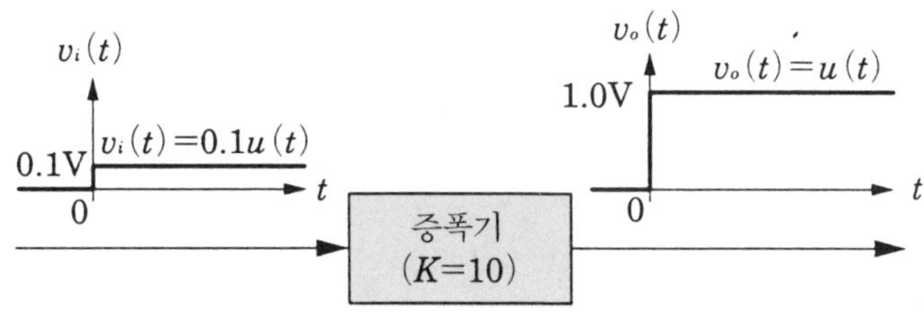

(a) 시간 영역에서의 증폭기의 입출력 관계

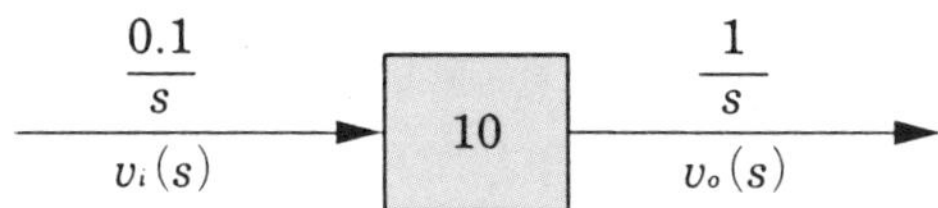

(b) 라플라스 변환 영역에서의 증폭기의 입출력 관계

그림 3 · 10 증폭기의 증폭작용

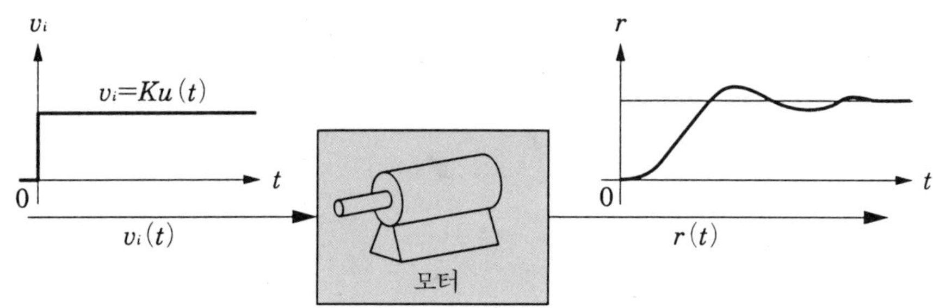

그림 3 · 11   모터 회전수의 과도 응답

이와 같이 증폭기의 경우는, 그림 3 · 10 (a)에 나타낸 것과 같이 스텝 형상 전압을 입력 전압으로 가하여도 출력에서는 증폭도가 배가된 스텝 형상 전압이 얻어지는 것이다.

그런데 그림 3 · 11과 같은 모터는 그렇게 되지 않는다. 그림과 같이 스텝 형상 전압 v_i를 가하면 그 출력인 모터의 회전 속도 r는 시간적으로 지연되면서 그림 출력단에 표시한 것과 같이 과도적인 상태를 거치면서 안정되어야 할 회전수로 안정된다. 이 경우 모터에 부하가 접속되어 있으면 그 부하의 크기에 따라 회전수의 변화는 더 지연되고 안정되어야 할 회전수도 감소할 것이다. 감소한 회전수를 원래의 회전수로 되돌리기 위해서는 어느 만큼의 회전수가 내려갔는가를 알 필요가 있다. 감소된 회전수의 값을 입력에 반영시켜 원래의 회전수로 되돌릴 필요가 있다. 이것이 피드백 제어의 개념이다.

그림 3 · 11은 모터의 과도 응답을 나타낸다. 로봇을 비롯해 기계를 자동화하기 위한 이론에는 이러한 과도 응답을 조사하기 위해 라플라스 변환이라는 방법이 사용된다. 라플라스 변환에 대한 간단한 설명은 다음에 말하겠지만 상세한 것은 관련 문헌을 참조하기 바란다.

제어공학을 배우는 경우 반드시 1차 지연계라든가 2차 지연계와 같이 「지연」이라는 말이 나온다. 그러므로 여기서는 우선 그 「지연」이라는 의미에 대해서 상세히 생각해 본다. 「지연」이라는 의미를 잘 이해하기 위해 로봇과는 직접 관계가 없지만 욕조에 물을 주입하는 예를 든다. 물통에 들어 있는 물을 일시에 욕조에 주입하면 욕조의 수위도 일시에 오른다. 물통으로의 주입을 입력으로 생각하고 욕조의 수위를 출력으로 생각하면, 일시에 욕조의 수위가 오른다는 것은 입력과 출력간에 「지연」이 없다는 것이다.

이에 비해 바닥이 새는 욕조에 수도꼭지로부터 일정 유량 Q의 물을 주입하는 경우를 생각해 보자. 주입 개시 직후는 수위가 낮으므로 욕조 바닥에 가해지는 압력도 낮다. 따라서 수위는 주입량에 거의 비례해서 상승한다. 그러나 수위가 상승하여 욕조 바닥의 압력이 증가함에 따라 누수도 심해진다. 이 때문에 수위 상승은 약해져 드디어 주입량과 누수량이 평형으로 되고 수위 상승이 없어진다. 즉, 수위(출력)는 처음에 주입량(입력)에 비례하지만 결국 누수 때문에 수위 상승이 약해지고 드디어 그 상승이 정지되어 일정 수위로 수렴된다. 이와 같이 일정 수위로 수렴되기까지 시간적 지연이 있는 계를 「**지연계**」라고 한다.

주입 초기에는 입력인 주입량에 출력인 수위가 거의 비례하고 있었다. 이와 같이 입력과 출력이 비례하는 관계는 다른 관점으로 보면 출력은 입력의 적분이라고 할 수 있다. 상술한 욕조 바닥에서 누수가 없었다면 수위는 주입량에 비례해서 계속 상승할 것이다.

수도꼭지에서 나오는 일정 수량 Q를 입력으로 하고 욕조의 수위 $h(t)$를 출력으로 하는 경우는 입력인 일정 유량 Q의 물이 욕조 안에 모아진다. 이 경우 수도꼭지로부터의 주입량 Q를 모은다는 것은 바로 **적분한다**는 것과 같다. 이 욕조라는 시스템은 **적분계**라고 한다. 그런데 전술한 누수가 있는 욕조와 같이 처음에는 적분계와 같은 행동을 하지만 결국 일정값으로 수렴되는 시스템을 **1차 지연계**라고 한다. 지금 욕조의 단면적을 $1\,\mathrm{m}^2$, 입력 수량을 $Q\,[\mathrm{m}^3/\mathrm{s}]$라고 하고 적분계의 입출력 관계를 식으로 나타내면

$$h(t) = \int Qd\tau = Qt\,[\mathrm{m}] \tag{3·1}$$

가 되며 출력인 수위 $h(t)$는 입력 수량 Q에 비례하는 것을 알 수 있다. 또한 이 표현을 블록선도로 나타내고 그 스텝 형상 입력에 대한 응답을 나타내면 그림 3·12와 같다.

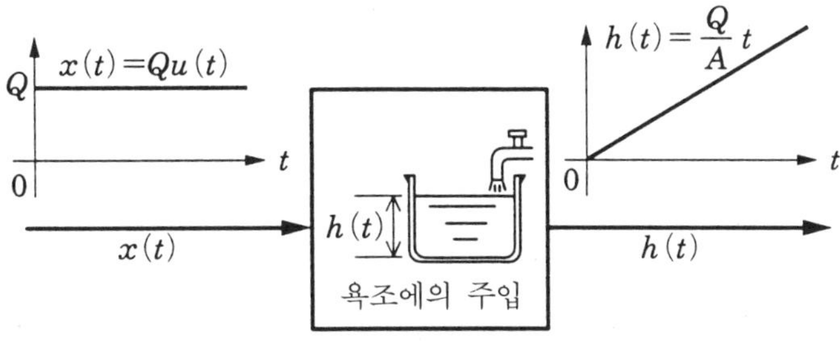

그림 3·12 욕조의 수위를 예로 든 적분계의 응답

이 그림에서 명확해지듯이 만일 지연이 없다면 입력이 스텝 형상이면 출력도 스텝 형상으로 변화하지 않으면 안되는 것이다. 이와 같이 지연이 없는 계의 전형 예는 그림 3·10에 나타낸 증폭기이다.

[1] 입력 함수와 라플라스 변환

입력 신호로서 많이 사용되는 신호 $x(t)$에는 단위 스텝 함수나 임펄스 함수가 있다.

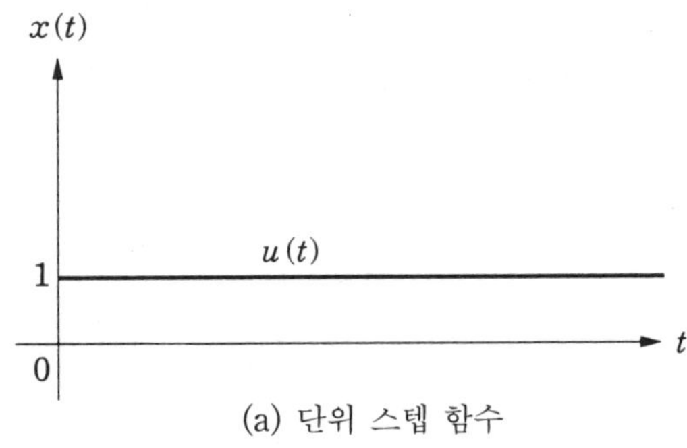

(a) 단위 스텝 함수

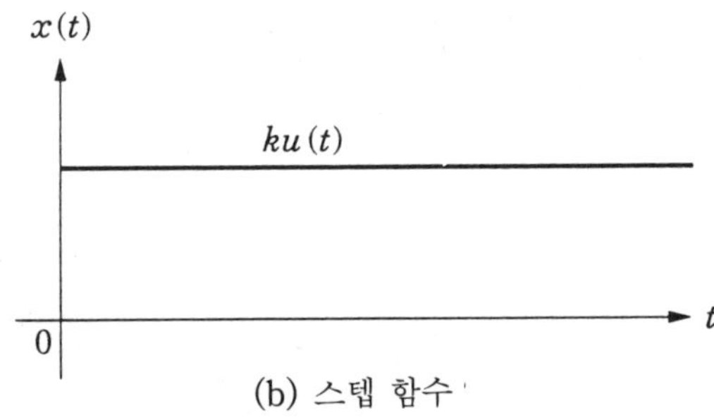

(b) 스텝 함수

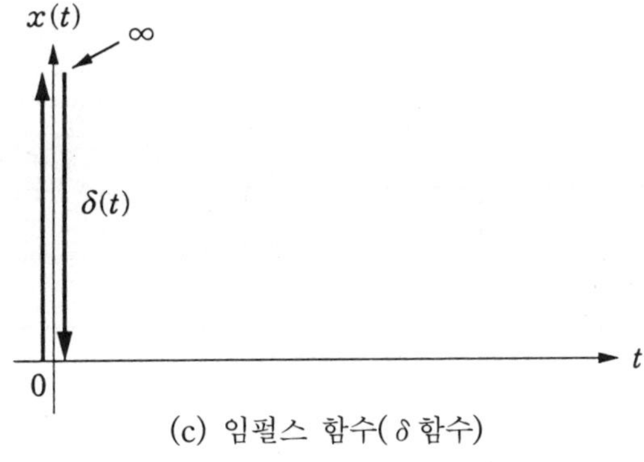

(c) 임펄스 함수(δ 함수)

그림 3·13 스텝 함수와 임펄스 함수

그림 3 · 13 (a)와 같이 시각 0에서 갑자기 단위량, 즉 1만큼 계단 형상으로 변화하는 신호를 **단위 스텝 함수**라고 하며, 이것을 $u(t)$로 표시한다. 이를 기본으로, 예를 들어, 6V의 전압을 스위치를 통해 어느 모터에 가한 경우 모터에 가해지는 전압은 $6u(t)[\text{V}]$와 같이 $u(t)$를 정수배한 수식으로 표현된다.

또, 어느 스프링에 매단 질량이 있는데, 그 스프링 끝을 갑자기 $k\,[\text{cm}]$ 변위시켜 질량이 진동하는 모습을 관찰하는 경우, 그 스프링 끝에 부여한 변위는 스텝 형상의 입력이라고 한다. 이 **스텝 형상 변위**는 $ku(t)[\text{cm}]$와 같이 수식으로 나타내고 그 변화 상태를 그림으로 나타내면 그림 (b)와 같다.

한편, 그림 (c)에 나타내듯이 시각 제로에서 급격히 무한대로 갔다 되돌아 오는 함수를 **임펄스 함수**라고 하며, $\delta(t)$로 표시된다. 이 함수는 매달린 종을 치거나 북을 치는 것 같이 갑자기 큰 힘이나 충격을 가하는 경우를 나타내는 함수로서 사용된다.

즉, 종이나 북을 제어 대상으로 생각하면 그것들을 두들기는 충격력을 입력 $\delta(t)$로 하고 종이나 북소리를 출력으로 생각하는 것이다. 이와 같이 제어 대상에 일순간의 자극을 주는 것을 입력 신호라고 생각한 경우, 그 입력 신호를 수학적으로 표시하기 위해 그림 (c)와 같은 임펄스 함수가 사용된다.

[2] 간단한 시스템과 라플라스 변환 및 전달함수

라플라스 변환에 대한 상세한 것은 관련 문헌에 맡기기로 하고, 여기서는 라플라스 변환의 사용 방법과 유효성에 대해서 간단히 기술한다. 통상 시간함수는 $y(t) = at$와 같이 t가 변수로 사용된다. 이 시간함수를 라플라스 변환하면 $Y(s) = a/s^2$와 같이 s의 함수가 된다.

이와 같이 시간 영역의 함수를 s 영역으로 변환하는 라플라스 변환이 라플라스 변환표에 정리되어 있다. 표 3 · 1은 몇 가지 간단한 시간함수의 라플라스 변환을 나타낸 것이다.

표에서 1~3은 3 · 2절의 [1]항에서 기술한 단위 스텝 함수, 스텝 함수, 임펄스 함수의 라플라스 변환이다.

이 라플라스 변환의 방법은 선형 미분방정식을 풀거나 전달함수라는 형식으로 시스템을 표현하는 경우에 사용된다. 증폭기에 스텝 함수 형상의 입력 전압을 가한 경우 그 출력이 스텝 형상 함수가 되는 것을 그림 3 · 10 (a)에 들었다.

표 3·1 라플라스 변환표

번호	시간함수	라플라스 변환된 함수
1	$u(t)$	$\dfrac{1}{s}$
2	$ku(t)$	$\dfrac{k}{s}$
3	$\delta(t)$	1
4	e^{-at}	$\dfrac{1}{s+a}$
5	$\dfrac{dx(t)}{dt}$	$sX(s)-x(0)$
6	$\int x(t)\,dt$	$\dfrac{X(s)}{s}+\dfrac{x^{-1}(0)}{s}$

스텝 함수의 라플라스 변환은 표 3·1의 1~2로 부여되므로 그림 3·10 (a)의 관계를 라플라스 변환 형식으로 표현한 것이 그림 3·10 (b)이다.

다음에 그림 3·14에 나타내는 스프링과 댐퍼(완충기)로 구성되는 계에서 스프링 끝(a점)을 스텝 형상으로 $x(t)$ 만큼 변화시킨 경우, 댐퍼의 변위(b점) $y(t)$의 움직임을 식으로 나타내는 것을 생각해 보자.

댐퍼 끝(c점)에 가해지는 힘 $f(t)$는

$$f(t)=K\{x(t)-y(t)\} \tag{3·2}$$

이다. 이것은 스프링의 늘어남이 $x(t)-y(t)$이므로 그 늘어남에 스프링 상수 K를 곱한 값이 힘과 같은 것에서 구해진다. 이 힘 $f(t)$에 의해 댐퍼는 움직이지만 댐퍼의 특성은 그 움직임의 속도$(dy(t)/dt)$에 비례하므로

$$f(t)=D\frac{dy(t)}{dt} \tag{3·3}$$

가 된다. 여기서 D는 액체의 점성이나 용기 내의 가동 댐퍼와 벽면과의 간격으로 결정되는 상수이다. 식 (3·2)와 식 (3·3)은 같으므로

$$K\{x(t)-y(t)\}=D\frac{dy(t)}{dt}$$

이것에서 다음의 미분방정식이 구해진다.

$$\frac{D}{K}\frac{dy(t)}{dt}+y(t)=x(t) \tag{3·4}$$

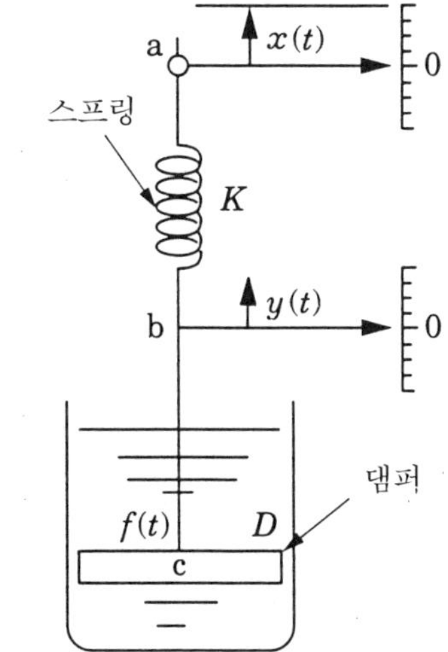

(a) 스프링 댐퍼의 실제 모델

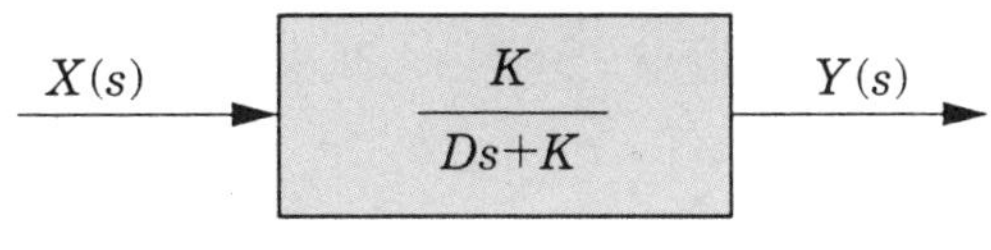

(b) 스프링 댐퍼계의 전달함수

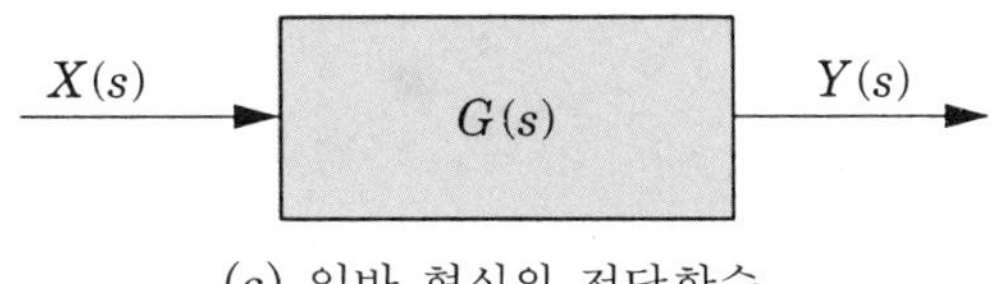

(c) 일반 형식의 전달함수

그림 3 · 14   스프링 댐퍼계의 해석

$dy(t)/dt$ 의 라플라스 변환은 표 3 · 1의 5를 사용하면 $sY(s)-y(0)$가 된다.

여기서 $y(0)$는 **초기값**이라고 한다. 표 3 · 1에서는 X, x(여기서는 Y, y)라는 변수가 사용되고 있다. 이것은 식 (3 · 4)가 y의 함수이기 때문이다. 미분방정식을 구성하는 변수가 f면 F나 $f(0)$가 라플라스 변환된 결과 내로 나타나는 것에 주의해야 한다.

식 (3 · 4)의 양 변을 라플라스 변환하면

$$\frac{D}{K}\{sY(s)-y(0)\}+Y(s)=X(s) \tag{3 · 5}$$

가 된다.

여기서 $y(0)$는 동작하기 시작하는 $y(t)$의 위치이다. 그림 3·14에 나타낸 상태를 기준으로 하여 그곳의 $y(0)$를 0으로 선택하면 식 (3·5)는 다음과 같이 된다.

$$\frac{D}{K} sY(s) + Y(s) = X(s) \tag{3·6}$$

여기서 $X(s)$는 입력 $x(t)$의 라플라스 변환, $Y(s)$는 출력 $y(t)$의 라플라스 변환이다. 그 출력/입력의 비를 구하면 다음과 같이 된다.

$$\frac{Y(s)}{X(s)} = \frac{K}{Ds+K}$$

이 $Y(s)/X(s)$를 바꾸어 $G(s)$라고 하면

$$G(s) = \frac{K}{Ds+K} \tag{3·7}$$

가 된다. 식 (3·7)의 $G(s)$를 그림 3·14의 스프링 댐퍼계의 **전달함수**라고 한다. 이상과 같이 해서 제어계를 구성하는 일반적인 요소나 시스템에 대한 전달함수를 구할 수 있다.

주의해야 할 것은 전달함수라는 것은 요소(엘리먼트)나 계(시스템)를 나타내는 미분방정식을 라플라스 변환하고 그 초기값 $f(0)$를 0으로 한 경우의 요소나 시스템의 출력 $Y(s)$와 입력 $X(s)$의 비, 즉

$$G(s) = \frac{Y(s)}{X(s)} \tag{3·8}$$

로 정의된다. 식 (3·8)과 같이 전달함수를 정의하면, 라플라스 변환 영역(s 영역)에서의 출력 $Y(s)$는

$$Y(s) = G(s) X(s) \tag{3·9}$$

로서 식 (3·8)에 의해 구해진다. 즉, 출력 $Y(s)$는 전달함수 $G(s)$에 입력 $X(s)$를 곱하면 구해지는 것이다. 이 관계를 블록선도로 나타내면 식 (3·7)의 스프링 댐퍼계의 경우는 그림 3·14 (b), 그것을 일반화한 경우는 그림 3·14 (c)와 같이 된다. 그림 3·14 (a)와 같은 물리계의 각 요소에 작용하는 힘의 관계에서 식 (3·4)에 나타낸 미분방정식을 유도한다. 이 때 가하는 힘 또는 변위를 입력으로 하고 관찰하고자 하는 장소의 움직임을 출력으로 한다. 얻어진 미분방정식을 라플라스 변환하고 이 식에 포함되는 출력과 입력의 비를 구하면 전달함수가 얻어진다.

　이와 같은 순서를 취함으로써 그림 3·14 (a)와 같은 물리계는 그림 3·14 (b)와 같은 수식 모델로 표현할 수 있는 것이다.

　그림 3·14 (b)와 같이 블록선도가 부여되어 있으면 그 출력 $Y(s)$는 다음 식과 같이 용이하게 구할 수가 있다.

$$Y(s) = \frac{K}{Ds+K} X(s) \tag{3·10}$$

　그림 3·14 (c)로부터 식 (3·9)의 $Y(s)$가 구해진다.

　전달함수를 알고 있는 몇 가지 요소가 직렬로 접속된 그림 3·15 (a)의 경우 다음과 같이 하나의 전달함수 $G_0(s)$로 정리할 수가 있다.

$$G_0(s) = G_1(s)\, G_2(s)\, G_3(s) \tag{3·11}$$

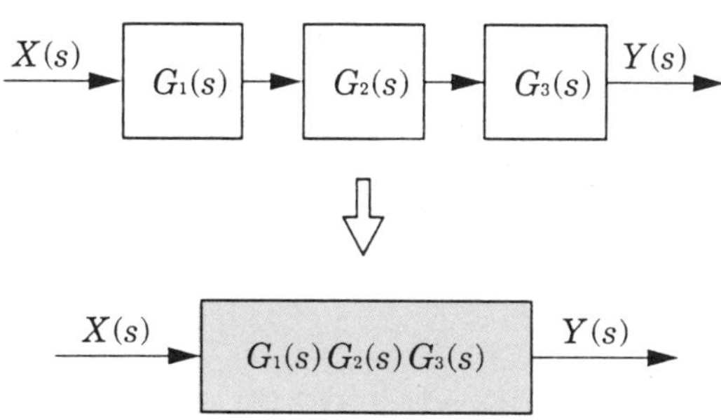

(a) 전달함수의 직렬 접속계의 등가 변환

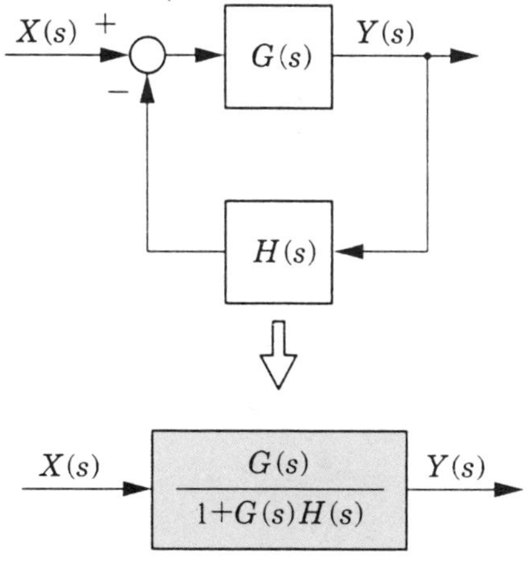

(b) 피드백 제어계의 등가 변환

그림 3·15　블록선도의 등가 변환

또한 그림 3·15 (b)와 같이 시스템 $G(s)$이 검출 요소 $H(s)$를 통해서 출력을 피드백시킨 피드백 제어계의 경우는

$$G_0(s) = \frac{G(s)}{1 + G(s)H(s)} \qquad (3 \cdot 12)$$

와 같이 하나의 전달함수로 정리할 수 있다.

그림 3·9의 예에서는 직렬 접속으로 되어 있는 컨트롤러 G_1, 증폭기 G_2, 조작 장치 G_3, 제어 대상 G_4를 식 (3·11)과 같이 정리하여 하나의 전달함수 $G_0(=G_1 G_2 G_3 G_4)$로 할 수 있다. 또한 $H(s)$는 그림 3·9의 예에서는 검출기의 전달함수이다. 이상 기술한 것과 같이 복잡한 시스템을 하나로 정리하는 것을 **등가 변환**이라고 한다.

[3] 라플라스 변환에서 다시 시간 영역으로 변환(라플라스 역변환)

실제의 물리계를 미분방정식으로 표현하고 그것을 라플라스 변환하여 전달함수를 정의하면 출력은 전달함수와 입력의 곱으로 연결되는 것은 식 (3·9)에 나타낸 것과 같다.

전달함수를 알고 있는 요소나 시스템에 전술한 스텝 함수 입력(표 3·1의 1, 2)이나 임펄스 함수 입력(표 3·1의 3)을 가하면 그들에 대한 응답이 구해진다.

그림 3·14 (a)의 스프링 댐퍼계에 있어서 $x(t)$를 단위 스텝 함수 입력으로 하여 $y(t)$의 변화를 구해 보자. 이 시스템의 입출력 관계는 식 (3·10)에 나타냈다. 입력 $x(t)$가 단위 스텝 함수라는 것은 표 3·1의 1에 나타낸 것과 같이 그 라플라스 변환은 $1/s$이다. 식 (3·10)에 있어서 $X(s)=1/s$라고 하면

$$Y(s) = \frac{K}{Ds+K} \frac{1}{s} = \frac{K}{s(Ds+K)} \qquad (3 \cdot 13)$$

이 식을 라플라스 역변환이 용이한 기본형으로 변형하면 다음과 같다.

$$Y(s) = \frac{1}{s} - \frac{1}{s + \dfrac{K}{D}} \qquad (3 \cdot 14)$$

식 (3·14)의 양변의 라플라스 역변환을 표 3·1의 라플라스 변환표를 사용하여 구하면

$$y(t) = u(t) - e^{-(K/D)t} \qquad (3 \cdot 15)$$

가 된다. 이것을 그래프로 표시하면 그림 3·16과 같다.

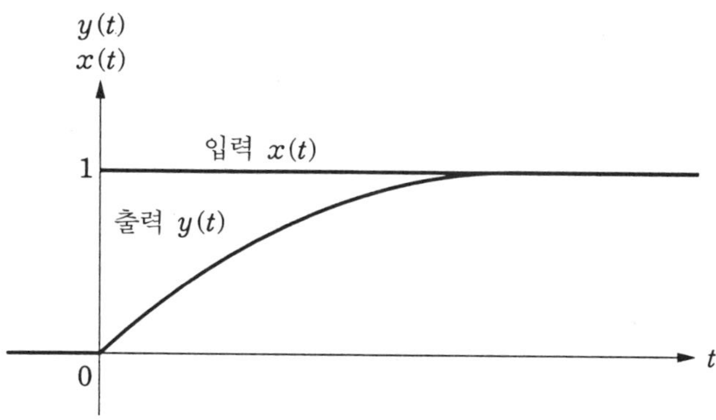

그림 3 · 16   단위 스텝 응답의 예

이상 기술한 것과 같이 라플라스 변환을 사용하면, 기계나 로봇의 전달함수가 부여되어 있으면 그 스텝 응답이나 임펄스 응답은 구해진다. 복잡한 블록선도도 각 요소가 직렬 접속이면 그들 요소의 전달함수의 곱으로서 종합할 수가 있다.

또, 피드백 제어계면 $G(s)/(1+G(s)H(s))$를 사용해서 종합된 하나의 전달함수로 나타낼 수가 있다.

이외에 라플라스 변환은 식 (3·4)와 같은 미분방정식을 라플라스 변환표를 사용해서 대수적으로 용이하게 구할 수도 있는 것이다.

예제 3 · 1   식 (3·4)의 미분방정식에 있어서 $x(t)$를 임펄스 함수로 한 경우에 대해서 라플라스 변환을 사용해서 $y(t)$를 구하라. 단, 초기값 $y(0)$는 제로로 한다.

해답 $x(t)$가 임펄스 함수 $\delta(t)$의 경우에 $\delta(t)$의 라플라스 변환은 표 3·1의 3 부터 1이다. 식 (3·10)의 $X(s)$에 1을 대입하면

$$Y(s) = \frac{K}{Ds+K} = \frac{K}{D}\,\frac{1}{s+\dfrac{K}{D}} \qquad (3 \cdot 16)$$

이 된다. $1/\{s+(K/D)\}$의 라플라스 역변환은 표 3·1의 4를 사용하여 $e^{-(K/D)t}$가 된다. 따라서 임펄스 함수에 대한 응답 $y(t)$는 다음과 같이 된다.

$$y(t) = \frac{K}{D}\,e^{-(K/D)t} \qquad (3 \cdot 17)$$

3·3 로봇에 왜 컴퓨터를 사용하는가

컴퓨터는 비교, 연산, 기억을 할 수 있으므로 사람의 두뇌에 비유된다. 그리고 이 컴퓨터를 사용한 인공 지능의 연구가 활발히 실시되고 있다. 여기서는 로봇에 컴퓨터를 도입하여 로봇을 지능적으로 동작시키는 것에 대해서 설명한다.

최근 많은 산업이나 교통의 제어시스템에 컴퓨터가 사용되기 시작하였다. 트랜지스터가 발명되기 이전에는 진공관을 사용한 아날로그 계산기가 항공기의 오토파일럿, 플라이트 시뮬레이터 등을 비롯해서 각종 자동화 장치에 사용되고 있었다. 그런데 전자기술은 진공관에서 트랜지스터로 발달하고 또 그 트랜지스터를 몇만개나 모은 집적회로기술로 발전하였다.

그리고 집적회로기술을 기본으로 한 디지털 컴퓨터가 현재와 같이 널리 보급되었으며, 컴퓨터는 퍼스널 컴퓨터로서 일반 가정에서도 사용되기에 이르렀다. 디지털 컴퓨터는 전자 부품이라는 감각으로 가전 제품, 메카트로닉스 제품, 계측·제어 장치에 널리 응용되게 되었다.

현재는 컴퓨터라고 하면 디지털 컴퓨터를 지칭하고 아날로그 컴퓨터는 모습을 감추었다. 디지털 컴퓨터는 예전에는 수치 계산을 하는 계산기계였다. 그러나 아날로그량을 디지털량으로, 그리고 또 그 반대의 변환이 반도체 응용기술을 사용해서 용이하게 실현되게 된 덕택으로, 디지털 컴퓨터는 로봇을 비롯한 메카트로닉스 기술에 빼놓을 수 없는 존재가 되었다.

디지털 컴퓨터는 컴퓨터에 입력되는 디지털량의 연산은 물론이고 그 결과를 기억시키거나 기억 데이터를 곧바로 인출하거나 시간적으로 지연시켜 인출하는 것도 소프트웨어(프로그램 기술)로 가능하다. 그 때문에 1대의 컴퓨터는 센서를 통해서 몇개의 로봇 가동부에서 정보를 얻어 그 가동부를 목표값대로 동작시킬 수가 있다.

[1] 로봇이 물건을 파손시키지 않고 잡기 위해서

그림 3·17은 로봇 암 선단에 설치한 엔드 이펙터의 일종인 그리퍼(대상물을 잡는 손)의 파지력(把持力) 제어시스템을 나타낸다. 이 로봇 그리퍼가 대상물을 잡는 파지력의 제어에 사용되는 컴퓨터, 아날로그-디지털 변환기(A/D 변환기), 디지털-아날로그 변환기(D/A 변환기), 컨트롤러의 역할에 대해서 기술한다.

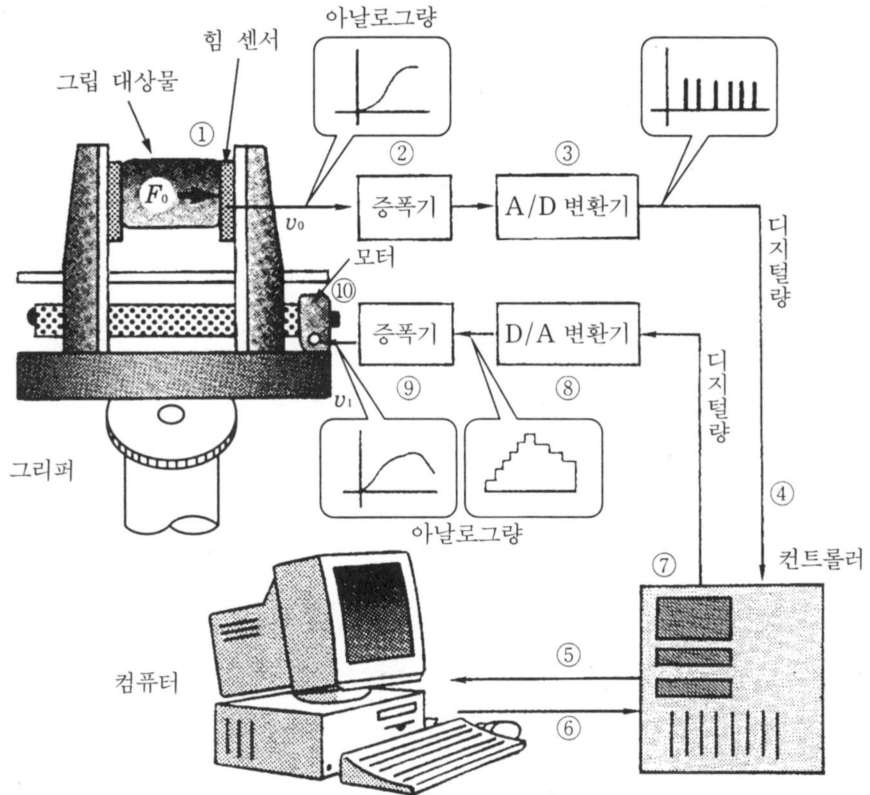

그림 3 · 17   그리퍼의 컴퓨터 힘 제어

　그림 3 · 17에 나타낸 대상물이 만일 종이컵과 같이 부드러운 물건이면 파지력 제어를 하지 않으면 찌그러뜨릴 우려가 충분히 있다. 또 무거운 물건은 떨어뜨릴 가능성도 있다. 이와 같은 일이 일어나지 않도록 그림과 같이 손가락 끝에 힘 센서를 달아 그 파지력을 제어하는 것이다. 일반적으로 힘 센서로부터의 힘에 대응하는 출력 신호는 미소한 아날로그 전압이다. 따라서 그 신호를 증폭하고 또 컴퓨터에 넣기 위해 아날로그량을 디지털량으로 변환할 필요가 있다.

　대상물을 잡는 그리퍼에 적절한 힘을 전달하기 위해 이러한 일련의 신호 처리를 한다. 그 순서를 그림에 나타낸 번호 ①~⑩을 따라 설명하면 다음과 같다.

　①→②　힘 센서는 미리 교정되어 있어서 힘 F_0와 출력 전압 v_0의 관계는 알고 있다. 이 힘에 대응하는 센서의 출력 신호 v_0는 일반적으로는 미약하므로 증폭시킬 필요가 있다.

　②→③　증폭된 힘 신호 전압 v_0는 A/D 변환기에 보내져서, 연속적인 아날로그 신호를 이산적인 디지털 신호로 바꿔 놓는다. 일반적으로 이와 같은 A/D 변환

기 내부에는 아날로그 신호 레벨을 (1011)이나 (1110)과 같은 2진 코드 표현으로 변환하는 인코더가 포함되어 있다.

③→④ 2진 코드로 변환된 디지털 신호는 컨트롤러에 들어간다. 이 부분은 입력 신호가 어디로부터 와서 어디로 송출되는가를 결정하는 하드웨어로 구성되어 있다. 여기서 그리퍼의 힘 센서에서 어느 레벨의 신호를 수신한 것을 컨트롤러가 확인한다.

④→⑤ 2진 코드를 컨트롤러에서 컴퓨터로 송출한다. 이 때의 2진 코드에는 힘 센서에서 받은 신호임을 나타내는 확인 코드가 달려 있다. 다음에 컴퓨터는 소프트웨어를 통해서 「힘 센서는 어느 힘 F_0 를 검출했다」고 하는 인식 정보를 디스플레이상에 표시한다. 즉, 컴퓨터는 코드화(부호화)된 힘이라는 것을 인식하고 이 힘 신호를 조작원에게 알린다. 동시에 프로그램상에서는 조작 신호로서 사용할 수 있게 된다.

⑤→⑥ 컴퓨터는 이 정보를 바탕으로 F_0 를 목표의 힘 F_1 과 비교하는 처리를 한다. 즉, 만일 $F_0 < F_1$ 이면 그것은 「다시 그리퍼를 닫아라」하는 지령을 부여하는 것을 의미한다.

⑥→⑦ 다음에 컴퓨터는 코드화된 2진수의 신호 및 인식 코드를 그리퍼 구동용 신호로서 컨트롤러에 송출한다.

⑦→⑧ 컨트롤러는 수신한 신호가 모터에 보내지는 2진 코드 신호인 것을 확인한다. 만일 모터가 아날로그식이면 수신한 2진 코드 신호는 디코더를 포함하는 D/A 변환기를 통해서 아날로그 전압으로 변환된다.

⑧→⑨ 컨트롤러에서의 출력 전압은 신호 레벨의 전압으로서 모터를 돌릴 정도의 충분한 파워는 아니다. 그래서 모터를 구동하기 위해 충분한 출력이 얻어지도록 파워를 증폭하는 것이다.

⑨→⑩ 그리퍼 구동용 모터는 컨트롤러에서 지시된 전압 레벨에 따라 회전하고, $F_0 = F_1$ 이라는 조건이 충족될 때까지 상술한 순서를 몇 회고 반복한다. 여기서 예를 들면 종이컵을 적절하게 잡는 데 충분한 힘이 F_1 이라고 알고 있으면 F_1 을 목표값으로 하여 미리 컴퓨터 내에 그 값을 설정해 두는 것이다.

이상 기술한 신호 처리는 순간적으로 행해진다. 이러한 힘이나 위치 제어를 하는 곳이 1대의 로봇 내에 여러 곳에 있을 것이다. 그것들을 1대의 컴퓨터로 처리하기 위해 샘플(양자화)/홀드(유지) 회로가 컨트롤러 내에 설치되어 복잡한 로봇의 동작을 실현시키는 것이다.

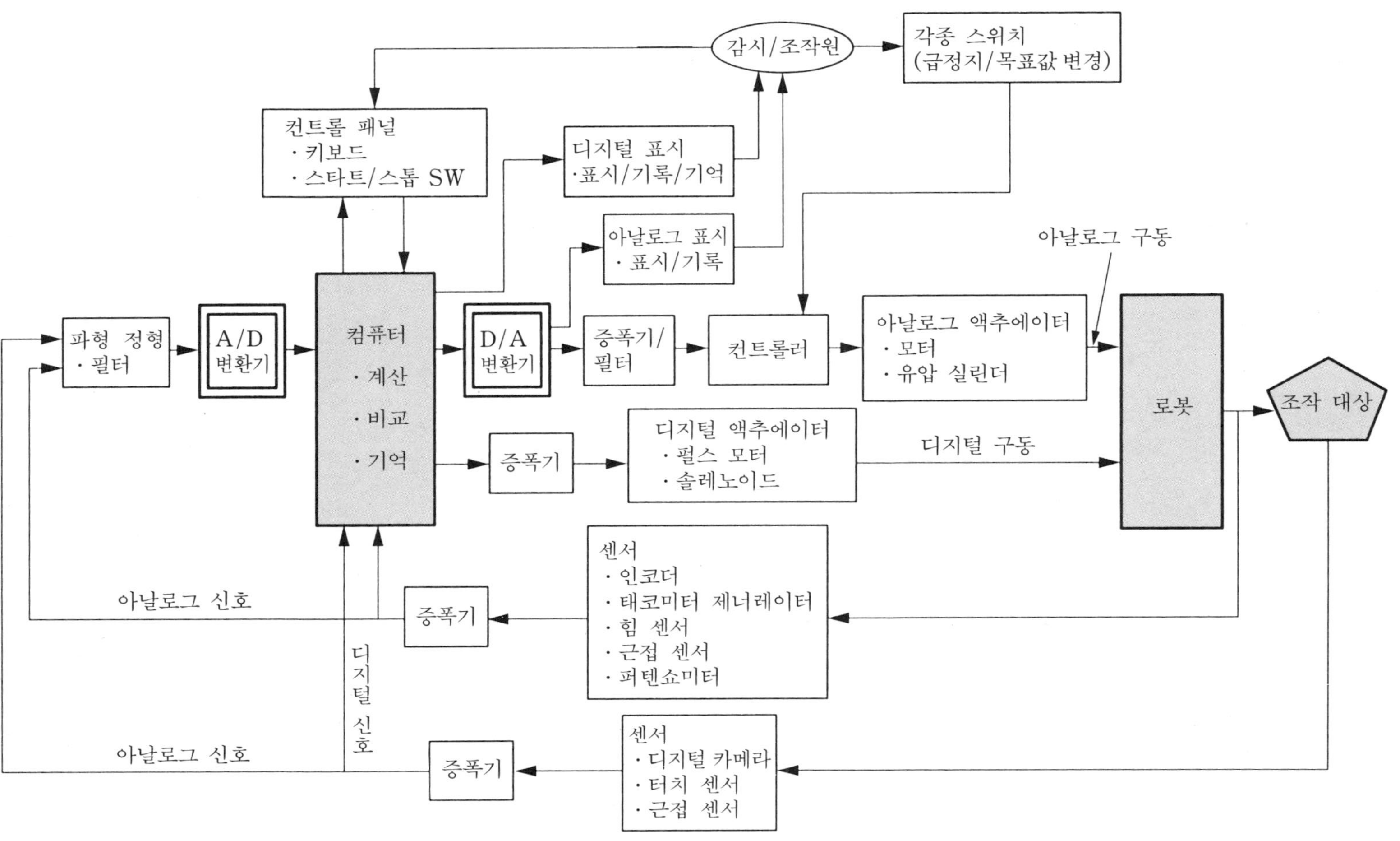

그림 3·18　로봇의 컴퓨터 제어계

[2] 로봇을 잘 조작하기 위한 컴퓨터

컴퓨터가 파지력을 제어하는 과정은 그림 3·17에 나타낸 것과 같다. 그러나 컴퓨터는 파지력을 제어하기 위해서만 사용되는 것은 아니다. 그림 3·18은 컴퓨터가 로봇을 제어함과 동시에 그 로봇이 외계(로봇 자체 이외의 외부 환경)에 동작하여 작업을 하는 경우에 필요한 센서나 액추에이터를 포함하는 주변 기기·요소와의 접속 관계를 나타낸다.

여기에도 컴퓨터 전후에 A/D 변환기와 D/A 변환기가 존재하고 있다. 후술하는 인코더와 같이 디지털량으로 각도 정보를 직접 얻을 수 있는 센서도 존재한다. 이와 같이 디지털적으로 처리·시행되는 신호면 이러한 종류의 변환기는 필요 없다. 그러나 디지털량은 사람이 편리하게 사용하기 위해 만들어 낸 인공의 기술이고 우리들이 사는 자연 세계는 전부가 아날로그 세계이다. 따라서 디지털 컴퓨터를 사용하여 아날로그 물리량을 제어하는 경우에는 일단 아날로그량을 디지털량으로 변환하는 변환기를 빼놓을 수 없는 것이다.

변위, 각도, 속도, 가속도 등 로봇 운동에 관한 아날로그 물리량을 검출하여 컴퓨터로 제어하기 위해서는 거기에 아날로그-디지털 변환기가 필요한 것은 앞서 말한 바와 같다. 디지털량으로 변환되고 처리된 측정 물리량은 목표값과 디지털적으로 비교된다. 그리고 아날로그 형식의 액추에이터를 사용한 로봇을 동작시키기 위해 그 디지털량의 대소, +−의 값을 D/A 변환기를 사용하여 다시 아날로량으로 변환한다. 이와 같은 이유 때문에 컴퓨터를 사용하여 로봇을 제어하는 경우에는 A/D 변환기, D/A 변환기는 빼놓을 수 없는 것이다.

그림 3·18에 나타낸 것과 같이 사람은 제어 루프 밖에 있으면서 로봇의 제어 결과를 컴퓨터를 통해서 감시하고, 그 결과에 이상이 생기면 스위치류를 사용하여 신속히 정지시키거나 동작 모드를 변경시키거나 하는 것이다.

[3] 아날로그량을 디지털량으로 변환하는 방법

A/D 변환기는 부여된 아날로그 신호를 디지털 수 또는 2진 부호(코드)로 변환하는 것이다. 부여된 부호 비트의 수는 부호를 할당하는 수준(레벨)에 대응한다. 예를 들면 3비트라고 하면 $2^3=8$ 수준을 부여한다.

7V의 입력 전압에 대해서 3비트 코드를 할당한 경우를 생각해 보자.

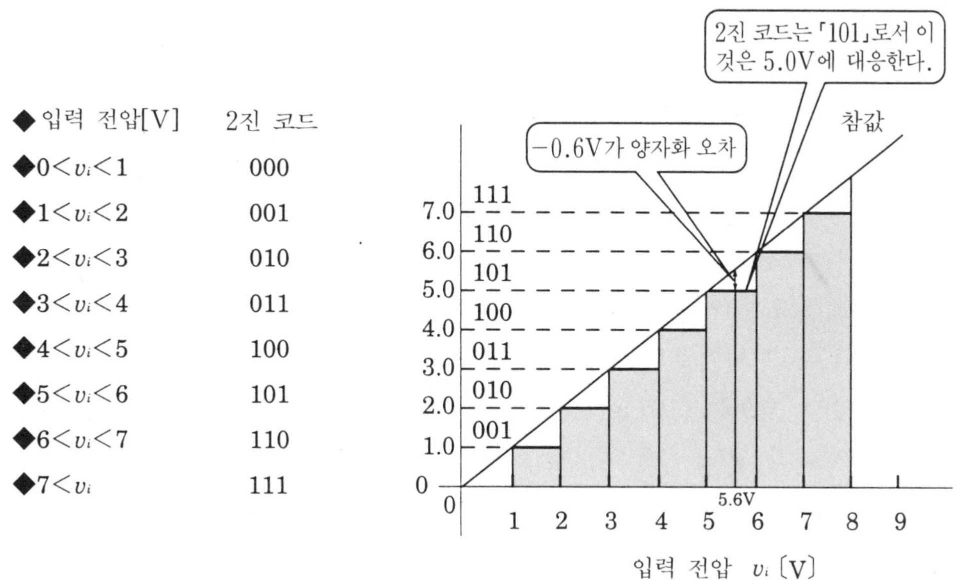

(a) 아날로그량에 대한 3비트 2진 코드의 할당   (b) 아날로그 전압−2진 코드 변환

그림 3 · 19   아날로그 – 디지털 변환량의 비교
(2진 코드에 대한 아날로그량)

상이한 전압값에 대한 할당 코드를 표의 형태로 정리하면 그림 3 · 19 (a)가 된
다. 이 표에서 명확해지듯이 입력 전압이 소수 이하의 값인 경우는 표면에 나타나
지 않는다. 즉, 1V 이하의 전압은 오차가 된다.

여기서 N비트의 A/D 변환기 분해능에 대해서 생각해 보자. 부여된 아날로그
입력 전압 범위 $[v_0,\ v_1]$을 디지털화를 하는데 대해서 $v_A = v_1 - v_0$ 의 차를 취하고
$[0,\ v_A]$와 같은 범위로 변경한다. 00 …… 0라고 하는 2진 코드는 0을 의미하고
또 11 …… 1이라는 2진 코드는 2^N-1을 의미하므로 A/D 변환기의 분해능 r 는
다음과 같이 된다.

$$r = \frac{v_A}{2^N-1} \tag{3 · 18}$$

그림 3 · 19의 예에서 그 분해능은

$$r = \frac{7}{8-1} = 1\ [\text{V}]$$

이다.

즉, 1V보다 작은 아날로그 입력 전압의 변동은 디지털 출력에는 나타나지 않는 것을 나타내고 있다. 이 아날로그 입력 전압에서 디지털 2진 코드 출력으로의 변환시에 생기는, 이 피할 수 없는 오차를 **양자화 오차**라고 하고 있다.

양자화 오차는 그림 3·19 (b)에서 직선으로 표시한 전압값(참값)과 양자화로 만들어진 계단 형상의 전압간 차이다. 따라서 이 경우 입력 전압이 정수값과 동등하면 오차는 없지만 소수를 수반하는 경우는 그 소수값이 오차가 된다. 최대의 양자화 오차는 분해능과 같은 값이라는 것은 그림 3·19에서 이해할 수 있을 것이다.

예를 들어 A/D 변환기로의 아날로그 입력 전압이 $v_i = 5.6[V]$라고 하면 이 경우의 디지털 출력 코드는 (101)이 되며 그것은 5V로 양자화된다. 이 때의 양자화 오차는 $-0.6V$이다.

A/D 변환기에는 각종 방식이 있다. 아날로그 전압을 일단 시간으로 변환하고 그 시간 내에 일정 주파수의 펄스가 몇 개 게이트를 통과하는가를 세어 그 결과를 디지털량으로 하는 방법이 있다. 또 아날로그 전압을 일단 주파수로 변환하고 그 주파수를 단위 시간 내에 세는 방식도 있다.

이상은 어느 한정된 시간 동안 통과하는 펄스의 수 또는 주파수를 계수(計數)한다는 것이다. 이 한정된 시간을 축소시켜 나가면 A/D 변환의 변환 속도는 올라가지만 반대로 정밀도는 내려간다. 따라서 최소한의 계수 시간은 확보해 두지 않으면 안되므로 이 방식에 의한 A/D 변환기의 변환 속도는 비교적 늦다.

이에 비해서 고속 A/D 변환기라고 하는 것은 펄스나 주파수를 계수하지는 않고 아날로그 전압을 비트마다 컴퍼레이터(비교기) 회로에서 동시 비교하는 것이다. 즉, 4비트의 A/D 변환기면 4개의 컴퍼레이터와 논리 회로를 조합한 구성이다. 이 방식을 **병렬 비교형 A/D 변환기**라고 한다. D/A 변환기를 이용하여 이미 알고 있는 디지털량을 일단 아날로그 전압으로 변환하고 그 값과 A/D 변환을 하는 아날로그 신호를 차례대로 비교하는 방식도 있다. 이것은 **축차(逐次) 비교형 A/D 변환기**라고 한다.

여기서는 동작 원리를 비교적 잘 이해할 수 있는 전압-주파수 변환형 A/D 변환기의 동작 원리를 기술한다. 그림 3·20은 전압-주파수 변환형 A/D 변환기의 동작 원리를 나타낸다. 이 A/D 변환기는 전압을 주파수로 변환하는 $V-f$(전압-주파수) 변환기를 사용하여 아날로그 전압을 우선 주파수로 변환한다. 변환된 주파수는 아날로그 전압에 비례하므로 그 주파수를 AND 회로를 통해서 시간폭 T만큼 디지털 카운터로 계수한다.

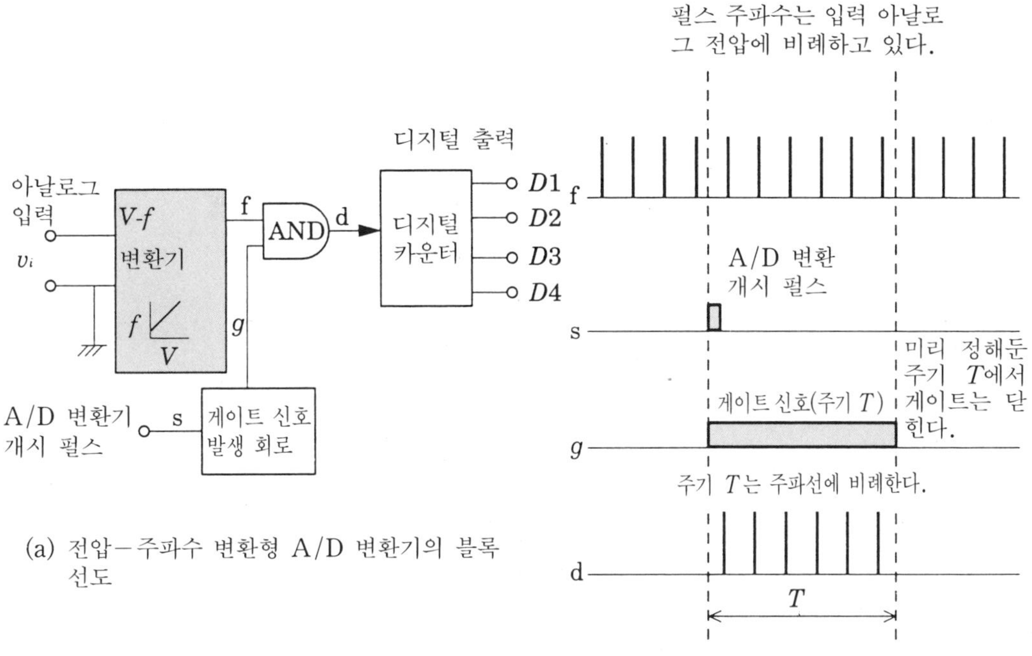

(a) 전압-주파수 변환형 A/D 변환기의 블록
선도

(b) 전압-주파수 변환형 A/D 변환기 각 지점
의 펄스 파형

그림 3·20 전압-주파수 변환형 A/D 변환기의 동작 원리

여기서 「AND 회로」라고 하는 것은 입력측에 2개의 신호가 동시에 존재하는 경우만 출력이 나타난다고 하는 특성을 가지는 회로이다.

한편, 이 시간폭 T인 펄스는 게이트 신호 발생 회로에서 출력되어 AND 회로에 입력된다. 그러면 AND 회로 출력에서는 이 시간 간격 T만큼 아날로그 전압에 비례한 주파수의 펄스열이 출력된다. 그림 3·20 (b)는 그림 (a)에 나타낸 회로 라인상에 표시한 요점(f, s, g, d) 신호의 변화를 나타낸다. 이같이 해서 d점의 펄스 신호를 시간 T만큼 디지털 카운터로 계수한 결과가 디지털 출력 신호가된다.

[4] 디지털량을 아날로그량으로 변환하는 방법

로봇을 비롯한 메카트로닉스 제품을 컴퓨터를 이용해 제어하려면 그 액추에이터 구동을 위해 컴퓨터에서 출력된 디지털 코드를 아날로그 신호로 변환하여야 한다. 이 디지털량에서 아날로그량으로 변환하는 변환기를 **D/A 변환기**라고 한다.

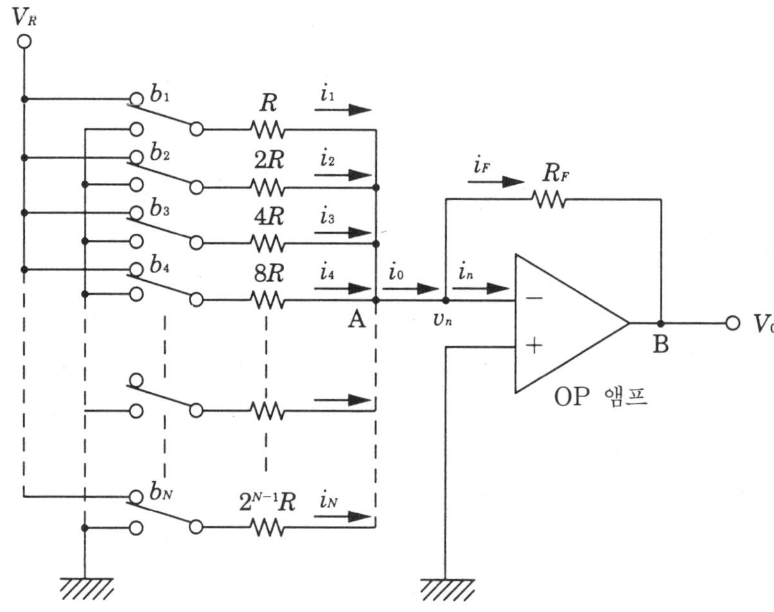

그림 3·21 무게 저항형 D/A 변환기의 동작 원리

여기서는 가장 직접적인 **무게 저항형 D/A 변환기**에 대해서 설명한다. 그림 3·21은 무게 저항형 D/A 변환기의 동작 원리를 나타낸다. 이 D/A 변환기는 2진 코드에 따른 스위치($b_1 \sim b_N$)의 ON-OFF로 OP 앰프의 입력 저항을 선택하고 그 선택된 저항에 의존하는 OP 앰프의 증폭 가산 특성을 이용하여 아날로그 출력을 얻는다는 것이다.

이것은 OP 앰프 가산 회로(그림 4·8 (c)의 반전 가산 회로 참조)의 응용이다. 그림 안의 V_R는 기준 전압이고 b_i는 0이나 1의 값을 취하는 것으로 한다. 여기서 b_i이 0이라는 것은 OFF 상태를 나타내며 OP 앰프의 입력 저항을 어스에 접속한 상태이기도 하다. 그리고 b_i가 1이라는 것은 ON 상태를 나타내며, 이것은 OP 앰프 입력 저항을 V_R에 접속한 상태이다. 이 b_i의 0인가 1인가의 선택은 변환할 디지털 2진 코드에 따르는 것은 물론이다. 아래에 이 D/A 변환기의 동작 원리를 설명한다.

그림에서 A점의 전류 i_0는

$$i_0 = i_1 + i_2 + i_3 + \cdots + i_N$$

이다. 한편, i_0는 $i_n + i_F$와 같으므로

$$i_1 + i_2 + i_3 + \cdots + i_N = i_n + i_F \qquad (3 \cdot 19)$$

가 된다.

　각 저항에 흐르는 전류 i_1, i_2, i_3, $\cdots$, i_N 은 옴의 법칙을 사용하여 $(V_R - v_n)$ $/R$, $(V_R - v_n)/2R$, $(V_R - v_n)/3R \cdots$ 로 구해진다. 따라서 식 $(3 \cdot 19)$는 다음과 같이 된다.

$$\frac{b_1(V_R - v_n)}{R} + \frac{b_2(V_R - v_n)}{2R} + \frac{b_3(V_R - v_n)}{3R} + \cdots + \frac{b_N(V_R - v_n)}{2^{N-1}R}$$

$$= i_n + \frac{v_n - V_0}{R_F}$$

　여기서 좌변 각 항에 곱해져 있는 b_i 는 변환하는 디지털 2진 코드에 따르는 0이나 1의 값이다. OP 앰프의 특성상 v_n, i_n 은 극히 작으므로 그것들을 0으로 가정하면

$$V_R \left(\frac{b_1}{R} + \frac{b_2}{2R} + \cdots + \frac{b_N}{2^{N-1}R} \right) = -\frac{V_0}{R_F}$$

가 된다. 여기서 괄호 안의 $N-1$을 N으로 하려면 양 변에 1/2을 곱하고 V_0 를 구하면 다음과 같이 된다.

$$V_0 = -\frac{2R_F V_R}{R} \left(\frac{b_1}{2} + \frac{b_2}{2^2} + \cdots + \frac{b_N}{2^N} \right)$$

　여기서 b_1은 **최대위 비트**(MSB : the most significant bit)이고 b_N 은 **최소위 비트**(LSB : the least significant bit)이다.

① LSB의 출력은 00$\cdots\cdots$01에 대응하고 그 출력 전압은 다음과 같이 된다.

$$V_{0\,\text{LSB}} = -\frac{2R_F V_R}{R} \frac{1}{2^N}$$

② MSB의 출력은 100$\cdots\cdots$00에 대응하고 그 출력 전압은 다음과 같이 된다.

$$V_{0\,\text{MSB}} = -\frac{2R_F V_R}{R} \frac{1}{2} = -\frac{R_F V_R}{R}$$

③ 최대 출력 전압은 모든 항이 1인 11$\cdots\cdots$11일 때이다. 즉

$$V_{0\,\text{max}} = -\frac{2R_F V_R}{R} \left\{ \frac{1}{2} + \left(\frac{1}{2} \right)^2 + \cdots + \left(\frac{1}{2} \right)^N \right\}$$

$$= - \frac{2R_F V_R}{R} \left(\frac{2^N - 1}{2^N} \right)$$

④ 최대 출력 전압으로서 다음과 같은 값을 정의한다.

$$V_{0\,\mathrm{FS}} = 2\,V_{0\,\mathrm{MSB}} = - \frac{2R_F V_R}{R}$$

⑤ 최대 출력 전압은 $-2.5\mathrm{V}$, $-5.0\mathrm{V}$, $-10.0\mathrm{V}$ 등으로 선택하게 된다. 예를 들면 $-10.0\mathrm{V}$라고 하면

$$- \frac{2R_F V_R}{R} = -10.0\ [\mathrm{V}]$$

가 된다. 이 값에 대한 아날로그 출력 전압은 다음과 같이 표시된다.

$$V_0 = -10 \left(\frac{b_1}{2} + \frac{b_2}{2^2} + \cdots + \frac{b_N}{2^N} \right)$$

이렇게 해서 디지털의 입력 2진 코드 b_1, b_2, b_3, $\cdots\cdots b_N$의 0, 1에 따라 그것들에 대응하는 아날로그 출력 전압이 얻어지는 것이다.

연습 문제 [3]

1. 로봇을 폭주시키지 않기 위한 방법을 간단히 기술하라.

2. 블록선도의 역할과 그 특징을 기술하라.

3. 다음 미분방정식 $x(t)$를 라플라스 변환법에 의해 구하라.
단, $f(t) = \delta(t)$, 초기값은 0으로 한다.

$$\frac{dx(t)}{dt} + x(t) = f(t)$$

4. 전달함수란 무엇인가?

5. 그림 3·22의 블록선도 (a), (b)의 전달함수 $G_0 (= Y(s)/X(s))$를 구하라.

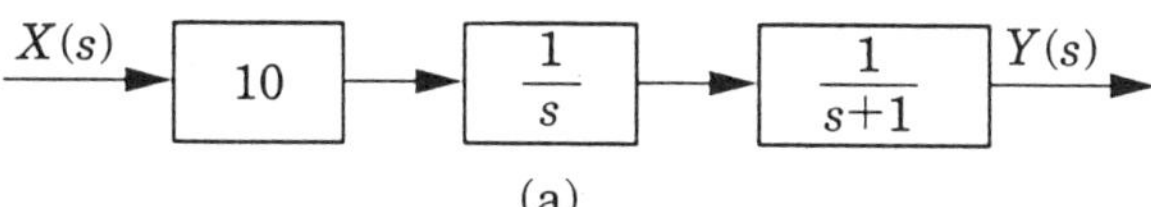

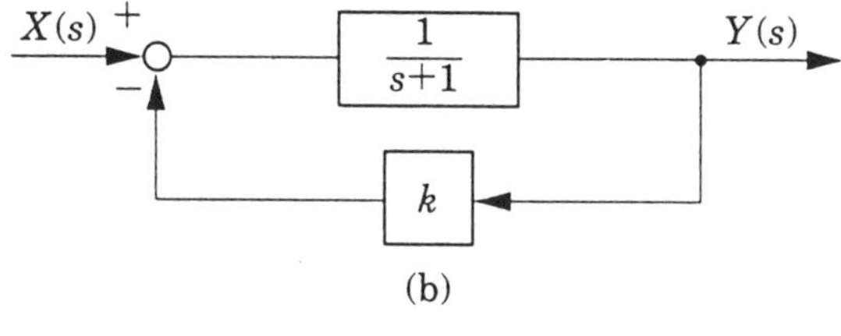

그림 3·22

6. A/D 변환기 및 D/A 변환기란 무엇인가. 그리고 그 역할을 기술하라.

7. 10진수 $(9)_{10}$ 을 2진수로 나타내라.

8. 2진수 $(1\,1\,0\,1)_2$ 를 10진수로 나타내라.

제 4 장

로봇의 움직임을 뒷받침하는 일렉트로닉스와 센서

로봇의 외관은 기계기술에 의해 뒷받침된 링크 기구로 구성되어 있다. 그러나 그 동작을 실현시키는 것은 전기기술과 전자기술이다.

여기서는 로봇이 동작하도록 하는 신호를 전달·처리하기 위한 일렉트로닉스와 센서에 대해서 설명한다.

4·1 로봇을 움직이는 방법

로봇을 움직인다고 하지만 로봇 암을 회전시키는 것만으로는 안된다. 회전은 기본이고 소정 위치에 정확히 정지시키지 않으면 우리들의 희망을 충족시키지 못한다. 이 소정 위치에 정지시키는 것이 제어한다는 것이다.

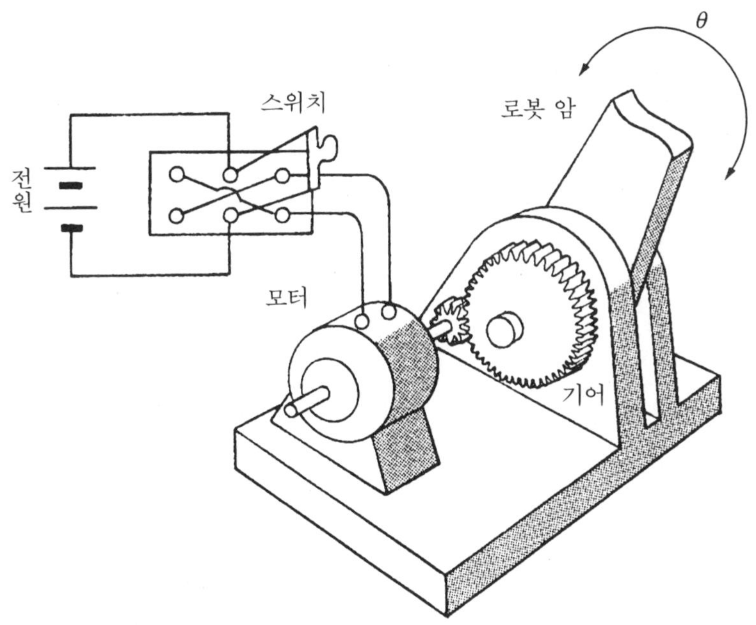

그림 4·1 암의 정전·역전 회로

　로봇 암을 움직이려면 그림 4·1과 같이 로봇 암에 모터를 연결시키지 않으면 안된다. 이 때 암에 모터 축을 직결하면 얻고자 하는 힘(토크)이 얻어지지 않으므로 기어를 거쳐 결합한다. 암은 1방향으로만 회전시키면 안되고 정전, 역전을 시킬 필요가 있다.

　그림 4·1은 스위치를 사용하여 사람이 수동으로 정전, 역전시킬 수 있는 가장 간단한 방법이다. 목표하는 위치에 암을 정지시키고 싶으면 그 위치에서 스위치를 끄면 된다. 이 일련의 조작은 그림 4·2와 같이 A점에서 B점으로 물체를 운반하기 위해 조작원이 로봇 암 선단을 항상 감시하여 암이 B점에 도달했을 때 정지시키는 조작이다. B점에서 A점으로 역전 이동시키는 경우에는 그림 4·1의 스위치를 반대측으로 꺾으면 된다.

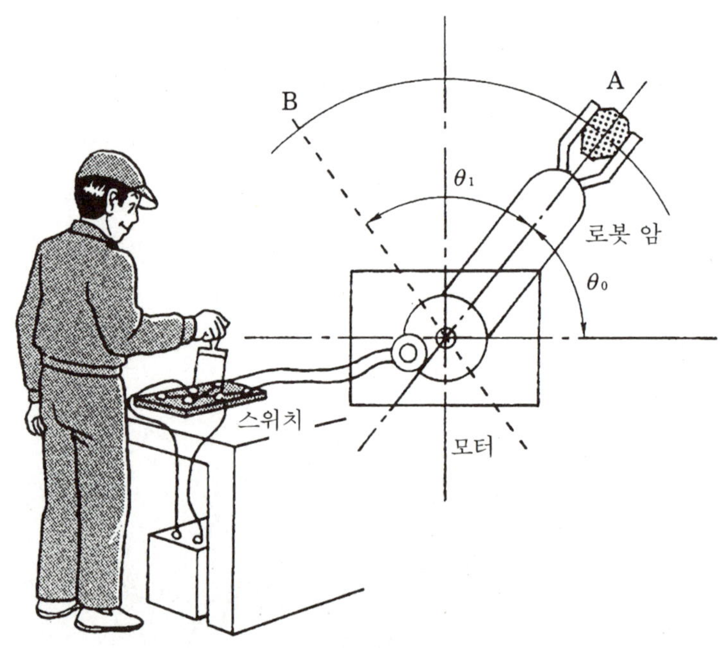

그림 4·2 사람에 의한 암의 위치결정

　이상의 조작은 누구나 할 수 있는 조작인데, 이것이 로봇 암의 위치결정 제어 이다. 그림 4·2에 나타낸 인간 조작원과 로봇 암의 일련의 동작을 제어공학에서 흔히 사용되는 블록선도로 나타내면 그림 4·3과 같다. 이 암을 목표로 하는 위치에 지령하는 것은 사람의 손이다.

　그 손에 지령을 주는 것은 사람의 뇌이고 그 동작을 부여하는 판단 기준은 조작원이 암 위치를 눈으로 잘 감시하고 있는 것이다.

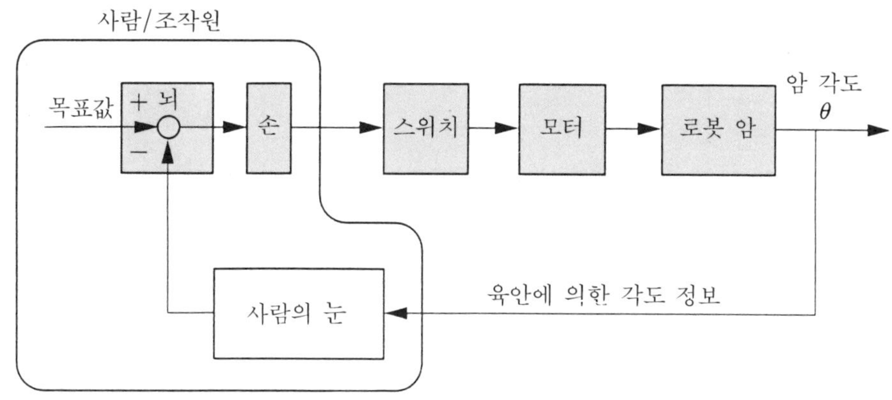

그림 4·3   사람-기계시스템

이 수동 조작은 로봇 암에 한정되지 않고 자동차, 전차, 항공기 등 모든 기계 조작에서 제어의 기본 방식이 되는 것이다. 즉, 사람과 기계가 일체되어 목표를 달성시키는 제어 방식이다.

여기서 그림 4·3에 나타낸 사람-기계계에 대해서 이것을 자동화하는 것을 생각해 보자. 그림 4·4는 로봇의 암, 그리퍼 등 제어 대상을 구동하는 모터 제어시스템을 나타낸다. 그림에는 암이나 그리퍼가 표시되어 있지 않지만 여기서의 모터는 로봇의 암이나 그리퍼를 구동하는 모터를 나타내고 있다. 로봇용 모터를 구동하기 위해 그림에 나타낸 것과 같은 여러 가지 제어 기구가 그 배경에 존재한다.

로봇에게 어떠한 작업을 시키는 것으로 **작업 제어부**가 있다. 작업 입력의 예로서는 이미 기술한 도장용 교시 등이 있다. 다음은 **운동 제어부**이다. 이것은 예를 들면 작업 제어부에서 교시 명령을 받고 또 검출부에서는 위치, 속도, 힘, 가속도 등 로봇 운동에 관한 정보를 받아, 이것들을 바탕으로 다음 구동 제어부에 보낼 지령을 발생시키는 것이다. **구동 제어부**에서는 이 지령을 받아 모터를 돌리기 위해서 위치, 속도, 힘(가속도)의 구체적인 제어를 행한다. 동시에 모터측의 상태(각도, 회전 속도)를 검출하여 그 상태가 적절한가를 판단하는 것도 구동 제어부와 운동 제어부의 역할이다.

그림 4·5는 사람이 간단한 퍼텐쇼미터 손잡이를 돌려 목표값을 설정하면 그 목표값까지 로봇 암이 이동하도록 만들어진 로봇 암의 위치결정 제어계를 나타낸다. 그림 4·5의 제어계는 사람이 목표값을 퍼텐쇼미터 A에 설정하면 그 신호가 OP 앰프에 보내진다. 동시에 퍼텐쇼미터 B가 로봇 암의 위치를 검출, 그 위치 신호도 OP 앰프로 보내진다.

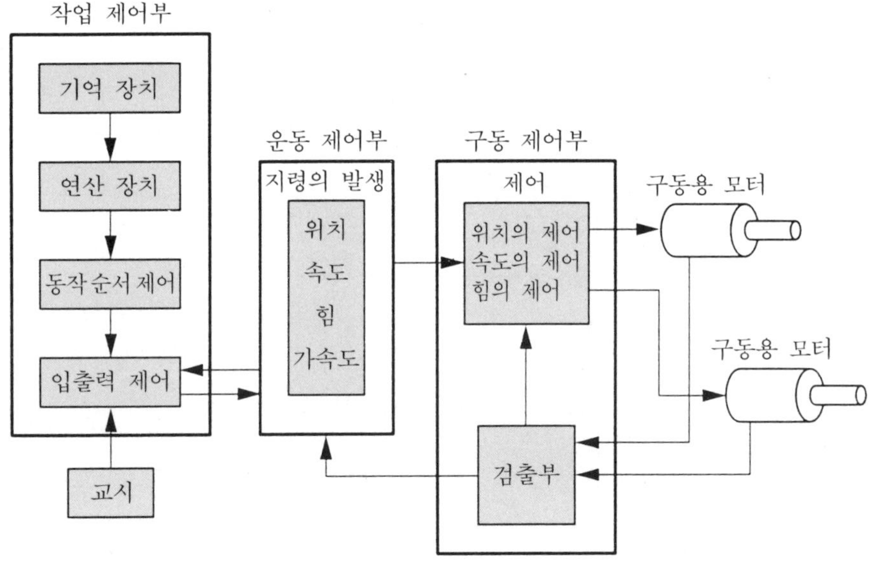

그림 4 · 4   로봇의 제어시스템

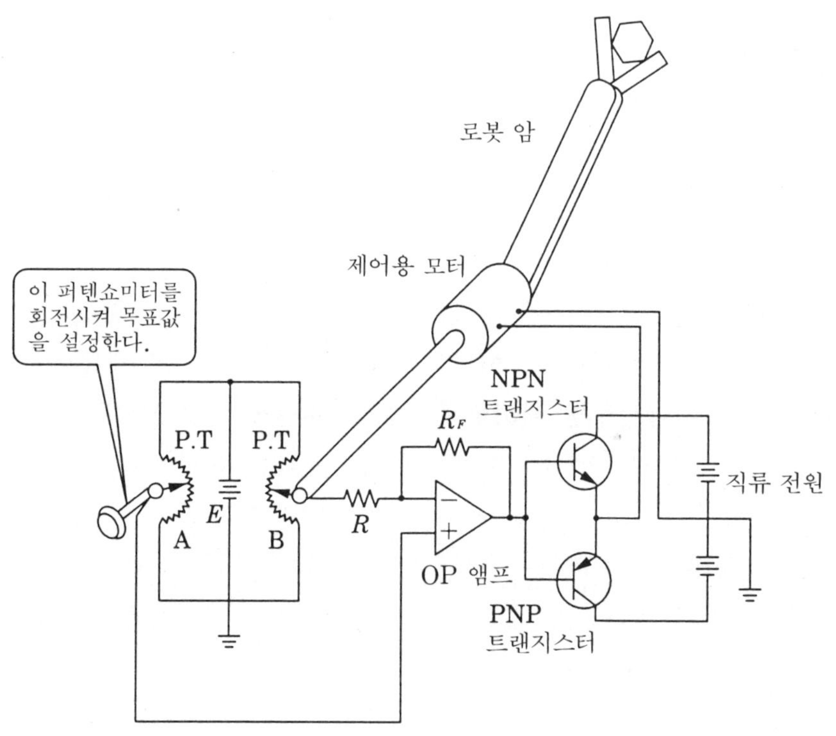

그림 4 · 5   로봇 암의 위치결정 제어계

이렇게 해서 OP 앰프는 목표값과 실제 측정값의 차인 제어 편차를 계산하고, 계산된 그 제어 편차는 트랜지스터로 구성되는 파워 증폭기에 보내진다.

그림 4·2에서는 전력을 직접 모터에 보내는 방식이었기 때문에 이와 같은 파워 증폭기는 사용되고 있지 않다. 그런데 상술한 제어 편차가 존재하는 동안 모터를 계속 돌리지 않으면 암을 목표값으로 이동할 수 없다. 따라서 그림 4·5에서는 미약한 제어 편차가 존재하는 동안은 모터를 계속 돌리기 때문에 파워 증폭기가 삽입되어 있는 것이다.

4·2 목표 신호와 실측 신호를 비교한다

그림 4·2에 나타낸 것과 같은 사람에 의한 암의 위치결정 조작은 그림 4·5에 나타낸 기계시스템으로 바꾸어 놓을 수 있다. 이것이 자동화라든가 로봇화라고 하는 기본적인 개념이다. 그림 4·5에서 로봇의 주역은 기계 부분인 로봇의 암이다. 그러나 그 이면의 전기·전자회로도 필수불가결한 존재임을 그림 4·5를 통해 알 수 있을 것이다.

여기서는 그림 4·5에서의 각도 목표값과 각도 측정값(제어량)을 비교하는 것을 다룬다. 그림 4·5의 2개의 퍼텐쇼미터 부분을 확대하면 그림 4·6과 같다.

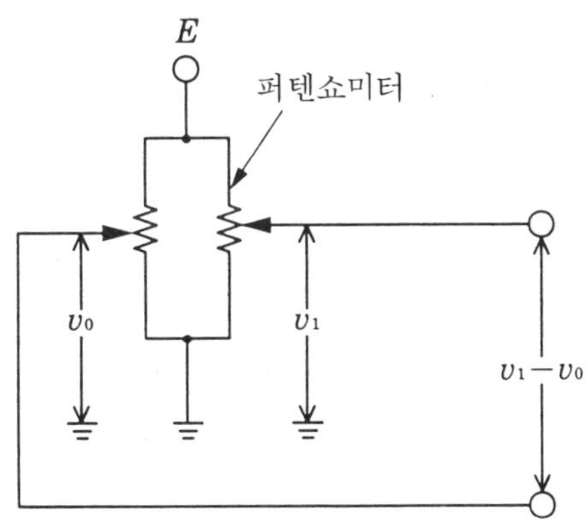

그림 4·6 휘트스톤 브리지

그림 4·5는 로봇시스템 전체를 나타내며 퍼텐쇼미터는 실제에 가까운 모양을 나타내기 위해 원형으로 그렸다. 이 퍼텐쇼미터부를 잘 관찰하면 그림 4·6과 같

이 휘트스톤 브리지 회로(그림 4·15 (b) 참조)를 구성하고 있다는 것을 알 수 있다. 그림에 나타낸 v_0라는 전압은 목표값에 대응하고 v_1이라는 전압은 제어량(각도 측정값)에 대응하고 있다. 여기서 목표값, 제어량이라고 하는 전압 v_0, v_1은 로봇 암 각도와 매칭이 되는 것으로 가정한다. 즉, 로봇 암 각도가 θ_x일 때 퍼텐쇼미터의 출력 전압은 v_x인 것을 사전에 알고 있는 것으로 한다.

이렇게 해서 얻어진 목표값 v_0와 제어량 v_1의 차이를 구하는 것은 전자회로에서 뺄셈($v_0 - v_1$)을 하면 된다. 즉, 후술하는 OP 앰프(연산 증폭기)를 사용하여 v_0와 v_1의 차를 취하는 것이다. 그 회로가 그림 4·7의 점선 부분이다. 이 부분을 그림 기호로 나타낸 것은 그림 4·3의 '뇌' 부분에 표시한 ○표시이다. 이 그림 기호는 지금까지 피드백 제어계의 블록선도에 반드시 그려지는 비교기라는 부분이다.

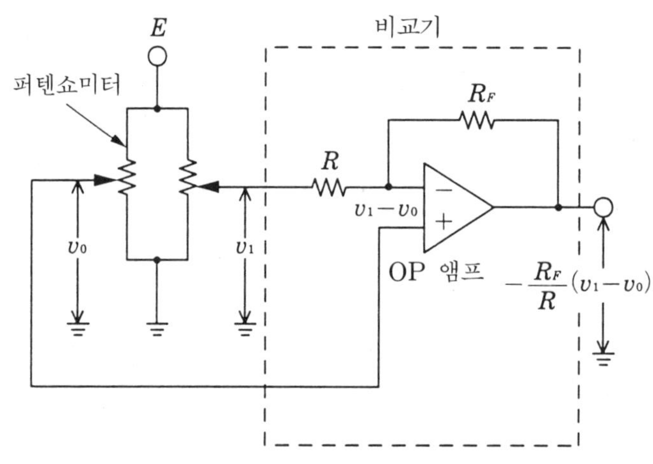

그림 4 · 7 비교기의 동작 원리

OP 앰프는 20~30개나 되는 트랜지스터로 구성된 고성능, 고증폭률의 차동 증폭기이다. 따라서 OP 앰프는 단체(單體)로는 사용되지 않고 반드시 저항이나 콘덴서에 의해 출력 전압을 입력으로 되돌리는, 이른바 피드백 형식을 취한다.

OP 앰프를 사용하면 전술한 2개의 입력차를 구하는 연산은 물론이고 입력 파형을 역전시켜 증폭하는 반전 증폭, 반전시키지 않고 증폭하는 비반전 증폭, 복수 입력의 가산·감산 증폭기, 적분·미분 증폭기 등 아날로그 신호의 연산을 직접 할 수 있다. 이 OP 앰프를 응용한 회로 예를 종합해서 그림 4·8에 나타낸다.

그림 4·8 (a)에 나타낸 것은 반전 증폭기이며, 그 +단자는 어스, 즉 0전위로 하고 있다. 그런데 그림 4·9와 같이 +단자에 직류 일정 전압을 가하면 그 출력은 다음과 같다.

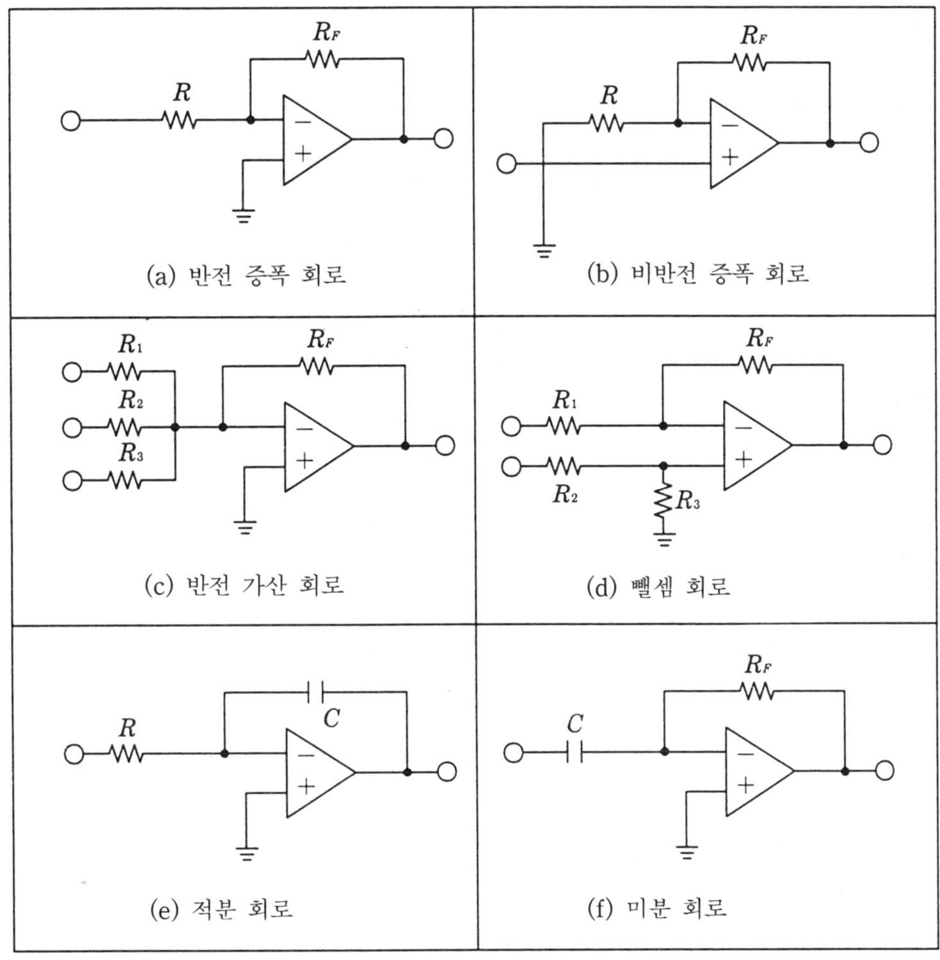

그림 4 · 8   OP 앰프 응용 회로

$$V_0 = -\frac{R_F}{R}(v_i - E)$$

그림 4 · 9의 OP 앰프 입력부에 일정 전압 E를 전지 기호로 나타냈다. 제너 다이오드라고 해서 그 양단의 전압이 언제나 일정해지는 반도체가 있다. 이것을 사용하면 그림의 박스 안에 표시한 회로와 같이 0V ~6V의 가변의 기준 전압원을 얻을 수 있다.

그림 4 · 7의 비교기는 그림 4 · 9의 일정 전압 E를 목표값 전압 v_0로 하여 그린 그림으로서, 결국은 그림 4 · 8 (a)의 응용 회로이다.

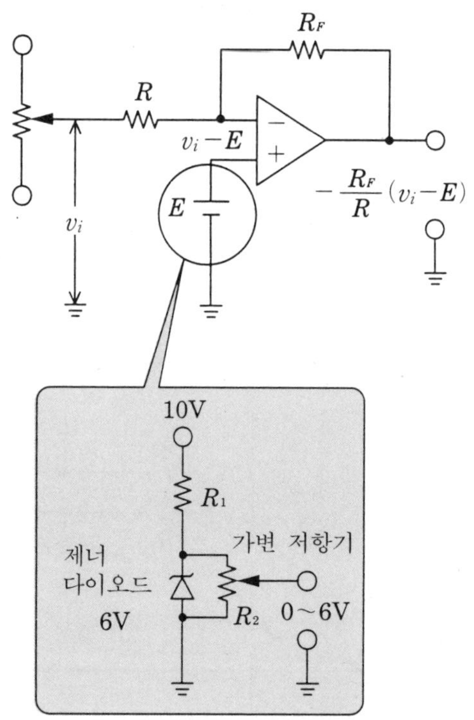

그림 4·9 기준 전압과 입력 전압의 차를 얻는 방법

4·3 직류 모터를 회전시키는 파워 증폭기

단순히 직류 모터를 회전시키는 것만이라면 그림 4·1의 접속이면 된다. 그러나 로봇 암을 어느 각도만큼 회전시키고자 하는 경우에는 그것에 제어기술을 도입하지 않으면 안된다. 모터의 회전을 제어하기 위해서는 느린 회전에서 빠른 회전까지 얻을 수 있도록 미약한 전압을 증폭할 필요가 있다.

그림 4·10은 그것을 실현하기 위한 기본 전자회로이다. 여기서는 모터의 회전 지령 전압은 트랜지스터의 베이스에 가해지는 전압으로서, 그 전압은 퍼텐쇼미터에 가한 전압을 분압해서 얻어진다. 따라서 접동자 b의 위치를 바꿈으로써 모터의 회전 속도가 바뀐다.

트랜지스터는 그 특성상 베이스와 이미터간의 전압을 0.7V 이상으로 하지 않으면 동작하지 않는다. 그렇게 하면 모터에 가해지는 전압 V_L 은 그림에서 명확해지듯이 $V_B-0.7[\text{V}]$로 약간 작은 값이 된다. 이 V_B 는 퍼텐쇼미터 회전축을 돌리면 간단히 바꿀 수 있으므로 모터는 정지 상태에서 정격 속도까지 연속적으로 조정된다.

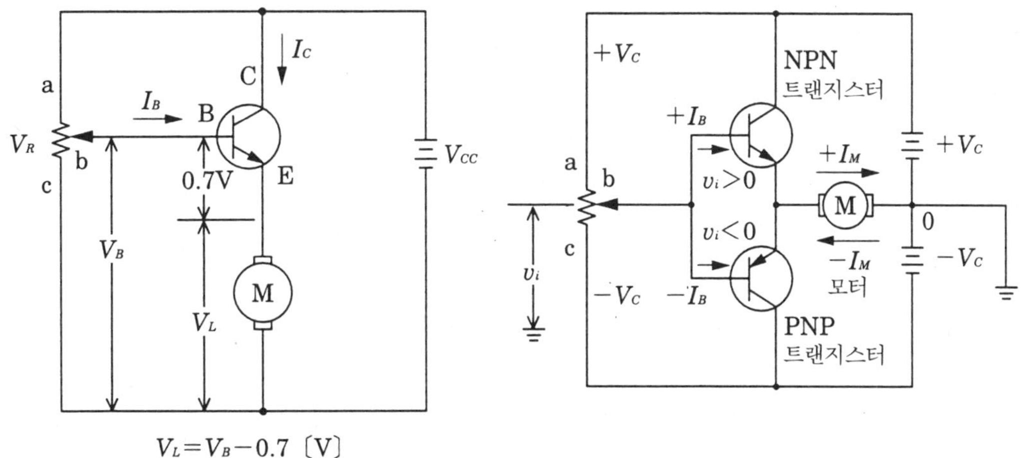

$$V_L = V_B - 0.7 \ \text{(V)}$$

그림 4 · 10 트랜지스터를 사용하여 모터를 구동시키는 방법

그림 4 · 11 트랜지스터를 사용한 모터의 정전 · 역전법

그림 4 · 10의 방법에 의한 모터의 회전은 1방향이다. 로봇 암을 제어하는 경우 모터는 정전, 역전을 하지 않으면 안된다. 이를 위한 모터 구동 회로를 그림 4 · 11에 나타낸다. 퍼텐쇼미터 a 측에는 + 전압, c 측에는 - 전압이 가해지고 있다. 따라서 접동자 b가 그 중앙에 위치하는 경우는 $v_i = 0$으로서 모터는 회전하지 않는다. 여기서 접동자 b를 위쪽으로 보내면 접동자는 + 전위가 되므로 NPN 트랜지스터 베이스로 전압이 가해지고 그것이 0.7V 이상이 되면 베이스 전류 I_B가 흐르기 시작한다.

그러면 모터는 그림 4 · 10에 나타낸 원리에 따라서 정전한다. 접동자 b를 아래쪽으로 보내면 이번에는 b접점이 - 전위가 되고 PNP 트랜지스터가 동작, 전류는 전술한 방향과는 반대로 흘러 모터가 역전한다.

이상, 직류 모터를 이용해서 로봇 암을 움직이는 방법에 대해서 수동과 자동의 경우를 기술하였다. 여기서는 컴퓨터의 접속에 대해서는 기술하지 않았다. 그림 4 · 5의 로봇 암 제어계에 컴퓨터를 도입하는 경우의 방법은 다음과 같다.

① **목표값을 설정한다** : 여기서는 퍼텐쇼미터의 회전각을 사람이 돌려 목표값을 설정하는 방법을 들었다. 그것을 컴퓨터로 치환하려면 키보드를 사용하여 목표값을 입력하거나 프로그램상에 기입해 둔다.

② **각도를 검출한다** : 로봇 암의 회전각을 검출하기 위해 로터리 인코더로 바꾼다. 그렇지 않으면 암의 회전 각도를 퍼텐쇼미터로 검출하고 A/D 변환기를 사용해서 그 측정값을 디지털량으로 변환한다.

③ **비교한다** : OP 앰프를 사용한 비교부는 소프트웨어로 바꾼다. 즉, 목표값과 측정값은 전술한 바와 같이 디지털량으로 변환되므로 컴퓨터에서는 이와 같은 비교는 디지털 계산으로 할 수 있다.

④ **모터를 회전시킨다** : 모터가 아날로그식이므로 트랜지스터를 사용한 파워 증폭기는 제거할 수 없다. 또한 이 증폭기에의 입력도 아날로그량이어야 하므로 파워 증폭기 입력 직전(비교기의 출력단)에 D/A 변환기를 삽입한다. 그리고 디지털량을 아날로그량으로 변환하고 그 신호를 파워 증폭하여 모터를 회전시킨다.

이상, ①~④의 방법으로 디지털 컴퓨터를 이용할 수 있다.

4·4 로봇의 5감 센서

현재 활약하고 있는 일반적인 로봇은 사람의 동작이나 행동을 도저히 흉내내지 못한다. 그러나 단순 기능이긴 하지만 하루 종일 지치지 않고 동일한 일을 할 수 있는 산업용 로봇이 다양하게 사용되고 있는 것은 사실이다. 이러한 로봇은 단순하여 복잡한 일은 하기 어렵다. 복잡한 일을 시키려면 로봇 자체에 감각, 즉 5감을 갖게 하지 않으면 안된다. 사람의 5감이라는 것은 로봇에게 있어서는 센서이다. 여기서는 주로 로봇에 사용되는 센서에 대해서 설명한다.

[1] 로봇과 센서

센서란 대상이 되는 물리량을 측정하기 위해 사용되는 단체(單體)의 변환 소자이다. 이에 대해 **변환기**는 몇 가지 소자나 요소를 조합하여 구성한 물리량 변화 소자이다. 즉, 이것은 물리량(힘, 압력, 온도, 속도, 유량, 유속 등)을 다른 물리량으로 변환하는 역할을 한다. 물리량은 일반적으로 전기량(전압 또는 전류)인 경우가 많다. 전기량이면 측정이 용이하며, 측정 대상의 물리량이 일단 전기량으로 변환되면 전압계 또는 기록계를 사용해서 사람 눈에 보이도록 하는 것이 용이하기 때문이다.

또한 전압이면 전자회로를 사용해서 디지털량으로 변환할 수 있고 컴퓨터에 입력할 수도 있다. 또한 플로피 디스크에 입력할 수도 있어, 그 데이터는 운반이 가능해진다. 전기량은 경우에 따라서는 유선 또는 무선이라는 수단을 사용해서 먼 곳으로 전송할 수도 있다.

센서 또는 변환기라고 하는 것에 **스트레인 게이지**(힘·압력 측정용), **열전쌍**(온도 측정용), **속도계**(속도 측정용), **피토관**(유속 측정용), **시각 센서** 등 여러 가지의 것이 있다. 로봇에 온도 감각을 갖게 하기 위해 사용되는 센서에는 열전쌍나 서미스터라는 **온도 센서**가 있다. 열전쌍을 온도 검출용으로 사용하는 경우는 그 출력 전압이 너무 미약하기 때문에 증폭기가 필요하다. 그래서 열전쌍에 증폭기나 직선성 보상기를 더 부가시킴으로써 온도라는 물리량이 사용 목적에 맞는 전압으로 변환된다. 따라서 열전쌍은 온도를 미약한 전압으로 변환하는 센서 소자라고 할 수 있고, 그 소자에 증폭기나 보상기를 조합한 요소는 온도를 전압으로 변환하는 변환기라고 할 수 있다. 센서와 변환기의 차이는 다음과 같은 구체적인 예를 통해 더욱 잘 이해될 것이다.

센서는 측정 대상에 직접적 또는 간접적으로 접촉하여 대상의 물리량을 다른 물리량으로 변환하는 소자이다. 이에 비해 변환기는 센서 하나로는 목적하는 물리량을 얻을 수 없는 경우 그것을 보충하기 위한 증폭기, 보상기, 변조기 등을 포함한 것이라고 할 수 있다.

움직이는 마네킹과 같이, 로봇이 단순히 보이기 위한 것이라면, 그 로봇에 사용하는 센서는 로봇 자체의 수족이 움직이는 상태를 측정하기만 하면 된다. 그러나 로봇에게 일을 시키는 경우는 작업 대상물의 형상, 중량, 위치 등을 신속히 인식시키지 않으면 안된다. 또, 로봇을 이동시키는 경우는 로봇이 이동하는 방향이나 장해물의 유무 등 자체가 놓여진 환경도 인식할 필요가 있다. 이러한 이유 때문에 로봇에게는 로봇 자체의 동작을 제어하기 위해 필요한 센서와 그 로봇이 놓여진 환경의 인식 또는 작업 대상물을 인식하기 위한 센서가 필요하다.

로봇 자체의 동작을 위해 필요한 센서는 **내계 센서**, 환경을 인식하기 위한 센서는 **외계 센서**라고 부른다. 내계 센서에는 암 각도를 측정하는 **퍼텐쇼미터**와 **인코더**, 물체를 잡거나 접촉한 경우의 힘을 측정하는 **힘 센서**, 암이 움직이는 속도를 측정하는 **계측용 속도 발전기**(태코미터 제너레이터 ; tachometer generator, 생략하여 **태코 제너레이터**라고 한다) 등이 있다.

이에 대해서 외계 센서에는 작업 대상물 또는 놓여진 환경을 인식하기 위한 **CCD 카메라**, 장해물이나 대상물까지의 거리를 측정하는 **초음파 센서**, 대상물에 접촉했는가를 판단하기 위한 **터치 센서** 등이 있다. 로봇은 그 이동 환경 또는 작업

내상물을 인식하지 않으면 이동도 작업도 할 수 없다. 이와 같은 인식은 사람의 눈에 해당하는 시각 센서(CCD 카메라 : Carge Couped Device Camera)가 사용되며 그것은 로봇에게 있어 상당히 중요한 센서이기도 하다.

[2] 아날로그형 센서와 디지털형 센서

센서는 물리량을 변환하는 신호의 형태에 따라 아날로그형 센서(변환기)와 디지털형 센서(변환기)로 분류된다. 그림 4·12 (a)와 같은 연속된 전압이나 전류는 아날로그 신호(측정하는 물리량의 값)라고 한다.

아날로그형 센서는 그림 4·12 (a)와 같은 연속되는 물리량을 검출하는 소자이다. 이에 비해, **디지털형 센서**는 그 센서의 출력 단자에서는 그림 4·12 (b)와 같은 펄스열(디지털한 신호)이 얻어지는 것이다. 이 펄스열에 해당하는 출력값은 2진수로 표시되고 0(0V)이나 1(5V)과 같은 두 개의 값을 1비트로 표현한 것이다. 그림 (b)에서는 3개의 펄스가 주어진 시간의 아날로그 전압을 나타내는데 이를 계산하면 그림 (c)와 같다. 즉 그림 (c)는 그림 (a)의 아날로그 전압을 3비트 2진 코드로 변환한 예를 나타낸다.

디지털량을 출력하는 센서에는 위의 예와 같이 측정 물리량의 절대값을 (101)과 같이 2진 코드로 출력하는 방식과 직렬적인 펄스열로 출력하는 방식이 있다. 전자의 디지털 신호는 측정값을 직접 나타내지만 후자는 펄스열을 셈으로써 측정값을 아는 것이다. 이 디지털 센서의 전형적인 예로 후술하는 인코더가 있다. 일반적으로 디지털 센서는 측정값의 검출이 용이하고 디지털 컴퓨터에 들어가기 쉽고 자동화하기 쉬워서 널리 보급되고 있다.

(1) 로봇용 아날로그형 센서

로봇을 비롯한 센서는 대부분 아날로그 방식이다. 여기서는 로봇에 많이 사용되는 아날로그형 센서에 대해서 기술한다.

(a) 퍼텐쇼미터

퍼텐쇼미터는 변위나 회전 각도를 검출하는 일반적인 각도/변위 센서이다. 이것은 라디오나 스테레오 장치에 사용되는 음량 조정용 볼륨(가변 저항기)과 그 동작원리는 동일하다. 다른 부분이 있다면 퍼텐쇼미터는 계측용이므로 측정 정밀도가 좋은 점과 회전형 가동 부분에 베어링을 사용하여 접동부의 마찰 토크를 작게 한점이다.

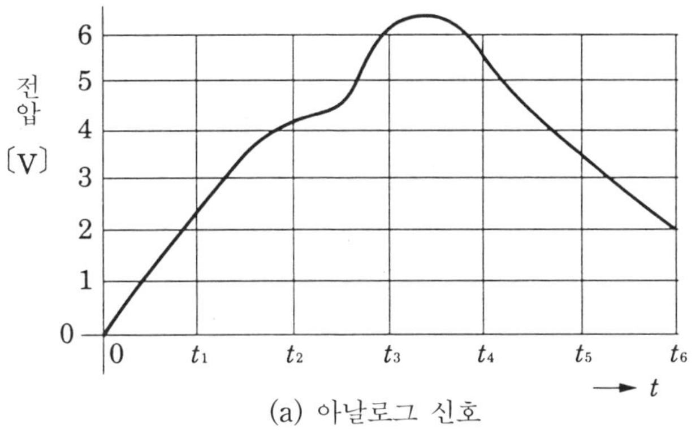

(a) 아날로그 신호

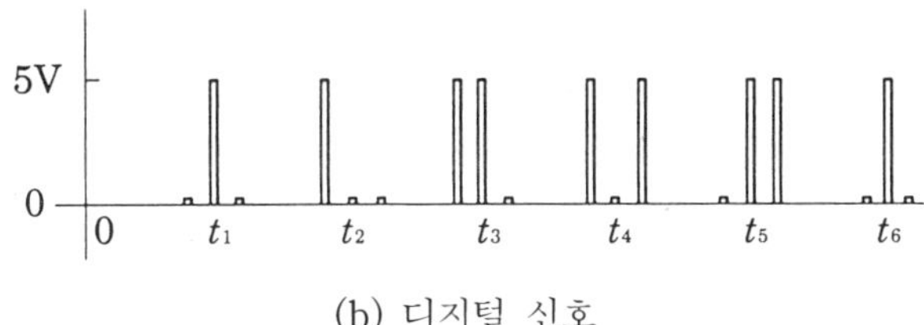

(b) 디지털 신호

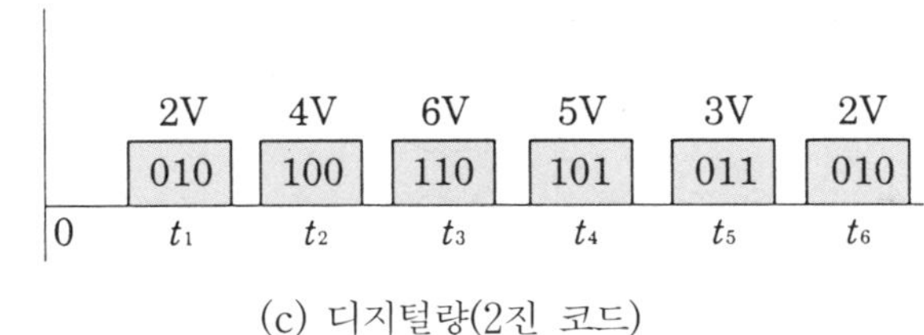

(c) 디지털량(2진 코드)

그림 4 · 12   아날로그 신호와 디지털 신호

회전형 퍼텐쇼미터는 로봇의 관절 각도를 측정하기 위해 사용된다. 그림 4 · 13 은 퍼텐쇼미터의 개요를 나타낸다. 그림 (a)는 직동형 퍼텐쇼미터, 그림 (b)는 회전형 퍼텐쇼미터를 나타낸다. 이들 직동 퍼텐쇼미터나 회전 퍼텐쇼미터는 모두 그 그림 기호가 가변 저항기의 그림 기호와 동일하며 그림 (c)와 같이 나타낸다. 그림 4 · 14는 회전형과 직동형 퍼텐쇼미터의 설치 사용 예를 나타낸다.

그림 (a), (b) 두 그림 모두 구동용 모터의 그림은 생략하고 있다. 그림 (a)는 관절형 로봇의 회전 각도를, 그리고 그림 (b)는 직동형 로봇(그림 2 · 12 참조)의 변위를 측정한 모양을 나타낸다.

직동형 퍼텐쇼미터의 측정 가능 범위는 그다지 길지 않으므로 그림 (b)와 같이 직접 설치하는 경우는 사용하는 퍼텐쇼미터의 측정할 수 있는 변위를 미리 확인해 두지 않으면 안된다.

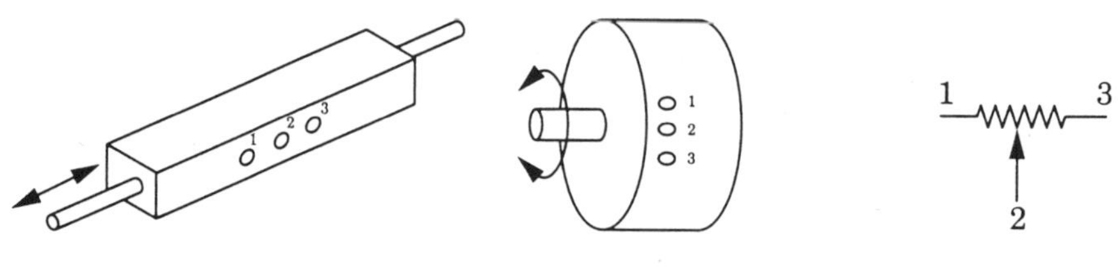

(a) 직동형 퍼텐쇼미터　　　(b) 회전형 퍼텐쇼미터　　　(c) 퍼텐쇼미터의 그림 기호

그림 4 · 13 퍼텐쇼미터

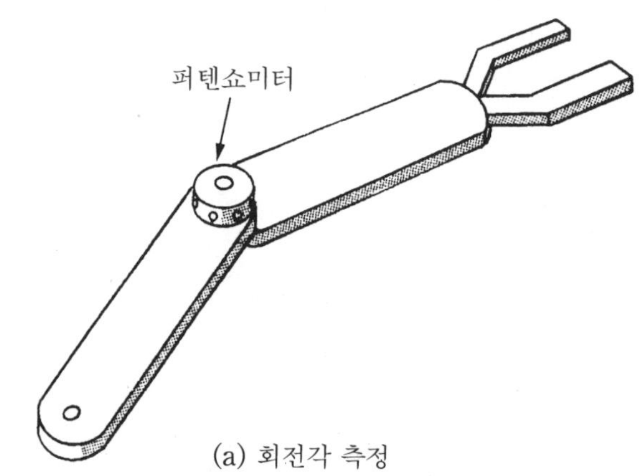

(a) 회전각 측정

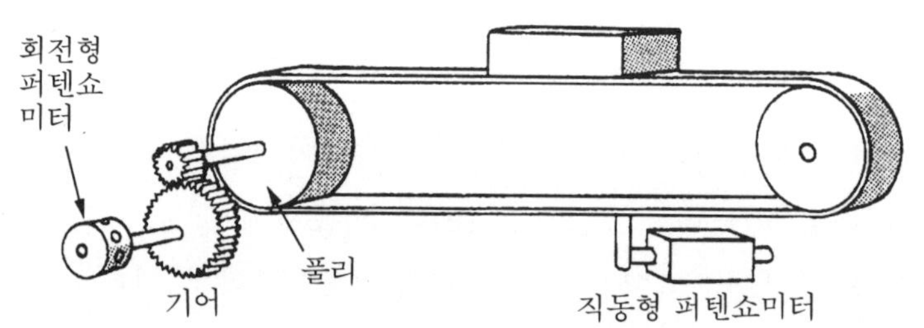

(1) 회전형 퍼텐쇼미터를 사용　　　(2) 직동형 퍼텐쇼미터를 사용
　　한 경우　　　　　　　　　　　　　한 경우

(b) 직동의 변위 측정

그림 4 · 14 퍼텐쇼미터 설치 방법

또한 회전형 퍼텐쇼미터로 직동의 변위를 측정하는 경우는 그림과 같이 풀리 회
전축에 기어를 거쳐 퍼텐쇼미터를 설치하는 것도 한 방법이다. 직동형 퍼텐쇼미터
나 회전형 퍼텐쇼미터나 그 동작 원리는 동일하므로 전기적 배선도 동일하다.

그림 4 · 15는 퍼텐쇼미터의 이용 방법을 나타낸다.

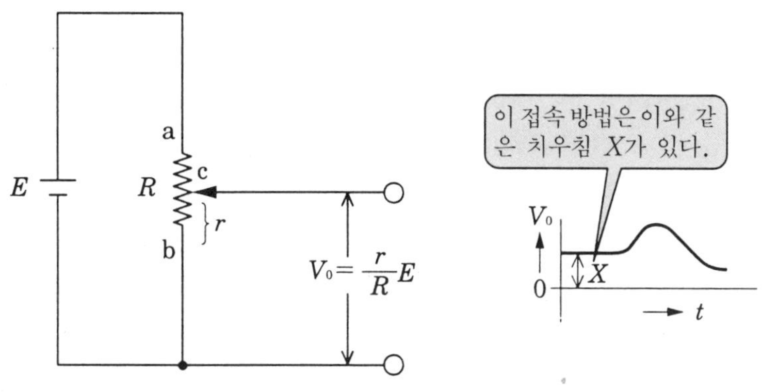

(a) 퍼텐쇼미터의 배선과 출력 신호

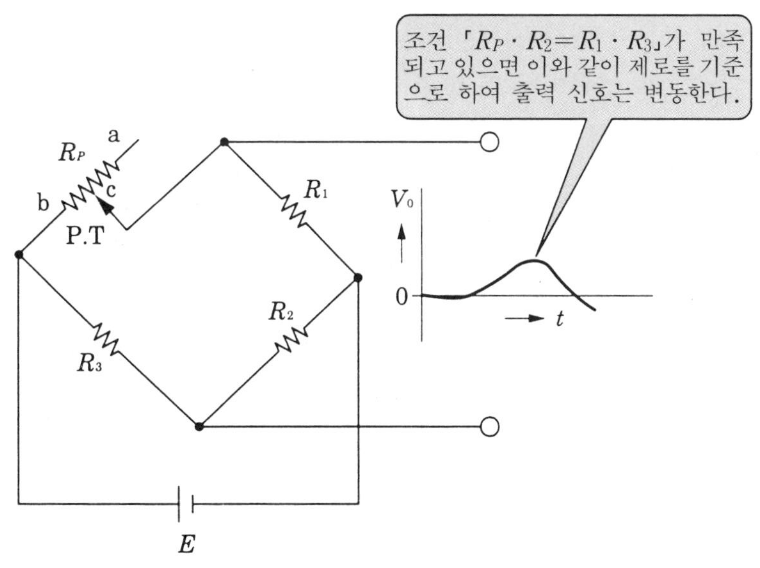

(b) 퍼텐쇼미터의 브리지 접속과 출력 신호

그림 4 · 15 퍼텐쇼미터의 이용 방법

그림 안의 퍼텐쇼미터 접동자 c는 기계적인 힘으로 회전되거나 동작되는 부분이
다. 저항체의 표면을 접동자가 미끄러지면 그 접동자 c와 저항체의 말단 a 또는 b
간의 저항값이 변화한다. 변화하는 저항을 어떻게 전기량으로 변환하는가를 나타
낸 것이 그림 4 · 15이다.

그림 (a)는 퍼텐쇼미터의 전체 저항에 전압을 가하고 접동자 c와 전체 저항단 b

간에서 변위량에 비례한 전압을 인출하려는 것이다. 이 경우 접동자가 말단 b에서 다른 말단 a까지 변화하는 것을 알고 있으면 출력 전압은 $0[V]$에서 $E[V]$까지의 측정이 가능하다. 그러나 로봇 암과 같이 정전, 역전을 시키는 경우는 관절로 연결된 2개의 암이 쫙 펼쳐져 일직선 상에 놓이게 된 상태에서 접동자 위치를 거의 중앙에 세트하게 된다. 그렇게 하면 그림 $4 \cdot 15$ (a)의 출력단에 나타낸 것과 같이 전압 X를 중심으로 출력 신호가 변동한다. 이 경우는 그림에서와 같은 치우침을 가진 출력 응답이 된다. 그런데 그림 $4 \cdot 15$ (b)와 같이 휘트스톤 브리지 1변에 퍼텐쇼미터를 넣은 경우 출력은 제로를 기준으로 하여 변동한다. 여기서 브리지의 밸런스를 취하면, 즉 $R_p R_2 = R_1 R_3$를 만족하도록 조정하면 그림의 출력단에는 원점을 중심으로 변동하는 출력 응답이 얻어지는 것이다.

이와 같이 얻어진 미약한 신호는 고배율로 증폭하여 사용한다. 그런데 그림 (a)의 방법은 치우침 X가 있기 때문에 신호가 증폭됨과 동시에 치우침 X도 증폭된다. 따라서 신호 성분의 머리가 잘리는, 이른바 포화 상태가 되는 일도 있으며 목적하는 올바른 신호가 얻어지지 못할 우려가 있다.

(b) 속도 센서(태코미터 제너레이터)

자전거 조명 램프를 점등하는 근원은 앞 바퀴에 달려 있는 발전기이다. 주행 속도를 올리기 위해 바퀴 회전을 빠르게 하면 그것에 접촉하면서 회전하는 발전기축의 회전수도 증가하며 그만큼 전조등이 밝아진다. 이것은 발생하는 전압이 회전 속도에 비례하고 있기 때문이다. 로봇에 사용되는 속도 센서의 원리는 이 자전거 발전기와 동일한 동작 원리이다.

로봇 구동이 제어용 전기모터로 행해지고 있다면 그 모터축에는 속도 센서, 즉 속도 발전기가 접속되어 있을 수 있다. 이 속도 발전기는 태코미터 제너레이터라고 하는데 생략하여 「태코 제너레이터」라고 부르고 있다. 로봇 암을 위치결정하려고 기세등등하게 암을 동작시키면 「오버 슈트」라고 해서 암이 지나쳐 버리고 다음 순간 다시 반대 방향으로 복귀하는 진동이 시작되는 일이 있다.

이와 같은 경우 모터에 설치되어 있는 속도 센서(태코 제너레이터)를 사용하면 이 모터 회전 속도를 조정할 수 있게 된다. 즉, 태코 제너레이터가 발생하는 회전 속도에 비례한 전압을 모터 구동 피드백 제어계의 속도 피드백 신호로 사용한다. 이렇게 함으로써 암의 기세가 지나쳐 진동하는 것을 어느 정도 억제할 수 있게 된다.

(c) 로봇의 힘 감각(스트레인 게이지에 의한 힘 측정)

1) **스트레인 게이지와 로드 셀** : 스트레인 게이지는 그림 $4 \cdot 16$ (a)와 같은 격자

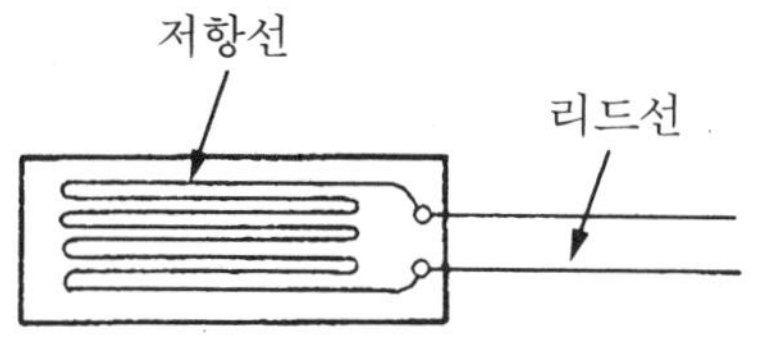

(a) 스트레인 게이지의 구조

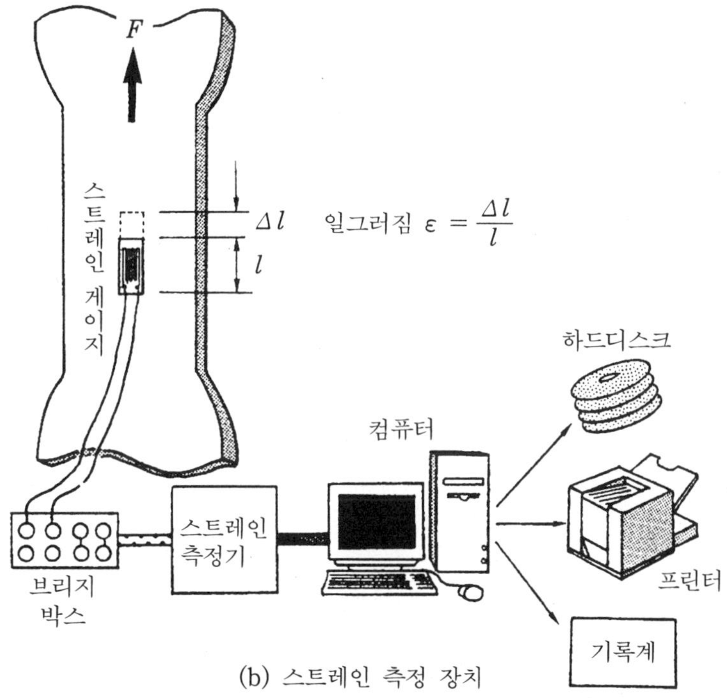

(b) 스트레인 측정 장치

그림 4·16   스트레인 게이지와 스트레인 측정 장치의 접속 방법

형상의 얇고 작은 저항체이다.

스트레인(변형도 ; 길이의 변화량을 원래의 길이로 나눈 값)을 측정하고 싶은 대상물에 그림 (b)와 같이 붙인다. 그리고 스트레인 측정 장치에 그 스트레인 게이지를 그림과 같이 브리지 박스를 거쳐 접속한다. 측정 대상물에 힘이 가해져 늘어남이 생기면 게이지 저항도 그 늘어남에 따라 변화한다. 그러면 스트레인 측정 장치는 그 저항 변화량을 전압으로 변환한다. 그것을 증폭하면 변형에 비례한 전기 신호가 얻어진다. 이 전기 신호를 컴퓨터에 넣으면 기록계나 프린터로 인쇄되거나 하드 디스크에 기억시키거나 할 수 있다. 이것이 스트레인 게이지에 의한 스트레인 측정의 기본 원리이다.

게이지 저항에는 전류를 항상 흘린다. 변형 발생과 동시에 저항이 변화하면 진류(진압)도 변화힌다. 그 전압은 전지 부품으로 구성되는 변조 회로 또는 증폭 회로에 의해 신호 처리가 행해진다. 이와 같이 해서 측정 대상물의 변형은 전기량으로서 검출된다.

　이상의 설명으로 알 수 있듯이 스트레인 게이지 그 자체는 단순히 작은 저항체의 센서이지만 게이지 저항의 변화를 포착하고 그것을 전기량으로 변환하는 측정기는 센서라고 하지 않고 **스트레인 측정기** 또는 **스트레인 측정 장치**라고 한다. 스트레인 게이지를 탄성체에 붙인 로드 셀이 시판되고 있다. 이것은 작용하는 힘을 저항 변화로 바꾸는 힘 센서인데, 이것 하나로는 힘을 측정할 수 없다. 역시 스트레인 측정 장치가 필요한 것이다.

　로봇은 감각이 없으므로 무거운 물건을 잡으면 쥐는 정도를 몰라 미끌어 떨어뜨릴지도 모른다. 그래서 이와 같은 경우 로봇의 힘 감각 센서로서 스트레인 게이지가 사용되는 경우가 많다.

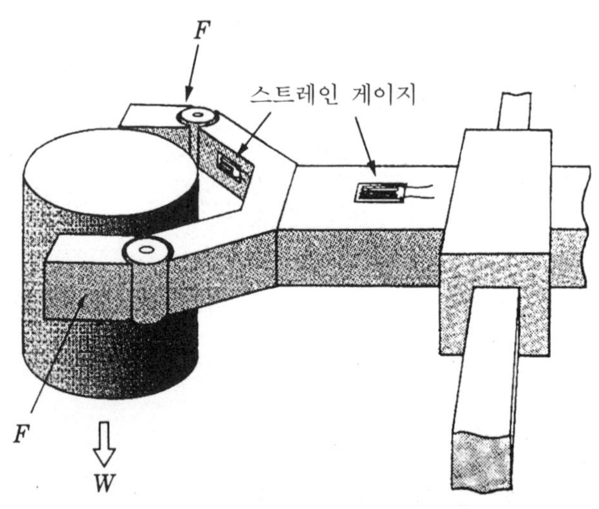

그림 4·17 스트레인 게이지를 응용한 힘 센서

2) 로봇에 힘 감각을 부여하는 방법 : 스트레인 게이지를 그림 4·17과 같은 탄성체에 붙인다. 탄성체(일종의 판 스프링)에 힘을 가하면 어느 정도 변형하지만 그 힘을 제거하면 그 변형은 사라지게 된다. 그 때 탄성체에 붙인 스트레인 게이지의 저항은 탄성체의 변형에 비례해서 변화하므로 그 변형량을 측정할 수 있으면 탄성체에 가해진 힘(응력)을 알게 된다.

　스트레인 게이지만으로는 아무 것도 검출할 수 없다. 그러나 스트레인 게이지와 탄성체를 조합하면 힘 변환기가 구성되는 것은 상술한 바와 같다. 힘이나 중량을 측정하는 것을 목적으로 하여 탄성체에 스트레인 게이지를 붙인 요소는 **힘 변환기** 또는 **로드 셀**이라고 한다. 이것을 **힘 센서**라고 하는 경우도 있다.

힘이 우리들 눈에 인식되는 수치나 그래프 형태로 표시되기까지는 여러 가지 소자나 일렉트로닉스 요소를 거친 물리량의 변환이 이루어진다. 그림 4·18은 힘이 측정됐다고 할 때까지에는 여러 가지 변환 과정이 있음을 나타낸다. 그림에 나타낸 것과 같이 측정 대상의 힘을 측정하기 위해서 힘 → 탄성체의 변형 → 스트레인 발생 → 스트레인 게이지의 저항 변화 → 스트레인 측정 장치의 전기량 변화 → 펜 쓰기 기록계의 펜의 변위와 같이 몇 단계에 걸쳐 물리량이 변환된다. 이렇게 보면 센서 기술이란 정말로 변환의 기술이라고 할 수 있다.

대상의 물리량을 바르게 측정하기 위해서는 센서나 변환기에서 **교정**을 해야 한다. 이 「교정」이라고 하는 것은 측정 물리량과 변환된 물리 신호(전기량) 사이를 정확히 일대일 매핑(Mapping)시키는 것을 의미한다.

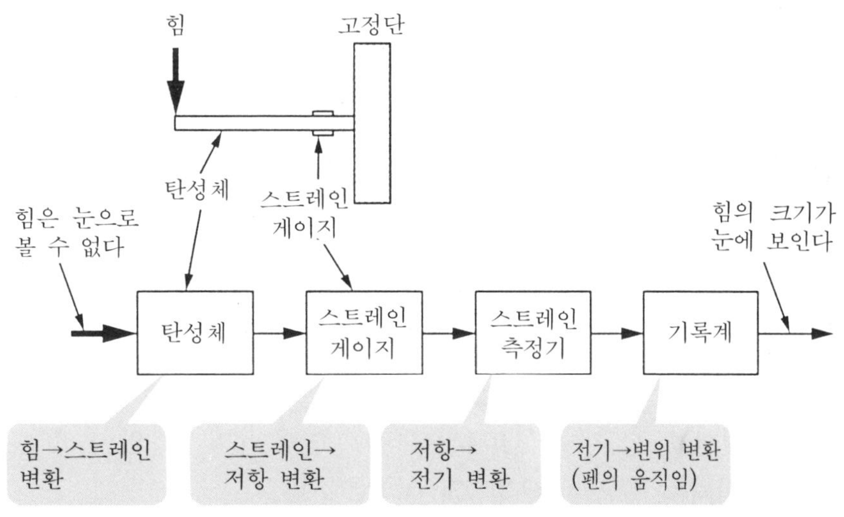

그림 4·18 스트레인 게이지를 예로 한 센서의 변환기술

(d) 촉각 센서(터치 센서)

촉각 센서는 로봇 자체가 다른 개체에 접촉한 것을 검지하는 센서이다. 이것은 터치 센서와 힘 센서로 분류된다. **터치 센서**는 목표물에 접촉했는가의 여부를 나타내는 2값 신호(온/오프)를 출력한다. **힘 센서**는 대상물에 접촉된 것은 물론이고 로봇 자체와 대상물이 서로 접촉한 힘의 크기도 검출하는 능력이 있는 센서이다.

티치 센서는 접촉시의 힘에 관계없이 접촉하고 있는지 아닌지를 검출하는 것이다. 이러한 센서는, 간단한 것으로는 리밋 스위치, 마이크로 스위치와 같은 것이 있다. 예를 들면 벨트 컨베이어를 타고 이동하는 제품의 유무를 검출하기 위해 사용된다. 또한 로봇으로 작업 범위의 치수를 측정하기 위한 측정용 프로브(접촉자)에 사용되는 경우도 있다. 최근에는 제품이나 부품을 운반하는 무인 반송차(로봇)가 보급되었는데, 이 로봇이 진로가 틀려 작업자와 충돌할 경우 충돌시의 접촉을 신속히 검지하여 급정지할 수 있도록 터치 센서가 사용되고 있다. 6자유도의 로봇 핸드를 사용한 표면 검사용 프로브는 입체적인 대상물의 표면 위를 따라가면서 이동한다. 이와 같은 로봇에 의한 검사시스템에도 터치 센서가 응용되고 있다.

(2) 로봇용 디지털형 센서

인코더라고 하는 것은 직선 변위나 회전 각도를 디지털 신호로 변환하는 변위 센서이다. 최근의 로봇은 디지털화가 진전되어 대부분의 로봇 관절 각도 측정에는 이 인코더가 사용되고 있다. 인코더에는 증분형 인코더(incremental encorder)와 절대값형 인코더(absolute encorder)가 있으므로 여기서는 이들 센서에 대해서 설명한다.

(a) 증분형 인코더

그림 4 · 19는 증분형 인코더의 동작 원리를 나타낸다. 그림 (a)는 직선 변위를 측정하는 리니어 인코더, 그림 (b)는 회전 각도를 검출하는 로터리 인코더를 나타낸다. 이들은 직선상인가 원판상인가에 따라 차이는 있지만 그 동작 원리는 동일하다. 그림 (a)의 리니어 인코더에는 그림에서와 같이 슬릿(빛을 보내는 창)이 설치되어 있다. 예를 들어 그 슬릿의 수가 1 mm 간격으로 1,000개 있으면 그 리니어 인코더는 1 m의 변위까지 측정할 수 있다. 그림 (b)의 로터리 인코더는 예를 들면 1회전 360°에 대해서 1,000개나 500개의 슬릿이 있다. 그 경우의 분해능은 0.36° (=360°/1,000)이거나 0.72°(=360°/500)라고 한다.

이상과 같은 인코더 양측에는 발광소자와 수광소자가 배치되어 있다. 그림 (a)의 인코더가 우측으로 5 mm 이동했다고 하면 수광소자에서는 5개의 펄스가 얻어진다. 따라서 인코더가 이동하여 그 변위량을 구하려면, 얻어진 펄스의 수를 세고 슬릿간의 거리(그림 (a)의 예로는 1 mm)를 곱해 주면 이동량이 구해진다. 즉, 5 펄스를 계수했다고 하면 그것은 5 mm의 변위인 것을 알 수 있다. 그림 (b)의 로터리 인코더의 경우도 동일하여 계수된 펄스의 수에 슬릿간의 각도(분해능)를 곱하면 회전한 각도를 측정할 수 있다.

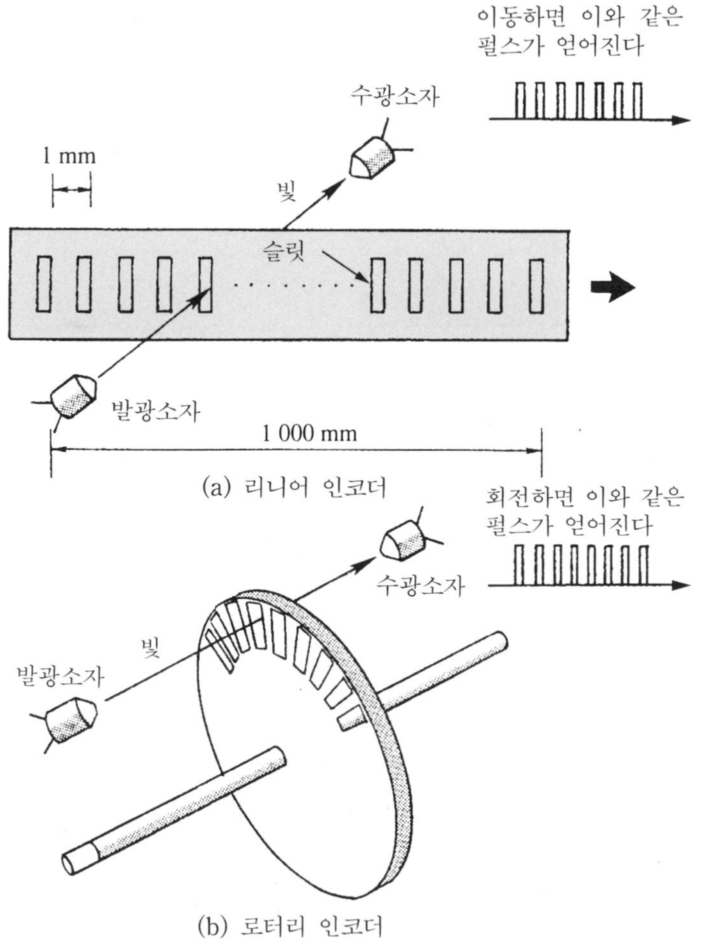

그림 4 · 19   증분형 인코더의 동작 원리

(b) 절대값형 인코더

그림 4 · 20은 4비트의 절대값형 인코더 동작 원리를 나타내는데, 그림 (a)는 리니어 인코더, 그림 (b)는 로터리 인코더이다. 4비트 인코더에는 4개의 발광요소와 수광요소가 필요하며 16가지의 상이한 수를 표현할 수 있다. 즉, 수로 말하면 0부터 15까지의 수를 나타낼 수 있다.

따라서 이 16가지로 나눈 리니어 인코더의 전체 이동 거리를, 예를 들면 15 mm(분해능 : 1 mm)로 하는가 1.5 mm(분해능 : 0.1 mm)로 하는가는 측정 대상에 따라 달라진다.

동일한 길이를 측정하는 것이면 비트 수가 많을수록 분해능이 높아지고 측정 정밀도가 좋아진다. 그런데 로터리 인코더는 1회전이 360°로 정해져 있으므로 4비트의 로터리 인코더면 그 분해능은 $360/16(=22.5°)$이 된다. 그래서 비트 수를 증가시켜 12비트로 하면 그 취할 수 있는 상태는 8,192와 같이 되므로 분해능은 $360°/8,192$, 즉 $0.044°$로 대단히 작아진다. 1 m의 직선상 변위를 측정하는데 12비트의 절대값형 인코더를 사용하는 것이면 그 분해능은 $1,000\,mm/8,191$이며, 그 값은 $0.122\,mm$가 된다.

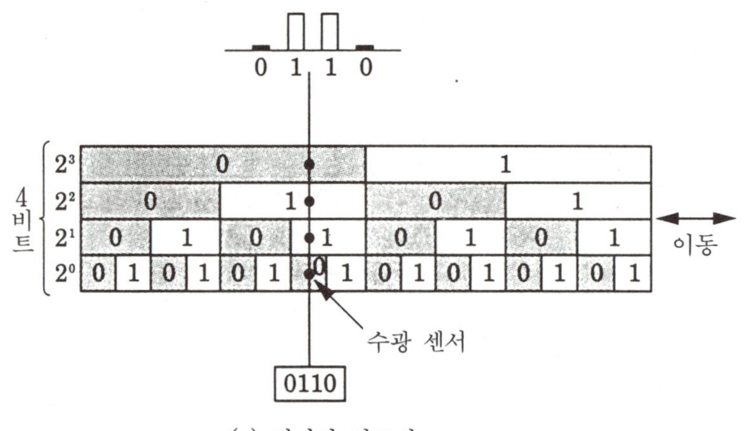

(a) 리니어 인코더

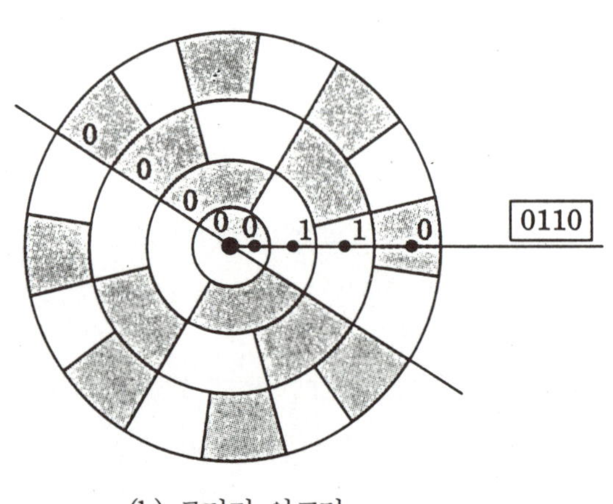

(b) 로터리 인코더

그림 4·20　절대값형 인코더의 동작 원리(4비트)

　절대값형 인코더는 비트수와 동일한 발광, 수광소자가 필요하다. 따라서 그림 4·20에 나타낸 4비트에는 발광, 수광소자가 각각 4개 필요하며 4개의 센서 라인을 필요로 한다. 그리고 얻어진 디지털 변위 정보를 전송하기 위해 공통 도선을 포함해서 5개의 라인이 필요하다. 정밀도는 좋지만 12비트 절대형 인코더가 되면 13개의 도선이 필요해진다. 이에 비해 증분형 인코더는 공통선을 포함해서 2개면 된다. 다만, 증분형 인코더의 경우는 변위 등 각도를 산출하기 위해 카운터가 필요해지는 것은 물론이다.

(c) 시각 센서

시각 센서의 대표적인 것에 이미지 센서가 있다. 이것은 1차원 또는 2차원 이상의 광학 정보를 전기 신호로 변환하는 광 센서이다. 이미지 센서에는 진공관을 사용한 촬상관과 반도체를 사용한 고체 이미지 센서가 있다. **고체 이미지 센서**는 실리콘 반도체 기판상에 집적된 다수의 광전 변환부(포토 다이오드 어레이), 신호 전하 축적부, 신호(전하) 판독부가 집적화되어 있는 것이다. **2차원 이미지 센서**는 화상 판독 장치나 TV 카메라의 화상 센서로서 많이 사용되고 있다. 그 응용 분야는 가정용 비디오 카메라를 위시해서 감시 카메라, 의료용, 로봇 시각용으로 사용되고 있다. 로봇을 지능화하기 위해서는 이 시각 센서가 필수불가결하다.

(d) 측정의 정확성과 정밀도

센서의 이상(理想)은 ① 정확성, ② 정밀성, ③ 측정 범위, ④ 응답의 신속성, ⑤ 교정, ⑥ 신뢰성, ⑦ 가격과 사용의 용이성 등에 관계된다. 여기서는 이와 같은 센서에 의한 측정의 기본 사항에 대해서 간단히 설명한다.

① **정확성** : 정확성이란 「측정량의 참값이 통계적인 오차없이 검출되는 것」을 의미한다. 측정값의 평균값에서 참값을 뺀 값을 **바이어스**(bias)라고 한다. 이 「바이어스」가 작은 정도를 **정확성**(accuracy)이라고 한다. 많은 측정을 거듭함에 따라 참값과 측정값 사이의 오차 평균은 제로가 되는 경향이 있다. 측정의 정확성은 가능한 한 높은 것이 좋다.

② **정밀성** : 측정의 정밀성은 가능한 한 높은 것이 바람직하다. **정밀성**(precision)이란 측정값의 변화가 작거나 또는 편차가 없는 것을 말한다. 일련의 측정값의 편차가 최소가 되는 것이 요망된다.

③ **측정 범위** : 센서는 넓은 사용 범위를 가져야 한다. 그리고 전체 사용 범위 내에 걸쳐 「정확성」과 「정밀성」이 높을 것이 요망된다.

④ **응답의 신속성** : 센서나 변환기는 측정량의 변위에 최소 시간으로 추종해야 하며 지체없이 응답하는 것이 이상적이다.

⑤ **교정** : 센서는 교정이 쉬운 것이 바람직하다. 교정하기 위한 시간 또는 문제가 일어났을 때 그것을 수정하기 위한 시간도 짧을 것이 요망된다. 또한 센서는 빈번한 재교정을 필요로 하지 않는 것이 바람직하다. 사용하고 있는 동안에

시간과 더불어 센서의 정확도 및 정밀도가 서서히 상실되어 나가는 상태를 드리프트라고 한다. 이 드리프트가 나타나면 재교정이 필요하다.

⑥ **신뢰성** : 사용중에 고장이 일어나면 안되므로 센서의 신뢰성은 높아야 한다.

⑦ **가격과 조작의 용이성** : 센서의 가격은 가능한 한 저렴해야 하며 장착, 조작은 용이해야 한다. 또한 그 장치를 제대로 설치하거나 조작하기 위해 특별한 교육 및 훈련이 필요하거나 고도로 숙련된 조작원이 필요없는 것이 바람직하다.

1. 그림 4 · 1에 든 암의 정전, 역전의 원리를 설명하라.

2. 그림 4 · 5의 퍼텐쇼미터 2개가 피드백 제어계의 비교기 역할을 하고 있다고 한다. 그 이유를 기술하라.

3. 퍼텐쇼미터란 무엇인가. 또 그것으로 무엇을 측정하는가?

4. 인크리멘털 인코더(증분형 인코더)와 앱솔루트 인코더(절대값형 인코더)의 차이점을 들어라.

5. (a) 30 cm의 길이에 대해서 500 슬릿 설치한 증분형 리니어 인코더가 있다. 이 인코더의 분해능을 구하라. 또한 인코더가 10 cm 변위한 경우 몇 개의 펄스를 얻을 수 있는가?

  (b) 500 슬릿의 증분형 로터리 인코더 분해능과 각도가 30° 변화한 경우의 펄스의 수를 구하라.

6. (a) 10비트 절대값형 리니어 인코더의 분해능을 구하라.

  (b) 8비트 절대값형 로터리 인코더의 분해능은 얼마인가. 또한 30°에 대한 출력 2진 코드를 표시하라.

제 5 장

일을 하는 로봇

지금까지 기술한 것으로 로봇이 움직이는 원리를 이해할 수 있을 것이다. 하나의 로봇이 움직이면 다음은 그것에 무엇을 어떠한 순서로 일을 시킬 지가 과제가 된다.

로봇의 동작범위는 한정되어 있고 로봇 자체가 이동할 수 없는 등의 이유로 로봇에게 시키는 일의 내용은 사람이 정해 주지 않으면 안된다.

여기서는 실행시키는 내용에 따라 달라지는 로봇의 여러 가지 배치와 그 작업에 적합한 엔드 이펙터에 대해서 알아보고 마지막으로 현재 로봇의 최첨단 응용분야를 살펴보고 그 문제점을 고찰해본다.

5·1 로봇에게 작업을 시키기 위한 배치

3대의 기계가 있을 경우, 그 기계를 사용하여 순차 작업을 하는 것을 생각한다. 사람 작업자처럼 스스로 각 기계에 어프로치할 수 있으면 약간 그 배치가 다르더라도 사람이 하는 작업에는 그리 영향을 주지 않는다. 그러나 1대의 로봇이 3대의 기계를 조작하는 경우는 그 배치를 연구할 필요가 있다.

그림 5·1은 기계 No.1에서 기계 No.3까지의 기계를 사용하여 어느 부품 가공을 하는 경우의 로봇과 기계와의 배치 예를 나타낸 것이다. 이 배치는 로봇을 중심으로 해서 생각한 것으로서, 로봇은 가공물을 기계 No.1에 삽입·가공·인출을 한 후 그 가공물을 다음 행정에서 작업하는 가공 기계 No.2로 옮기는 방식이다.

만일 로봇이 자체적으로 사람과 같이 전후 좌우 방향으로 자유롭게 이동 가능하다면 좀 더 현명한 배치도 생각할 수 있다. 그림 5·2와 같이 로봇이 좌우 방향으로만 움직일 수 있으면 그림과 같은 배치가 될 것이다.

이 방식은 우선 로봇이 기계 No.1에서 가공물을 가공하고 다음에 기계 No.2 위치로 자체적으로 이동하여 동일 가공물에 대해서 다음 스텝의 가공을 하는 방식이다. 예를 들면 기계 No.1에서 프레스 가공을 하고 기계 No.2에서 구멍 뚫기 가공

올 하는 것과 같은 것이다.

그림 5·3은 제품이 벨트 컨베이어를 타고 이동해 오는 경우 3대의 로봇이 서로 다른 부품을 그 제품에 순차 조립해 나가는 상태를 나타내고 있다. 옛날 공장에서의 흐름 작업 현장에서는 이 그림의 로봇 위치에 사람 작업원이 배치되어 있었다. 현재도 이러한 광경을 공장 현장에서 볼 수도 있지만 로봇으로 바꾼 곳이 적지 않다.

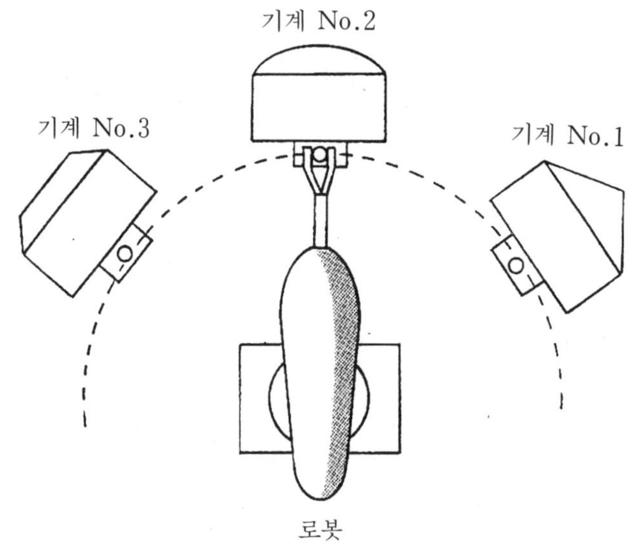

그림 5·1 로봇을 중심으로 하는 주변 기계의 배치

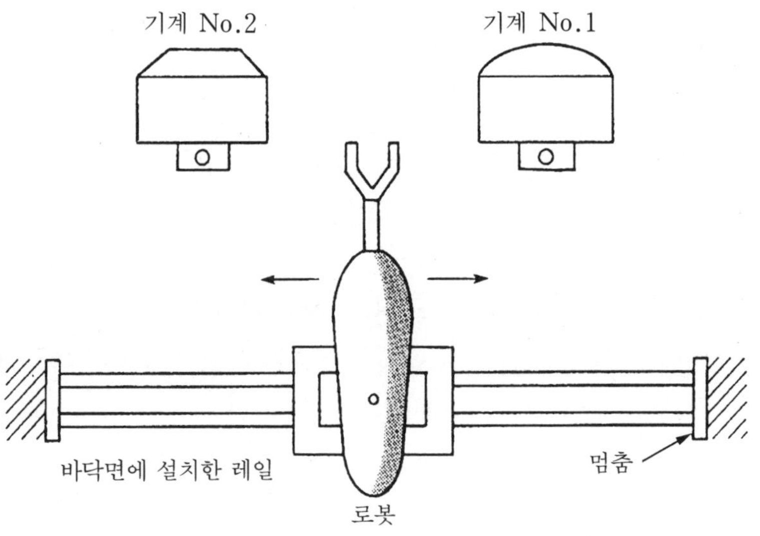

그림 5·2 레일 위에서 움직이는 로봇과 기계의 배치

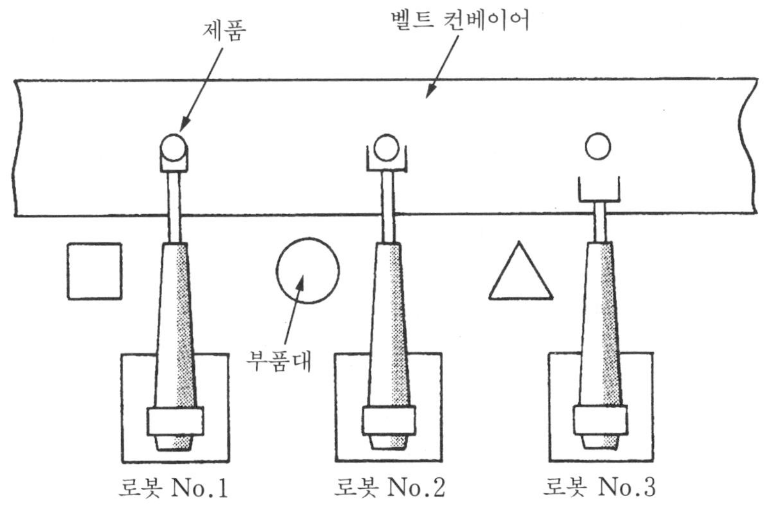

그림 5 · 3 흐름 작업과 로봇의 배치

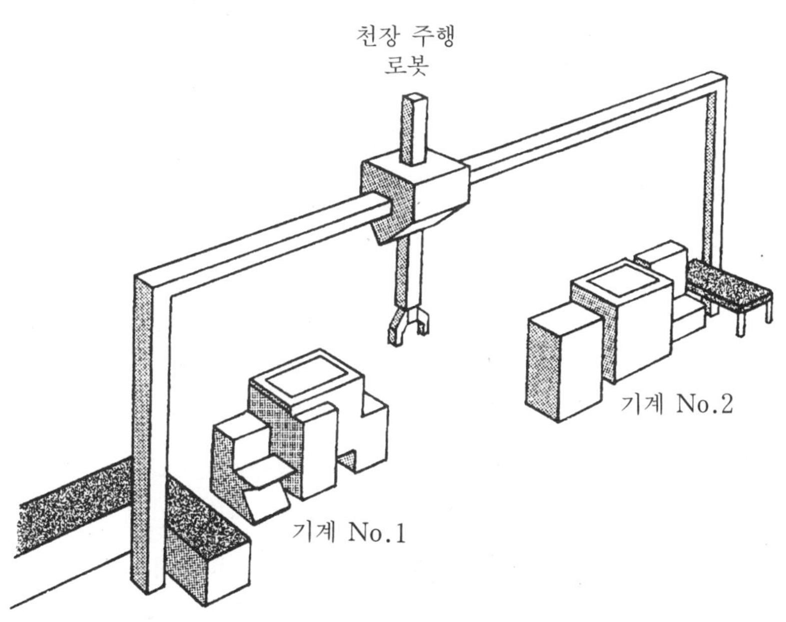

그림 5 · 4 천장 주행용 직동 로봇

그림 5 · 4는 천장에 레일을 설치하고 그것을 따라 로봇이 이동하면서 두 대의 기계를 연결해주는 예이다. 이와 같이 기계 위를 로봇이 주행할 수 있으면 바닥면의 스페이스가 절약된다.

이상의 4가지 예에서 설명한 것과 같이 로봇에게 작업을 시키는 경우에는 그 배치를 충분히 고려하여 작업능률 향상 및 작업 공간의 효율적인 사용을 위해 노력할 필요가 있다.

5·2 작업 대상물을 어떻게 잡는가

작업 대상물이 큰 물체면 로봇은 그것을 잡는다기 보다 그것에 어떠한 동작을 하게 될 것이다. 그 동작이란 예를 들면 그라인더로 표면을 연마한다든가 용접 또는 도장하는 일이 될 것이다. 그런데 취급하는 대상물이 부품, 작은 부재, 용기, IC 칩 등과 같이 비교적 작은 물건일 경우는 로봇 핸드가 그것을 잡는(파지하는) 일이 될 것이다. 여기서는 그 잡는 메커니즘에도 여러 가지 방법이 있다는 것에 대해서 설명한다.

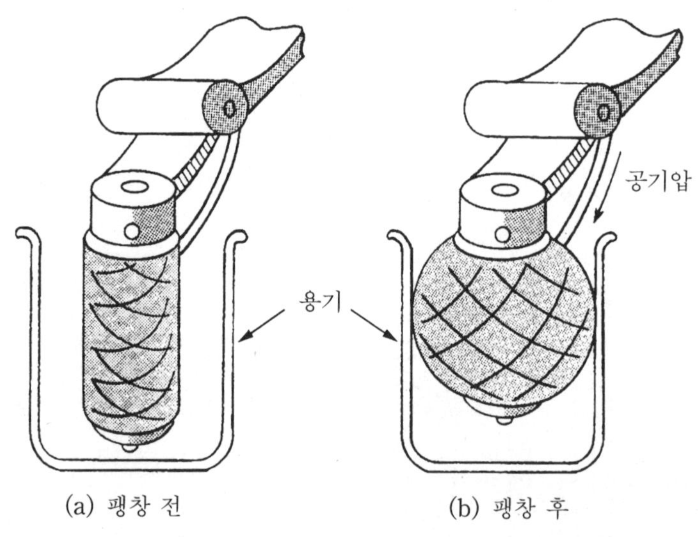

그림 5·5 공기의 팽창을 이용한 용기용 그리퍼

그림 5·5는 컵과 같은 용기를 잡는 방법의 한 예이다. 물론 외측에서 손가락 모양의 핸드로 잡아도 된다. 그러나 이 방법에 의하면 그림 (a)와 같이 고무풍선 모양의 그리퍼를 용기 내에 삽입하여 그것을 부풀리면 그 용기를 들어 올릴 수 있으므로 간단히 작업할 수 있다. 용기의 무게에 따라서 미끌어 떨어질 가능성도 있지만 그와 같은 경우는 압력을 올려 잘 미끄러지지 않도록 하면 된다.

그림 5·6은 철판을 자석으로 끌어당겨서 올리는 방법이다. 그러나 끌어당기는

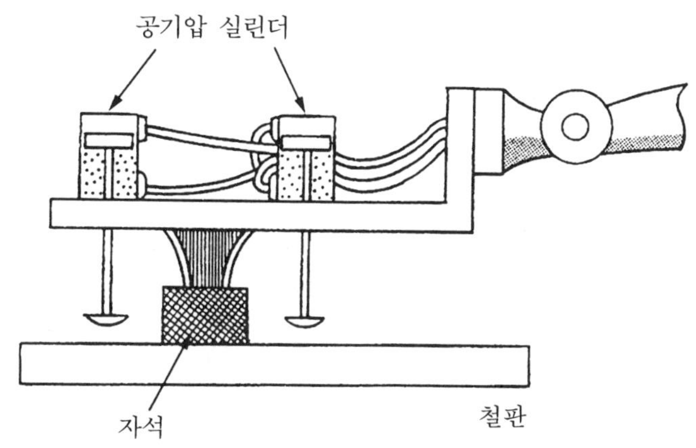

그림 5·6 자석 흡인력을 이용한 철판용 그리퍼

것은 되지만 그것을 떼어내는데 문제가 있다. 그림 5·6은 그것을 해결하는 한가지 방법을 나타낸다. 그림과 같이 공기압 실린더를 설치하고 그 피스톤의 힘으로 강하게 떼어내는 것이다. 즉, 철판을 가공할 목표 위치에 이동시켰으면 공기압 실린더에 공기를 보내어 자석에 붙어 있는 철판을 강하게 떨어뜨리는 방법이다. 이 자석을 전자석으로 하면 공기압 실린더의 도움이 없어도 전자석 전류의 ON-OFF로 철판의 흡착과 탈착을 할 수 있게 된다.

그림 5·7은 대상물을 끼워잡고 들어 올리는 그리퍼이다. 이것은 그림과 같이 오른 나사용과 왼 나사용 나사를 1개의 축에 설치한 것으로서, 모터가 회전하면 좌우 핸드가 동시에 닫히거나 열리거나 하는 것이다.

그림 5·8은 링크 기구를 응용한 그리퍼이다. 그림 (a)는 가위를 상상하면 그 동작 원리를 쉽게 이해할 수 있을 것이다. 그림의 a점, b점을 움츠리기 위해 다시 또 여분으로 링크 l_a, l_b를 설치하였다. 그 교점 c를 그림 방향으로 당기면 핸드가 닫혀서 대상물을 잡을 수가 있다.

그림 (b)는 힘의 작용점을 핸드측으로 옮긴 기구이다. 그림 (a)에서는 지레의 원리로, 링크 길이 $\overline{Pa}$의 길이를 조정하면 잡는 힘은 지레비($\overline{Pa}/\overline{AP}$)의 배가 된다.

그런데 그림 (b)의 지레비는 동일한 $\overline{Pa}/\overline{AP}$이긴 하지만 링크 길이의 대소 관계는 $\overline{AP} > \overline{Pa}$이므로 a점, b점을 어디에 잡아도 그 지레비는 1보다 반드시 작다. 힘을 가하는 정도를 지레비를 이용해서 조정하지 않는 것이면 그림 (a), 그림 (b) 어느 것으로도 그 기능을 달성할 수 있다. 오로지 그리퍼 사이즈의 제한 때문에 그 기구 배치에 연구가 필요하다. c점을 움직이는 액추에이터로서 여기서는 공기압 실린더를 사용하였다.

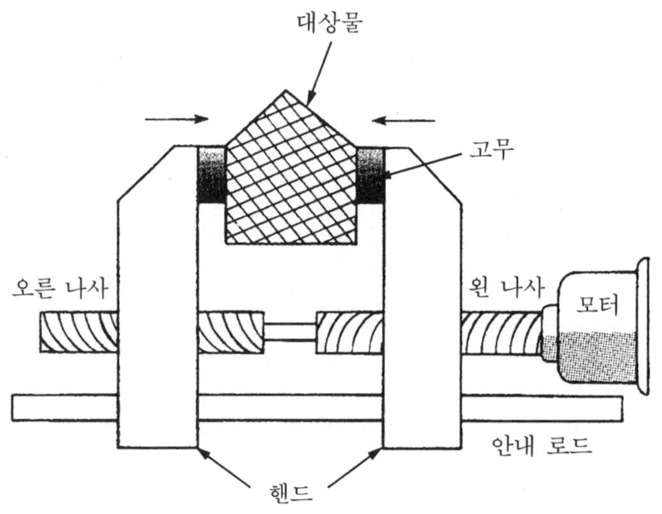

그림 5 · 7 나사 이용 그리퍼

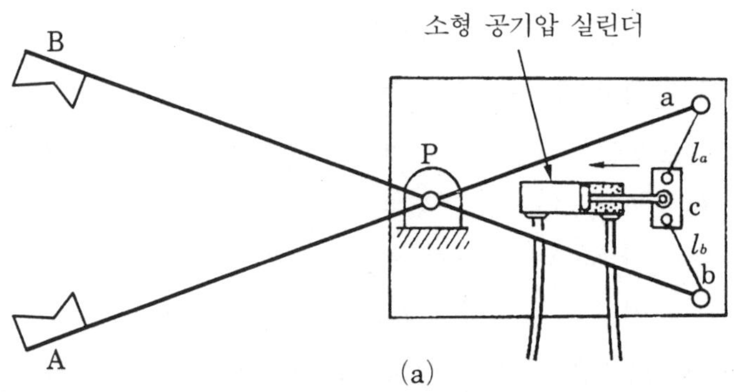

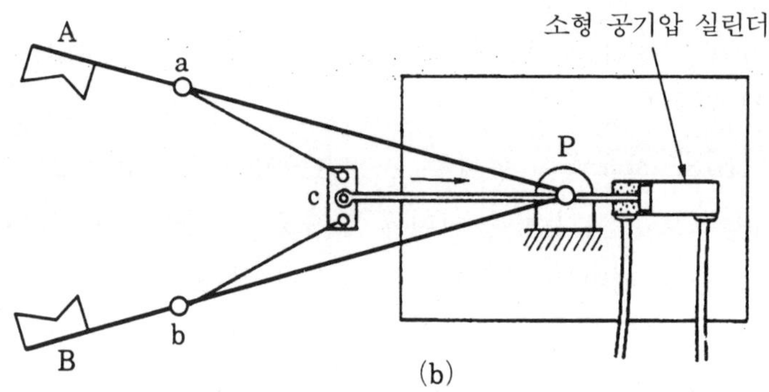

그림 5 · 8 가위 형태의 그리퍼

그림 5·9는 그림 5·8의 고정점 P를 P_1점, P_2점으로 이분한 그리퍼이다. 핸드를 닫는 방법은 그림 5·8과 같으며 a점과 b점을 링크 l_a, l_b를 거쳐 그 교점 c를 잡아당기는 것이다. 잡아당기는 방법도 여러 가지가 있지만 여기서도 공기압 실린더를 예로 든 액추에이터를 나타냈다.

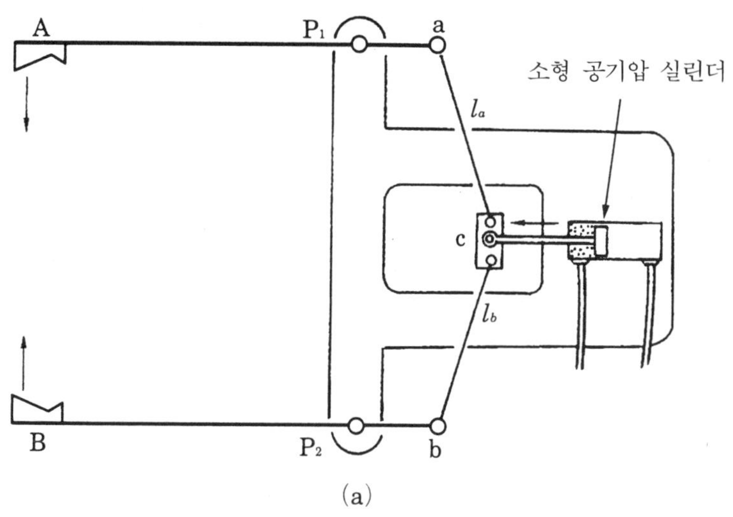

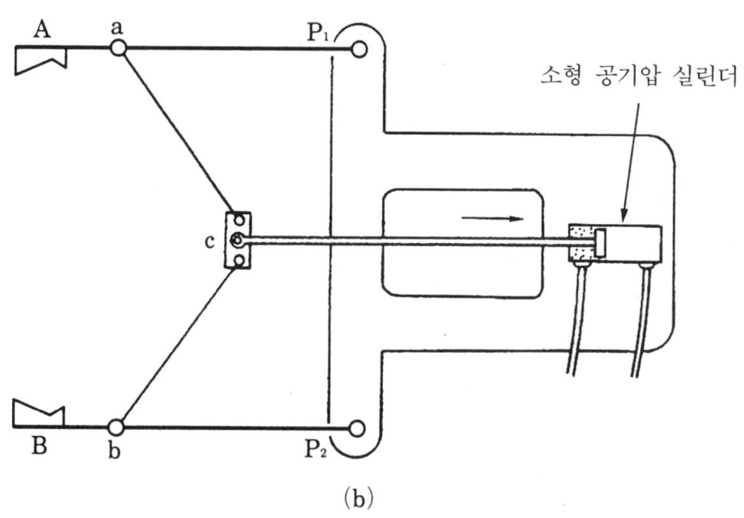

그림 5 · 9 링크 기계 응용 그리퍼

그림 5·10에 나타내는 그리퍼의 기본 링크 기구는 그림 5·9까지 설명한 것과 본질적으로 동일하다.

링크단 a점, b점을 스프링으로 항상 끌어당기고 있으므로 공기압 실린더가

OFF 상태일 때 그리퍼 AB는 열려 있다. a점, b점의 간격을 넓히기 위해 그림 5·9 (a)에서는 링크 l_a, l_b를 거쳐 밀어 넓혔다. 그런데 그림 5·10에서는 그 부분을 쐐기로 눌러 넓히는 방식을 채용하고 있다. 이렇게 함으로써 기구는 좀 더 간단해진다.

코일 내에 가동 철심을 넣은 것으로서 코일에 전류를 흘리면 가동 철심을 직동하는 솔레노이드라고 하는 액추에이터가 있다. 이 솔레노이드를 공기압 실린더 대신 사용하는 것도 가능하다.

잡는 대상물이 금속과 같이 단단하고 그 잡는 힘의 대소가 그리 문제가 되지 않으면 파지력에 신경을 쓸 필요가 없다. 그러나 대상물을 잡았을 때 미끄러지기 쉬울 때는 미끄럼 센서를 그리퍼에 설치할 필요가 있다. 또한 잡을 때 일그러지거나 상처가 나기 쉬운 경우에는 미리 파지면에 고무와 같은 완충재를 달고 또한 그림 3·17과 같은 파지력 제어를 할 필요가 있다.

취급하는 대상물이 유리나 철판과 같은 특수한 것은 그림 5·5, 그림 5·6가 같이 나름대로의 연구도 필요하다. 기구학에서 배우는 기어 기구나 링크 기구에 입각하면 그리퍼도 각종 방식을 생각할 수 있다. 목적에 더 적합한 새로운 그리퍼를 창조하는 것도 가능하다.

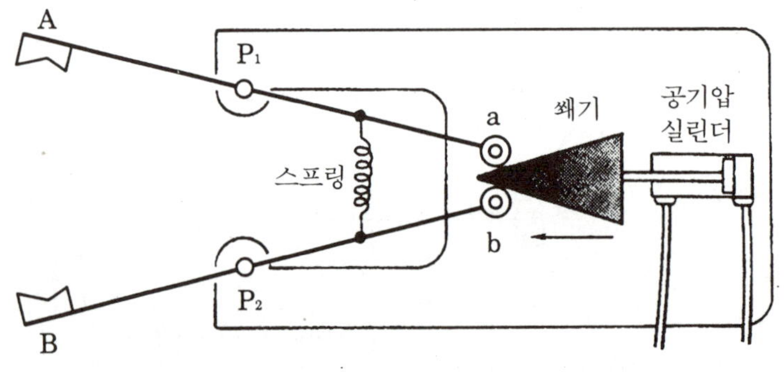

그림 5·10 간단한 파지력 발생 기계

5·3 로봇의 활약 분야

공상이나 소설 속의 세계를 제외하고 로봇은 산업용 로봇을 중심으로 발달해 왔다. 그러나 기술이 진보된 현재 사람 대신으로 로봇이 다방면으로 활약하는 경우도 볼 수 있게 되었다.

여기서는 이 로봇들의 응용 예와 문제점에 대해서 살펴본다.

[1] 의료 · 복지와 로봇[1],[2]

로봇을 의료 · 복지 분야에 응용하는 연구는 이미 시작되고 있다. 그러나 이 분야는 취급하는 대상이 살아있는 사람이기 때문에 오동작이나 사고의 발생은 허용되지 않는다. 따라서 신뢰성의 규격, 기구와 구조의 제약은 엄격하다. 대상으로 하는 환자, 고령자, 신체 장애자(이하, 장애자라고 한다) 및 이와 같은 사람들을 도와주는 간호사, 보호자들의 감정과 로봇에 대한 친화성에 충분한 배려를 할 필요가 있다.

일본의 경우 2020년에는 4명에 1명꼴로 고령자가 된다고 예상하고 있다. 복지 현장에서 많이 요구하고 있는 것은 배설과 목욕에 관한 것이다. 목욕은 주 1회면 되지만 배설은 매일 여러 번 하게 된다. 그 배설 보조는 보호자에게 있어서 어렵고 부담이 큰 일이며 그로 인한 피로는 육제적, 정신적으로 헤아릴 수 없다. 그러나 이러한 분야에 필요한 복지 로봇의 보급은 지지부진한 상태이다. 그 이유는 다음과 같다.

① 취급 대상인 고령자, 장애자의 장애 종류는 천차 만별이다. 그 때마다 로봇 기능을 고령자나 장애자에게 맞추는 것이 곤란하다.

② 고령자 및 젊은 장애자의 신체 형태는 해마다 심하게 변하기 때문에 그 형태의 변화에 따라 로봇을 개량하는 것은 곤란하다.

③ 고령자나 장애자는 성별, 신장, 체중, 체격 등 개인차가 있기 때문에 상술한 신체적 특징, 형태 변화와 마찬가지로 그 개인차에 맞추어서 로봇을 만드는 것은 곤란하다.

이상 기술한 것과 같이, 많은 연구자가 복지 로봇 연구를 하고 있지만 실용화된 것이 없는 것이 현실이다.

특수 양호원 등의 시설에 있어서 간호, 보호 업무는 많은 육체적, 정신적 고통이 따른다. 이러한 시설에서의 배식, 식사 보조 업무는 모든 피보호자가 동시에 행하지 않으면 안된다. 식사의 운반, 배식, 치우기 같은 단순하고 번잡한 업무를 로봇에게 대행시키면 좋겠다고 누구나 생각할 것이다.

이와 같은 식사의 신속한 운반, 배식, 치우기는 호텔의 결혼 피로연에서도 마찬

가지로 문제가 된다.

시설 내 복도를 정해진 경로를 따라 자율 주행하며 약품, X선 필름 등을 운반하는 반송 로봇은 일부에서 실용되고 있다. 이 로봇은 초음파 센서, 레이저 센서에 의해 장해물을 피하고 굴곡각 앞에 배치한 마크를 사용하여 위치 수정을 하면서 자율 주행한다.

[2] 우주 로봇[3),4)]

사람이 사용하기 편리한 도구, 공구의 형상이나 조립 순서, 방법이 있는 것처럼 로봇에게도 로봇에 맞는 그것들이 있을 것이다. 산업용 로봇은 작업 환경을 로봇에게 맞춰서 바꾸어 만들어 눈부신 고효율을 달성시켰다. 그러나 우주선 시스템에는 현재 이러한 방법론은 통용되지 않는다.

우주 로봇은 지상 로봇과 어디가 다른지 그 차이점을 다음에서 알아 본다.

① **경량화의 필요성** : 로켓 발사 능력의 제약이나 코스트 억제를 위해 위성 탑재 기기를 전부 철저히 경량화할 필요가 있다.

② **내환경성 확보** : 발사시의 진동 환경, 궤도상의 진공, 온도, 방사선 환경에 대한 내환경성을 확보할 필요가 있다.

③ **큰 질량물의 취급** : 무중력 때문에 자체 무게보다 훨씬 무거운 대상물을 취급할 수 있다. 그만큼 큰 관성을 고려한 동작 제어가 필요하다.

④ **부유(浮遊)에 의한 반동** : 우주에 운반된 모든 물체는 부유한다. 우주선 로봇 자체도 부유하고 있으므로 로봇이 동작하면 그 반동으로 우주선 자체가 움직인다.

⑤ **고정물 취급** : 무중력 때문에 파지물을 지상과 같이 둘 수가 없다. 따라서 어떠한 수단을 사용하여 모든 물건을 고정할 필요가 있다.

[3] 벽면용 로봇과 관내 로봇[5)]

벽면용 로봇의 작업에는 건물의 외벽면 스프레이 작업, 타일, 모르타르 붙이기, 실(seal) 작업, 외벽 크랙의 점검 보수, 구형 가스 홀더 등의 용접부 점검과 재도장, 석유·LNG 탱크의 용접, 용접부 검사 등 구조물 벽면에 관한 것을 생각할 수 있다. 실용되고 있는 벽면 로봇에게 시키는 주된 일로는 검사·점검이 있다. 또한 도장, 녹 제거, 연마, 부착물 제거, 창닦기 등에도 응용되고 있다. 검사 대상물에는 건물의 벽면, 창, 대형 구형 탱크, 대형 원통 탱크, 고층 굴뚝 등이 있다.

사람이 하는 벽면 작업에는 발판이 필요하다. 또한 검사가 끝나면 그 발판을 제거해야 한다. 그러나 로봇에게는 그 발판이 필요없다. 고층 건물, 원자력 시설, 가스 저장 탱크의 벽면 검사에 대한 로봇 응용에 있어서는 그 효과가 크다.

이에 비해서 관내 로봇은 지하철 등의 터널 내 벽면의 청소, 터널 내 벽면의 균열 보수 작업, 매설된 가스 수도관 내벽의 상태 검사, 손상 장소 수리 등을 한다. 사용되고 있는 관내 로봇의 일은 관내 검사, 청소, 간단한 수리, 청소 작업, 관내면의 연마, 부착물 제거와 그 배출 등이다.

이와 같은 로봇이 하는 검사에는 카메라에 의한 관찰, 화상 처리로 형상 변화 계측, 변색 상태에 의한 부식 상태 판단, 초음파로 재료 열화를 판단하는 등이 있다.

[4] 로봇의 안전성[6]

로봇은 위험한 기계로서, 1981년 세계에서 최초로 로봇이 사람에게 위해를 가한 중대 사고가 발생하였다. 그 이후 고장이나 트러블이 일어나는 것을 전제로, 작업이 안전하게 행해지도록, 이른바 페일 세이프(fail-safe) 시스템이 로봇에 도입되었다.

고장시의 수리를 로봇이 정지 상태에서 할 수 있도록 가드(울타리)에 인터록을 설치한다. 이것은, 예를 들면, 문짝에 안전 스위치를 달아 수리인이 그 문을 열면 접점이 열려 로봇 운전이 정지하는 것과 같은 것이다. 문을 통해서 가드 내에 사람이 들어가기 위해서는 우선 로봇을 정지시킨다. 이 때 로봇이 정지한 것을 센서가 확인한다.

이와 같이 사람이 로봇을 정지시키고 그것이 센서로 확인되지 않는 한 문의 자물쇠가 열리지 않는 것이 중요하다. 사람이 로봇의 정지 스위치를 꺼도 로봇은 관성으로 갑자기 정지하지 않는 경우가 있다. 이 정지하지 않은 로봇을 센서가 감지하여 확실히 정지한 것을 확인하는 것이다. 이렇게 해서 수리인은 가드 내에 들어가 안심하고 고장 수리에 착수할 수 있다.

5·4 로봇의 활약 분야에 관한 문헌

1) 橋野　賢：生活介護ロボット，日本ロボット学会誌，Vol.14，No.5，pp.614〜618，1996

2) 藤崎正昭，内山隆：高齢者，身障者用食事搬送自動ロボットシステム，日本ロボット学会誌，Vol.14，No.5，pp.619〜623，1996

3) 狼　嘉彰，吉田和哉：宇宙開発のシナリオと宇宙ロボット，日本ロボット学会誌，Vol.14，No.7，pp.916〜918，1996

4) 西田信一郎，川島教嗣：宇宙ロボットの搭載系技術，日本ロボット学会誌，Vol.14，No.7，pp.927〜930，1996

5) 佐藤多執秀：空間ロボット技術に必要なもの――壁用ロボット，管内ロボットを例に――，日本ロボット学会誌，Vol.12，No.8，pp.1132〜1136，1994

6) 杉本　旭，池田博康：産業用ロボットの安全性と高信頼性技術，日本ロボット学会誌，Vol.14，No.6，pp.788〜791，1996

「로봇공학의 기초」로서 로봇의 기본에 대해서 소개하였다. 로봇을 원하는대로 동작시키기 위해서는 여러 가지 공학 분야의 지식이 필요하다는 것을 이해했을 것이다.

지금까지 기술한 제1편에서는 간단한 라플라스 변환을 제외하고는 식을 거의 사용하지 않았다. 실제의 로봇을 원하는대로 동작시키기 위해서는 로봇을 구성하는 기구의 자유도도 증가시켜야 한다.

이 자유도에 적합한 수의 링크, 액추에이터, 센서도 필요하다. 로봇의 손발에는 질량이나 마찰이 있으므로 그것들을 신속히 동작시키기 위해서는 관성력이나 마찰력을 고려한 복잡한 식을 유도하여 제어할 필요가 있다. 제2편의 「로봇 제어의 시작」에서는 이러한 실상에 입각해서 로봇을 실제로 동작시키기 위한 이론과 기술에 대해서 상세히 설명한다.

마지막으로 일본에서 로봇의 활약 상황의 일부분을 이해하기 위해서 실용되고 있는 로봇, 연구도상에 있는 로봇을 「여러 가지 분야에의 로봇 응용 예」로서 기술하고 제1편 「로봇공학의 기초」를 마칠까 한다.

여러 가지 분야에의 로봇 응용 예

산업용 로봇으로서 여러 분야에서 활약하고 있는 로봇은, 이제는 그 로봇에게 축구를 시킨다고 하는 신문 보도가 있을 정도로 진보되고 그 활약 분야도 확대되었다. 로봇의 응용 범위가 얼마나 넓은지를 보이기 위해 여기서는 실용되고 있는 로봇, 개발중인 로봇, 연구중인 로봇으로 크게 분류해 소개한다.

여기에 든 로봇의 명칭은 그 다음에 나타낸 문헌에 게재되어 있는 것을 참조한다.

● **산업용 로봇**(전기 · 기계 · 식료품 · 철강 · 화학 · 자동차 · 정보 산업 등)

공업용 로봇의 대표 : 로딩/언로딩용 로봇/CNC 프레이즈반 핸들링 로봇/자동차 조립 라인의 스폿 용접 로봇/아크 용접 로봇/스프레이 도장 로봇/도포 로봇/조립 로봇/검사 로봇/버 제거 로봇/제철용 로봇/점검 로봇/보전 로봇/갱내 로봇/다이캐스트 로봇/스폿 용접 로봇/아크 용접 로봇/주조 로봇/단조 로봇/프레스 작업 로봇/스프레이 도장 로봇/합성수지 성형 로봇/공작 기계에의 로딩 로봇/열처리 현장에의 응용 로봇/금속 부품의 버 제거 로봇/팰리타이징에의 적용 로봇/벽돌 제조에의 적용 로봇/유리 제조에의 적용 로봇/공작 기계에의 워크 부착 · 제거 작업 로봇/자주 주행식 클린 룸 내 반송 로봇/반도체 가공용 마이크로 로봇/입체 인식 핀 피킹 로봇/조립용 초고속 DD 로봇/초정밀 위치결정 로봇/이동 물체의 입체 인식 로봇

● **비제조업용 로봇**(농림 · 축산 · 건설 · 건축 · 토목 · 해양 · 가스 · 수도)

건설 로봇/탱크 검사 · 보수 · 도장 로봇/벽면 이동 로봇/철근 조립 로봇/내화재 피복 스프레이 로봇/천장 보드 · 조명 기구 설치 내장 로봇/콘크리트 타설 로봇/콘크리트 바닥 마감 로봇/외벽 설치 로봇/콘크리트 벽 절단 로봇/콘크리트 외벽면 청소 · 도장 로봇/빌딩 외벽 진단 로봇/타일 부착 로봇/클린룸의 클린도 검사 로봇/터널용 콘크리트 스프레이 로봇/지중 구조물 해체 로봇/심초 공사 로봇/돌쌓기 로봇/측량 로봇/내장 공사 로봇/벽면 작업 로봇/지중 탐사 로봇/잡초 제거 로봇/접목 로봇/육묘 로봇/약제 살포 로봇/비료주기 로봇/제초 로봇/잔디깎기 로봇/토마토 수확 로봇/오이 수확 로봇/귤 · 오렌지 수확 로봇/젖짜기 로봇/양털깎기 로봇/포도 수확 로봇/직물 조직 이식 로봇/어린 식물 번식용 로봇/식물 인식 로봇/카네이션묘 선별 · 이식 로봇/임업 로봇/농업 목축용 로봇

● 극한 작업용 로봇(우주 · 해양 · 원자력 · 화력 · 수력 · 전력)

원자력 발전 시설 관련 작업 로봇(원자력용 로봇)/해저 석유 생신 시설 관련 작업용 로봇(해양 로봇)/우주용 로봇/해양 로봇/원자력용 로봇/우주용 작업 로봇(우주 로봇)/수중 투석 정리 로봇/화력용 방수로 점검 · 청소 로봇/송전선 공사 로봇/철탑 승강 로봇/원자로 해체 로봇/매설관 검사 · 수리 로봇/원자로 청소 로봇/두더지 로봇/석유 탱크 청소 로봇

● 의료 · 사회 복지 · 노인 복지

간호용 로봇/의료 · 복지용 로봇/노인 보조 로봇(목욕, 식사 등)/고령자의 경작업 · 이동 보조 로봇/환자 유도 · 검사체 반송 로봇/세포 조작 마이크로 로봇/각막 이식 수술 마이크로 로봇/유방암 자동 검진 로봇/뇌 외과 수술용 로봇/맹인 유도견 로봇

● 식품 · 가사 · 오피스 · 서비스

김밥 로봇/가사 로봇/청소 로봇/창닦기 로봇/서비스 로봇/오피스내 서비스용 지능 로봇/어뮤즈먼트 로봇/미니 로봇/포터블 로봇/퍼스널 로봇/접객용 서비스 로봇

● 방 재

인명 구조용 로봇/소방 로봇/지진 후 재해 구조 로봇/석유 생산 시설 관련 방재 로봇(방재 로봇, 자주형 소화 로봇, 인명 구조 로봇, 해상 기름 유출 방재용 로봇)

● 조사 · 검사 로봇

해저 조사(지반 · 지형) 로봇/변전소 순시 로봇/관검사 로봇/기상 관측 로봇/석유 파이프 라인 점검 · 진단 로봇

● 연구 · 오락 로봇

빗자루 세우기 로봇/두 팔로 빗자루 세우기 로봇/줄넘기 로봇/공중 이동 로봇/일륜차 로봇/우주 비틀기 로봇/바닥 운동 로봇/콜럼버스의 달걀 로봇/게임 로봇(마이크로 마우스)/피칭 로봇/자벌레 로봇/박쥐 로봇/2발 보행 로봇/4발 보행 로봇/6발 보행 로봇/뮤지션 로봇/전자 오르간 연주 로봇/인간형 플루트 연주 로봇/색서폰 자동 연주 로봇/트럼펫 자동 연주 로봇/뱀형 로봇/자립 협조 로봇/관내 주행 로봇/전방향 이동 로봇/순발 구동각 로봇/보행식 수중 조사 로봇/브라케이션형 이동 로봇/흡반 흡착 크롤러 주행 벽면 이동 로봇/벽면 이동 미니 로봇/쓰레기 수집용 작업 이동 로봇/자립 분산형 로봇/유닛 구성 반송 로봇/동료의 행동을 보고 신속히 협조하는 로봇/우주 비행

로봇/우주 정밀 작업 로봇/양팔 우주 작업 연구용 로봇/씹기 로봇/청각 로봇/건설 작업용 천장면 먹줄치기 로봇/건설 로봇/풍량 검사 로봇/수중관내 청소 로봇/다리용 로봇/테니스 라켓 시험 개발용 로봇/식사 반송용 로봇/생활 보조 로봇/보행 지원 로봇/환자 로봇/얼굴 로봇/마이크로 로봇/얼굴표시 로봇/인간 시각 로봇/다기능팔 로봇/비치볼 로봇/소잉 로봇/인간 시각형 로봇/인간 원격 조작 로봇/유도 로봇/춤추기 로봇/식사 지원 로봇/스키 로봇/말 조교 로봇

● 로봇의 제어·형태에 따른 분류

시퀀스 로봇/플레이백 로봇/수치 제어 로봇/지능 로봇·감각 제어 로봇/적응 제어 로봇/학습 제어 로봇/원통 좌표 로봇·극좌표 로봇/직각 좌표 로봇/다관절 로봇/스카라형 로봇/이동 로봇/보행 로봇(2발 보행·4발·6발 보행·뱀 로봇)/조종 로봇/전투 로봇/반송 로봇/감시 로봇/오피스내 서비스용 지능 로봇/무인 원격 조종 로봇

「여러 가지 분야의 로봇 응용 예」에 나타나는 로봇 명칭을 참조한 문헌

· 長谷川幸男監訳：応用ロボット工学, 朝倉書店, 1984

· 三浦宏文：ロボットの未来学, 読売新聞社, 1986

· 省力と自動化編集部編, 最新メカトロニクス技術百科, オーム社, 1988

· 山藤和男：ロボットA to Z, オーム社, 1995

· 岡本嗣男, 白井良明, 藤浦建史, 近藤直：生物にやさしい知能ロボット工学, 実教出版, 1992

· 那野比古：知能ロボットの驚異, 日本経済新聞社, 1985

· 山本欣市, 柿倉正義：極限作業ロボット, 工業調査会, 1992

· 日本ロボット学会誌, 1996～1997

연습 문제 [5]

1. 로봇 핸드가 물건을 잡는 경우에 문제가 되는 것은 무엇인가?

2. 산업용 로봇은 실용되고 있는데 복지용 로봇의 보급이 늦어지고 있는 이유는?

3. 우주 공간이나 심해에서 사용하는 로봇의 문제점을 열거하라.

4. 로봇과 안전성에 대해서 고찰하라.

참 고 문 헌

1)　山藤和男：ロボット A to Z, オーム社, 1995

2)　吉川弘之監修：ロボット・ルネサンス, 三田出版会, 1944

3)　労働省安全課編：産業用ロボット安全必携, 中央労働災害防止協会, 1944

4)　伊藤宏司, 伊藤正美：生体とロボットにおける運動制御, 計測自動制御学会, 1991

5)　中野豊道：ロボットしごと(安全の生理), 築地書館, 1988

6)　三浦宏文：ロボットの未来学, 読売新聞社, 1988

7)　那野比古：知能ロボットの驚異, 日本経済出版社, 1985

8)　中野栄次：ロボット工学入門, オーム社, 1983

9)　電気と管理編集編：ロボット応用のノウハウ, 電気書院, 1982

10)　森政弘, 小川鑛一：はじめて学ぶ基礎制御工学, 東京電機大学出版局, 1994

11)　K.P.Groover,M.Weiss,R.N.Nagel and N.G.Odery:INDUSTIRIAL ROBOTICS, Internatinal Editions,McGraw-Hill Book Company,1986

12)　Wolfram Stadler:ANALYTIACL ROBOTICS AND MECHATRONICS, Internatinal Editions,McGraw-Hill Book Company,1995

13)　Phillip John Mckerrow:introduction to Robotics,Addison-Wesley Publishers Ltd.,1991

제2편

  제2편에서는 머니퓰레이터의 모델링이나 제어를 생각하기 위한 기초 사항과 그 방법을 구체적으로 알기 쉽게 설명한다.

  「로봇에 흥미가 있어 좀 배워보려고 했지만 복잡한 식들이 나와 공부할 생각이 없어졌다」는 말을 흔히 듣는다. 좌표 변환이나 운동방정식 도출 등을 말하고 있는 것 같다.

  로봇공학을 본격적으로 공부하려면 이런 식들을 피해 갈 수는 없지만 그렇다고 흥미를 잃어버리면 곤란하다. 그래서 논의의 일반성을 대폭(거의 완전하게) 희생해서 주로 평면 3링크 머니퓰레이터로 설명을 한정하여, 기본적인 개념을 알면 된다는 입장에서, 머니퓰레이터의 모델링과 제어에 대해서 설명한다. 이것을 읽고 조금이라도 알게 된 것 같고 본서에서 소개하고 있는 것보다 전문적인 책을 읽어보려는 생각이 들게 된다면 다행이겠다.

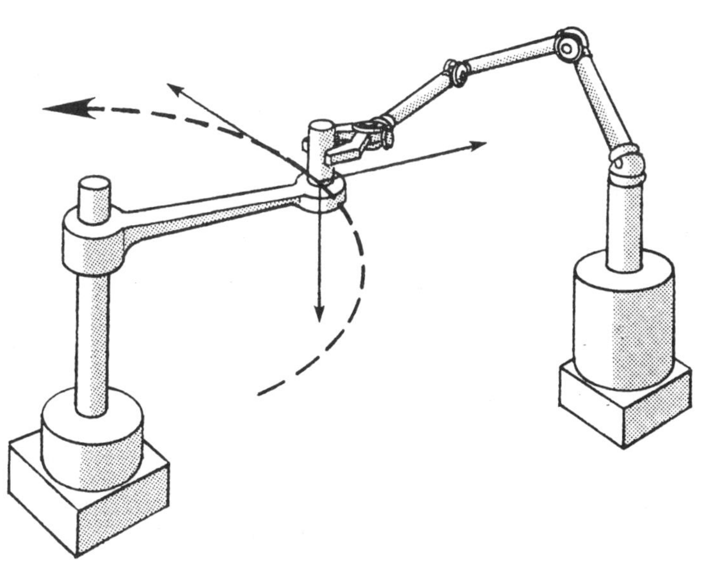

제 1 장
머니퓰레이터의 운동학

머니퓰레이터를 동작시키고자 할 때는 반드시 「***과 같이 로봇을 동작시키고 싶다」고 하는 요망이 있다. 「***」 부분에 무엇이 들어가도 된다. 로봇의 손끝으로 원을 그리게 하고 싶다든가, 로봇에게 창 닦기를 시키고 싶다든가, 칠판에 글을 쓰게 하고 싶다는 등 여러 가지 작업을 생각할 수 있다.

이와 같은 운동을 실현시키기 위해서는 우선 손끝의 좌표나 그 속도와 머니퓰레이터의 관절 각도나 각($\bf{角}$) 속도와의 관계를 알아야 한다.

이 장에서는 손끝의 좌표와 머니퓰레이터의 관절 각도의 관계에 대해서 설명한다. 이것은 머니퓰레이터의 운동학이라고 불리고 있는데 머니퓰레이터의 기하학적 관계라고 말해도 상관없다.

1·1 순운동학과 역운동학

제 1 편 제 3 장에서 설명한 것과 같이 머니퓰레이터에는 극좌표형(또는 관절형), 원통형, 직교 좌표형 등 여러 가지 타입이 있다. 여기서는 설명을 간단히 하기 위해 주로 평면 3링크 관절형 머니퓰레이터로 한정한다. 여기서 나타내는 개념은 일반 머니퓰레이터, 즉 3차원 공간에서 운동하고 n 개의 링크로 구성되는 머니퓰레이터에 대해서도 용이하게 확장할 수 있다. 또한 원통형 등 다른 타입의 머니퓰레이터에 대해서도 기본적으로는 동일한 논의가 가능하다.

머니퓰레이터를 동작시킨다는 것은 통상 그 손끝으로 어떠한 작업을 시키는 것을 의미한다. 따라서 머니퓰레이터를 동작시키려는 사람은 그 손끝의 위치나 자세를 이렇게 했으면 좋겠다고 하는 요구를 가지고 있다.

한편, 관절형 머니퓰레이터의 경우 실제로 움직이는 것은 관절의 각도이다. 따라서 머니퓰레이터의 손끝 위치 및 자세와 관절 각도와의 관계가 필요하다. 여기서는 이 관계를 그림 1·1의 평면 3링크 머니퓰레이터를 예로 들어 알아 본다. 이 머니퓰레이터는 2차원 평면 내에서만 운동이 가능한, 회전형 관절을 3개 가지는 머니퓰레이터이다.

이 머니퓰레이터의 손끝 위치(x, y) 및 자세각 α와 관절 각도 ϕ_1, ϕ_2, ϕ_3의 관계는 기하학적인 조건을 생각하면

$$x = l_1 \cos \phi_1 + l_2 \cos(\phi_1 + \phi_2) + l_3 \cos(\phi_1 + \phi_2 + \phi_3) \tag{1·1}$$

$$y = l_1 \sin \phi_1 + l_2 \sin(\phi_1 + \phi_2) + l_3 \sin(\phi_1 + \phi_2 + \phi_3) \tag{1·2}$$

$$\alpha = \phi_1 + \phi_2 + \phi_3 \tag{1·3}$$

가 된다.

로봇공학 분야에서는 관절 각도로 구성되는 공간을 **관절 각도 공간**, 손끝 위치 및 손끝 자세로 구성되는 공간을 **작업 좌표 공간**이라고 한다. 관절 각도가 주어졌을 때 손끝 위치 및 손끝 자세를 구하는 문제를 **순운동학 문제**, 그 반대를 **역운동학 문제**라고 한다.

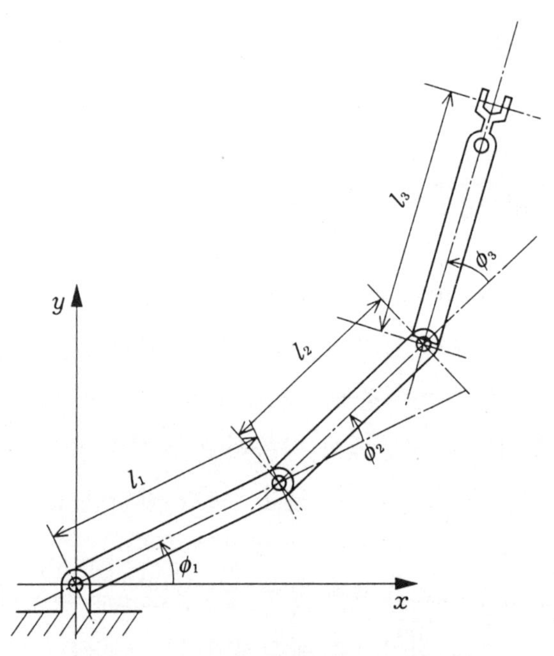

그림 1·1 평면 3링크 머니퓰레이터

그림 1·1의 예와 같은 경우의 관절 각도 공간은 관절 각도(ϕ_1, ϕ_2, ϕ_3)의 조합으로 구성되는 공간이며, 작업 좌표 공간은 손끝 위치와 그 자세(x, y, α)로 구성되는 공간이다. 어느 공간이나 3차원이다.

이상과 같이 표현하면 어렵게 들리지만 순운동학 문제란 「관절 각도를 어느 값으로 결정하면 손끝 위치와 자세는 어떻게 되는가」라는 문제이고, 역운동학 문제란 「바람직한 손끝 위치와 자세를 실현시키기 위해서는 관절 각도를 얼마로 하면 되는가」라는 문제로서, 극히 단순한 것을 말하고 있는 데 지나지 않는다.

그림 1·2는 이 모양을 나타내고 있다. 본서에서는 이 이후 머니퓰레이터 관절 각도의 그룹(ϕ_1, ϕ_2, ϕ_3)을 **관절 각도 좌표**, 손끝 위치와 그 자세의 그룹(x, y, α)을 **손끝 좌표**로 부르기로 한다.

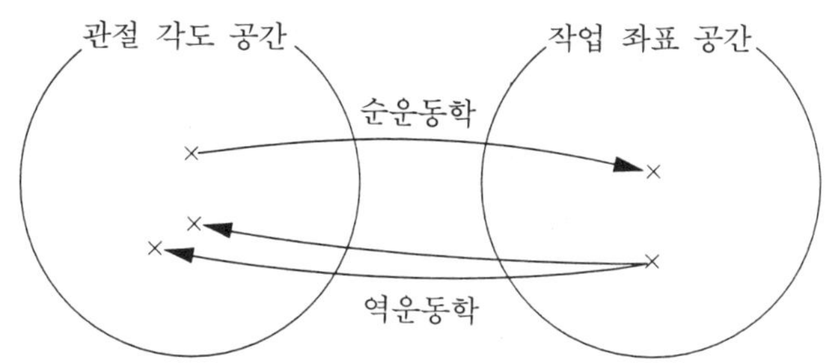

그림 1·2 순운동학과 역운동학

순운동학 문제는 부여된 관절 각도를 식 (1·1)~(1·3)에 대입하면 간단히 풀 수 있으며 해답은 하나로 구해진다. 예를 들면 $l_1=l_2=l_3=1$이라고 하면 관절 좌표가 (ϕ_1, ϕ_2, ϕ_3)=(30°, 60°, −60°)일 때 손끝 좌표 $(x, y, \alpha)^T$는 ($\sqrt{3}$, 2, 30°)^{T}로 구해지며, 이것으로 순운동학 문제가 풀리게 된다. 그림 1·3 (a)는 이 모양을 나타내고 있다.

한편, 역운동학 문제는 머니퓰레이터의 손끝 좌표(x, y, α)가 부여됐을 때 관절 좌표(ϕ_1, ϕ_2, ϕ_3)를 구하는 문제이므로 비선형 연립방정식 (1·1)~(1·3)을 푸는 문제가 되며, 그 해법은 일반적으로 복잡하다.

또한 해석적으로는 해답이 구해지지 않는 경우도 있을 수 있다. 단, 이 예의 경우는 다행히도 다음과 같이 풀 수가 있다. 통상 링크 길이 l_1, l_2, l_3는 알고 있는 값이라고 해도 되고 $(x, y, \alpha)^T$가 주어져 있다. 식 (1·3)을 식 (1·1), (1·2)에 대입시키고 이들 식의 우변 제1항과 제3항을 좌변에 옮겨서 양변을 2승하고 각 변을 합치면

$$A^2+B^2+l_1{}^2-2l_1(A\cos\phi_1+B\sin\phi_1)=l_2{}^2 \qquad (1\cdot4)$$

여기서

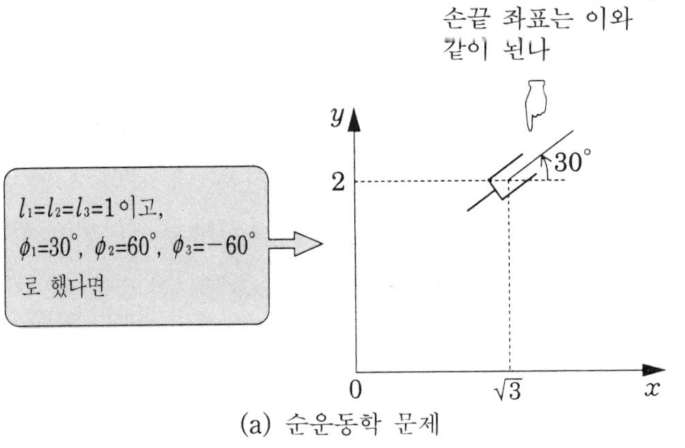

(a) 순운동학 문제

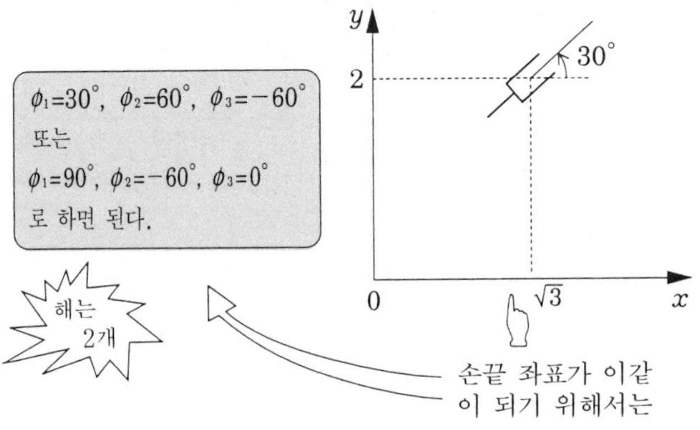

(b) 역운동학 문제

그림 1·3 순운동학과 역운동학의 예

$$A = x - l_3 \cos \alpha, \quad B = y - l_3 \sin \alpha$$

가 된다. 가법 정리에 의해 좌변 제4항의 괄호 안의 값은

$$A \cos \phi_1 + B \sin \phi_1 = \sqrt{A^2 + B^2} \cos(\phi_1 - \gamma), \quad \gamma = \tan^{-1}(B/A)$$

로 변형되므로

$$\phi_1 = \gamma \pm \cos^{-1} \frac{A^2 + B^2 + l_1{}^2 - l_2{}^2}{2l_1 \sqrt{A^2 + B^2}} \tag{1·5}$$

이 된다. 여기서 A, B는 알고 있는 값이므로 이 식에 의해 ϕ_1이 구해진다.

ϕ_1이 구해지면 식 (1·1), (1·2)의 우변 제1항, 제3항은 알고 있는 값이 되므로 식 (1·1), (1·2)에 의해

$$\tan(\phi_1 + \phi_2) = \frac{B - l_1 \sin \phi_1}{A - l_1 \cos \phi_1} \qquad (1 \cdot 6)$$

이 되고

$$\phi_2 = -\phi_1 + \tan^{-1} \frac{B - l_1 \sin \phi_1}{A - l_1 \cos \phi_1} \qquad (1 \cdot 7)$$

에 의해 ϕ_2가 구해진다. 그리고 이상에서 구한 ϕ_1, ϕ_2와 식 $(1 \cdot 3)$에 의해 ϕ_3가 구해지며 관절변수 ϕ_1, ϕ_2, ϕ_3 전부가 구해진다.

그림 $1 \cdot 3$의 예로 역운동학 문제를 풀어 보자.

즉 손끝 좌표 $(x,\ y,\ \alpha)$의 값이 $(\sqrt{3},\ 2,\ 30°)$로 부여된다고 한다. 식 $(1 \cdot 5)$에 의해 $\phi_1 = 30°$(또는 $90°$)가 되므로 식 $(1 \cdot 6)$에 의해 $\phi_2 = 60°$(또는 $-60°$), 그리고 $\phi_3 = 30°$(또는 $0°$)가 된다. 따라서 2와 같은 해가 존재하게 된다. 그림 $1 \cdot 3$ (b)는 이 관계를 도시한 것이고 그림 $1 \cdot 4$는 이 두 해일 경우에 머니퓰레이터의 상태를 나타내고 있다. 이와 같이 두 개의 해가 존재하는 것은 직감적으로 용이하게 납득될 것이다.

이상에서도 알 수 있듯이 순운동학 문제는 해가 하나로 결정되지만 역운동학 문제에서는 해가 복수이며 무한개 존재하는 경우도 있다. 간단한 예이기는 하지만 그림 $1 \cdot 1$의 머니퓰레이터의 운동학은 순운동학이건 역운동학이건 초등기하학의 지식과 간단한 대수 연산을 하면 구해진다는 것을 알 수 있다.

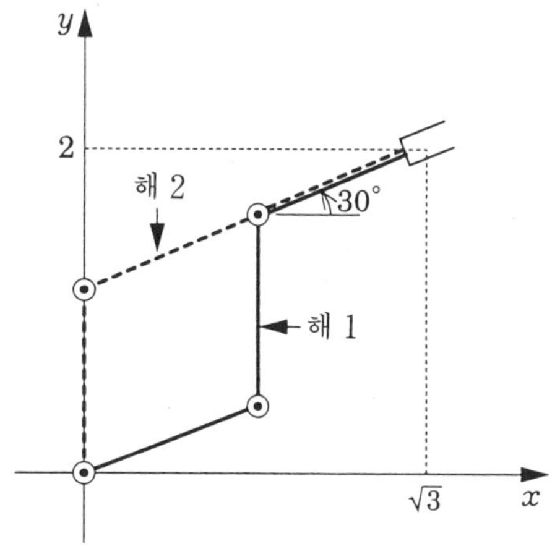

그림 $1 \cdot 4$ 역운동학의 해는 하나가 아니다!

 일반적으로 역운동학 문제는 이 예와 같이 해석적으로 구해지지 않는 경우가 더 많다. Pieper에 의하면 6자유도 머니퓰레이터의 경우 특수한 기구를 가졌을 때 해석 해가 구해진다. 여기서 특수한 기구란 그림 1·5 (a)와 같은 연속하는 3개의 회전축이 1점에서 교차하는 것같은 기구이다. 그림 (b)는 이 기구를 손끝에 사용하고 있는 예로서, 현재 사용되고 있는 머니퓰레이터에는 이 구조를 가진 것이 많다.

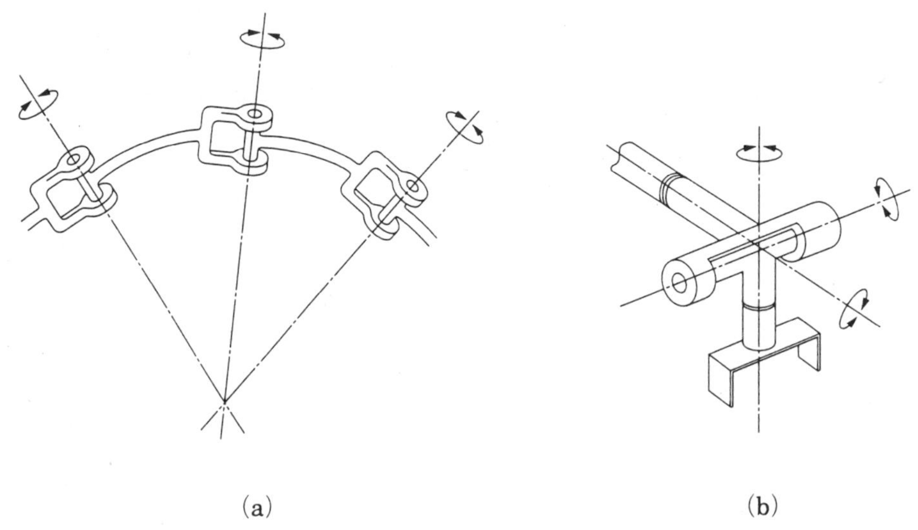

(a)   (b)

그림 1·5 해석적인 역운동학을 갖기 위한 필요 조건

 이 구조를 가진 경우의 상세한 역운동학 문제 해법에 대해서는 제2편 끝의 참고 문헌 1)을 참조하기 바란다.

 3차원 공간을 이용 가능한 n 링크로 구성되는 머니퓰레이터에 대해서도 동일한 개념을 적용하면 기본적으로는 운동학을 표현하는 식을 구하는 것이 가능하지만 그것은 상당히 번잡한 작업이 되며 그 때문에 계산도 틀리기 쉽다. 그래서 체계적으로 이것들을 구하는 방법이 요망된다. 로봇공학에서는 이를 위한 방법으로서 벡터 해석의 방법을 채용하고 있다. 벡터 해석의 방법을 사용하여 식 (1·1)~식 (1·3)을 유도하는 방법을 아래에 나타낸다.

 우선 머니퓰레이터의 손끝 위치$(x,\ y)^{T}$에 대해서 생각한다. 좌표 원점을 O, 머니퓰레이터의 손끝을 P라고 하면 손끝 위치는 벡터 $\overrightarrow{OP}$로 표현되므로 그림 1·6

과 같이 생각하면 이 벡터는 관절 각도 벡터$(\phi_1, \phi_2, \phi_3)^T$와의 관련으로 표현된다. 그림 1·6의 내용을 순서대로 설명하면 다음과 같다.

① 우선 벡터 l_3를 생각한다. 이 벡터는 머니퓰레이터의 링크 3에 대응하고 있고, 그림에 나타내듯이 링크 각도가 0이 되는 벡터로서 취해져 있다. 그 때문에 $l_3 = (l_3, 0)^T$이다. 이 벡터를 z축 주위로 각도 ϕ_3만큼 회전한 벡터를 만들고 이것을 l^1으로 한다. 여기서 z축은 원점 O를 통과하여 지면의 앞을 향하는 축이고 각도 ϕ_3는 링크 3의 회전 각도이다.

② 벡터 l^1을 x축 방향으로 l_2만큼 평행 이동하여 만들어지는 벡터를 l^2로 한다. 이동 거리 l_2는 링크 2의 길이에 대응하고 있다.

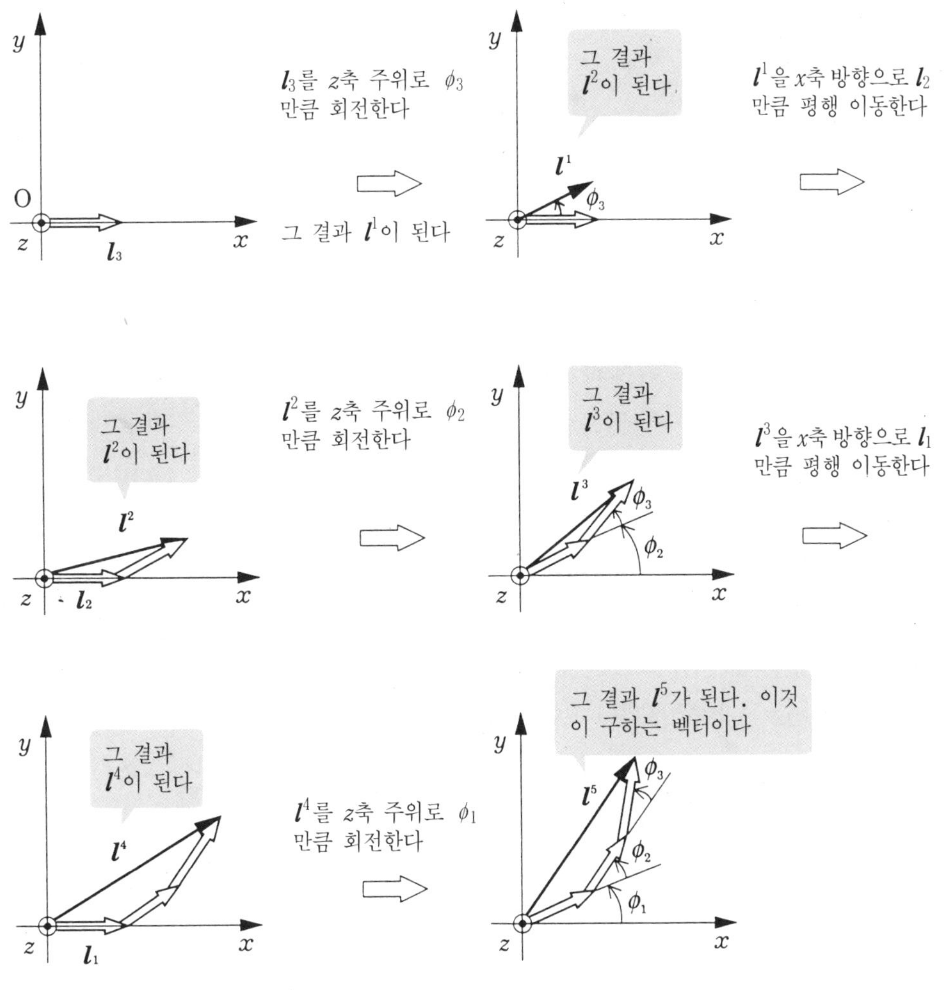

그림 1·6

③ 벡터 l^2를 z축 주위로 각도 ϕ_2만큼 회전하여 이것을 l^3라고 한다. 각도 ϕ_2는 링크 2의 회전 각도이다.

④ 벡터 l^3를 x축 방향으로 l_1만큼 평행 이동하여 생기는 벡터를 l^4라고 한다. 이동 거리 l_1는 링크 1의 길이에 대응하고 있다.

⑤ 벡터 l^4를 z축 주위로 각도 ϕ_1만큼 회전하여 이것을 l^5라고 한다. 각도 ϕ_1은 링크 1의 회전 각도이다.

이 5단계 조작에 의해 만들어지는 벡터 l^5가 머니퓰레이터의 손끝 위치를 나타내는 벡터 $\overrightarrow{OP}$가 된다. 이 순서에서 명확해지듯이 이들 조작에 필요한 기본 조작은 벡터의 회전과 평행 이동이다. 따라서 이 두 가지 조작에 관한 기초 지식이 있으면 손끝 위치 벡터를 쉽게 구할 수 있게 된다.

[1] 벡터의 회전

그림 1·7 (a)에 나타내듯이 벡터 $P(P_x,\ P_y)^T$를 원점 O 주위로 각도 ϕ만큼 회전시킨 결과 벡터 $P'(P_x{}',\ P_y{}')^T$가 됐다고 한다. 이때 좌표계 O-xy가 ϕ만큼 회전해서 생기는 새로운 좌표계를 O-$x'y'$라고 하면, 벡터 P와 P'의 관계는 좌표계 O-$x'y'$에서 바라보면 $(P_x,\ P_y)^T$로 보인 벡터가 좌표계 O-xy에서 바라보면 $(P_x{}',\ P_y{}')^T$로 보인다는 관계와 동일하다(그림 1·7 (b)). 따라서 이 관계는 좌표계 O-$x'y'$와 좌표계 O-xy의 관계에서 구할 수 있다. 그래서 좌표계 O-$x'y'$의 단위 벡터를 i', j', 좌표계 O-xy의 단위 벡터를 i, j로 하고 그림 1·8을 참고하면

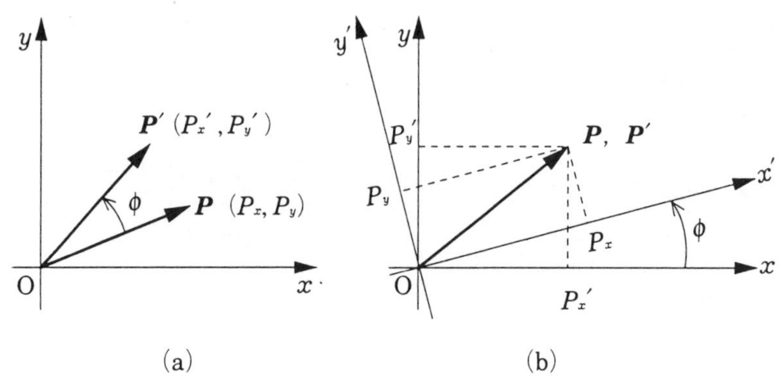

(a)   (b)

그림 1·7 벡터의 회전과 좌표축의 회전

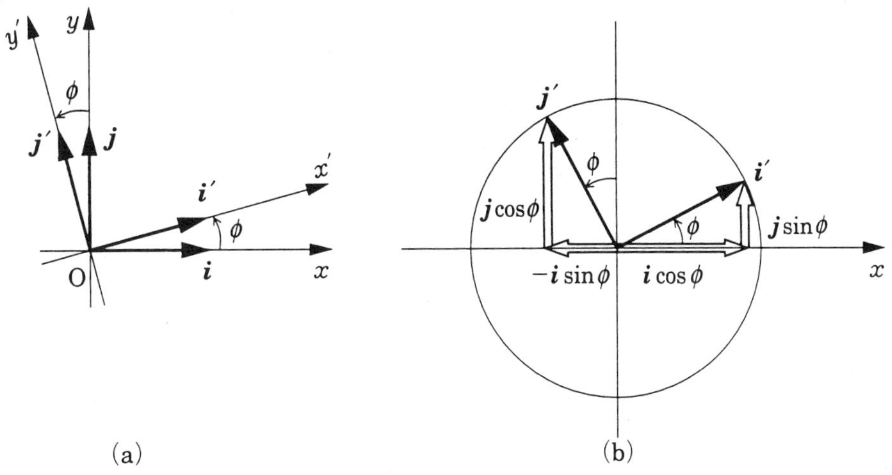

그림 1 · 8 단위 벡터 i, j 와 i', j' 의 관계

$$i' = i \cos \phi + j \sin \phi \tag{1 · 8}$$

$$j' = -i \sin \phi + j \cos \phi \tag{1 · 9}$$

이므로

$$
\begin{aligned}
P' &= P_x\, i' + P_y\, j' \\
&= P_x(\, i \cos \phi + j \sin \phi) + P_y(\, -i \sin \phi + j \cos \phi) \\
&= (P_x \cos \phi - P_y \sin \phi)\, i + (P_x \sin \phi + P_y \cos \phi)\, j \\
&= P_x'\, i + P_x'\, j
\end{aligned}
\tag{1 · 10}
$$

이 되고

$$P_x' = P_x \cos \phi - P_y \sin \phi \tag{1 · 11}$$

$$P_y' = P_x \sin \phi + P_y \cos \phi \tag{1 · 12}$$

의 관계가 성립된다. 이 관계를 행렬식으로 표현하면

$$P' = \begin{bmatrix} \cos\phi & -\sin\phi \\ \sin\phi & \cos\phi \end{bmatrix} P \equiv \mathbf{Rot}(\phi)P \tag{1 · 13}$$

가 된다.

여기서 행렬 **Rot**(ϕ)는 **회전행렬**(Rotation Matrix)이라고 불리는 행렬이다.

이 결과에 의해 벡터 $P(P_x, P_y)^T$를 원점 O 주위로 각도 ϕ만큼 회전해서 생기는 벡터 $P'(P_x', P_y')^T$를 구하려면 벡터 P의 좌측에서 행렬 **Rot**(ϕ)를 곱하면 되는 것을 알 수 있다.

이 기회에 회전행렬 **Rot**(ϕ)에 대해서 약간 기술해 둔다. 이 행렬은 이름 그대로 벡터를 회전시키는 행렬로서, 이 행렬에 의해 변환 조작을 하여도 벡터 길이를 변화시키는 일은 없다. 다시 말하면 이 행렬은 **정규 직교행렬**(Orthonormal Matrix)이 되며 다음과 같은 성질이다.

① **정규 직교행렬의 정의** : 행렬 A를 구성하는 임의의 2개의 열(또는 행) 벡터를 취했을 때 그 내적이 0이 되고 또 자체와의 내적이 1이 될 때 행렬 A는 **정규 직교행렬**이라고 한다. 예를 들면 식 (1·13)의 경우 내적은 다음과 같이 계산할 수 있다.

$$\begin{bmatrix} \cos\phi \\ \sin\phi \end{bmatrix}^T \begin{bmatrix} -\sin\phi \\ \cos\phi \end{bmatrix} = [\cos\phi \quad \sin\phi] \begin{bmatrix} -\sin\phi \\ \cos\phi \end{bmatrix}$$

$$= -\cos\phi\sin\phi + \sin\phi\cos\phi = 0$$

$$\begin{bmatrix} \cos\phi \\ \sin\phi \end{bmatrix}^T \begin{bmatrix} \cos\phi \\ \sin\phi \end{bmatrix} = [\cos\phi \quad \sin\phi] \begin{bmatrix} \cos\phi \\ \sin\phi \end{bmatrix} = \cos^2\phi + \sin^2\phi = 1$$

이 되므로 **Rot**(ϕ)는 직교행렬이다.

행렬 A가 정규 직교행렬일 때 다음과 같은 관계가 성립된다.

② $A^T = A^{-1}$

③ $|A| = 1$

[2] 벡터의 평행 이동

벡터 P를 x축, y축 방향으로 각각 l_x, l_y만큼 평행 이동시켜서 만들어지는 벡터 P'는 $l = (l_x, l_y)^T$라고 하면

$$P' = P + l \tag{1·14}$$

로 표시된다. 이 조작은 벡터가 3차원인 경우도 동일하다.

일반적의 경우(3차원)에의 확장

여기서 기술한 방법은 3차원 공간내를 운동 가능한 머니퓰레이터의 경우에 용이하게 확장할 수 있다. 다만 이를 위해서는 벡터는 3차원 벡터로, 회전행렬은 3×3 행렬로 바꿀 필요가 있다. x축, y축, z축 주위로 각도 ϕ만큼 회전하는 회전행렬은 각각

$$\mathbf{Rot}(x, \phi) = \begin{bmatrix} 1 & 0 & 0 \\ 0 & \cos\phi & -\sin\phi \\ 0 & \sin\phi & \cos\phi \end{bmatrix}, \quad \mathbf{Rot}(y, \phi) = \begin{bmatrix} \cos\phi & 0 & \sin\phi \\ 0 & 1 & 0 \\ -\sin\phi & 0 & \cos\phi \end{bmatrix},$$

$$\mathbf{Rot}(z, \phi) = \begin{bmatrix} \cos\phi & -\sin\phi & 0 \\ \sin\phi & \cos\phi & 0 \\ 0 & 0 & 1 \end{bmatrix}$$

가 된다.

예를 들면 z축 주위로 ϕ만큼 회전하는 좌표변환 행렬 $\mathbf{Rot}(z, \phi)$가 이 형식으로 표현되는 것은 식 $(1 \cdot 13)$과 이 변환에 의해 벡터의 z성분이 변화하지 않는 것으로 알 수 있을 것이다. 행렬 $\mathbf{Rot}(x, \phi)$, $\mathbf{Rot}(y, \phi)$에 대해서도 동일하지만 행렬 $\mathbf{Rot}(y, \phi)$에 대해서는 삼각함수의 부호가 다른 경우와 다른 것에 주의하여야 한다.

[3] 회전과 평행 이동을 하는 벡터

[1], [2]에서 기술한 결과를 이용하여 스텝 ①의 순서(그림 $1 \cdot 6$ 참조)를 연산으로 하여 표현하면

$$\boldsymbol{l}^2 = \boldsymbol{l}_2 + \mathbf{Rot}(\phi_3)\boldsymbol{l}_3$$

$$= \begin{bmatrix} l_2 \\ 0 \end{bmatrix} + \begin{bmatrix} \cos\phi_3 & -\sin\phi_3 \\ \sin\phi_3 & \cos\phi_3 \end{bmatrix}\begin{bmatrix} l_3 \\ 0 \end{bmatrix} = \begin{bmatrix} l_2 + l_3\cos\phi_3 \\ l_3\sin\phi_3 \end{bmatrix} \tag{$1 \cdot 15$}$$

가 된다. 마찬가지로 생각하면 손끝 위치를 나타내는 벡터 $\boldsymbol{l}^5$ (또는 $\overrightarrow{OP}$)는

$$\boldsymbol{l}^5 = \mathbf{Rot}(\phi_1)[\boldsymbol{l}_1 + \mathbf{Rot}(\phi_2)\{\boldsymbol{l}_2 + \mathbf{Rot}(\phi_3)\boldsymbol{l}_3\}]$$

$$= \mathbf{Rot}(\phi_1)\boldsymbol{l}_1 + \mathbf{Rot}(\phi_1)\mathbf{Rot}(\phi_2)\boldsymbol{l}_2 + \mathbf{Rot}(\phi_1)\mathbf{Rot}(\phi_2)\mathbf{Rot}(\phi_3)\boldsymbol{l}_3$$

$$= \mathbf{Rot}(\phi_1)\boldsymbol{l}_1 + \mathbf{Rot}(\phi_1 + \phi_2)\boldsymbol{l}_2 + \mathbf{Rot}(\phi_1 + \phi_2 + \phi_3)\boldsymbol{l}_3$$

$$\begin{aligned}
&= \begin{bmatrix} C_1 & -S_1 \\ S_1 & C_1 \end{bmatrix}\begin{bmatrix} l_1 \\ 0 \end{bmatrix} + \begin{bmatrix} C_{12} & -S_{12} \\ S_{12} & C_{12} \end{bmatrix}\begin{bmatrix} l_2 \\ 0 \end{bmatrix} + \begin{bmatrix} C_{123} & -S_{123} \\ S_{123} & C_{123} \end{bmatrix}\begin{bmatrix} l_3 \\ 0 \end{bmatrix} \\
&= \begin{bmatrix} l_1 C_1 + l_2 C_{12} + l_3 C_{123} \\ l_1 S_1 + l_2 S_{12} + l_3 S_{123} \end{bmatrix}
\end{aligned} \tag{1 · 16}$$

여기서

$$C_1 = \cos\phi_1 , \quad C_{12} = \cos(\phi_1 + \phi_2) , \quad C_{123} = \cos(\phi_1 + \phi_2 + \phi_3)$$

$$S_1 = \sin\phi_1 , \quad S_{12} = \sin(\phi_1 + \phi_2) , \quad S_{123} = \sin(\phi_1 + \phi_2 + \phi_3)$$

가 되며, 이것은 식 (1 · 1), (1 · 2)와 동일하다. 이와 같이 벡터의 회전과 평행 이동 방법을 사용하여도 동일한 결과를 유도할 수 있다.

다음에 손끝의 자세에 대해서 알아 본다. 손끝의 자세는 벡터 회전에 의존하고 평행 이동에는 관련되지 않기 때문에 부여된 벡터 l^3가 차례대로 ϕ_1, ϕ_2, ϕ_3만큼 회전한 것이 되므로

$$\mathbf{Rot}(\phi_1)\mathbf{Rot}(\phi_2)\mathbf{Rot}(\phi_3)l_3 = \begin{bmatrix} C_{123} & -S_{123} \\ S_{123} & C_{123} \end{bmatrix}\begin{bmatrix} l_3 \\ 0 \end{bmatrix} = \begin{bmatrix} l_3 C_{123} \\ l_3 S_{123} \end{bmatrix} \tag{1 · 17}$$

가 손끝 상태를 나타내는 벡터이다. 따라서 손끝의 자세를 나타내는 각도를 α라고 하면

$$\alpha = \tan^{-1}\frac{S_{123}}{C_{123}} = \tan^{-1}\{\tan(\phi_1 + \phi_2 + \phi_3)\} = \phi_1 + \phi_2 + \phi_3$$

가 되며 식 (1 · 3)과 동일한 결과가 된다.

이와 같이 손끝의 자세는 행렬

$$\mathbf{Rot}(\phi_1)\mathbf{Rot}(\phi_2)\mathbf{Rot}(\phi_3) = \begin{bmatrix} C_{123} & -S_{123} \\ S_{123} & C_{123} \end{bmatrix} \tag{1 · 18}$$

로 표시하는데, 이에 대해서는 다음 절에서 상세히 기술한다.

식 (1 · 15)나 식 (1 · 16)에 나타내듯이 어느 벡터 $r = (r_x, r_y)^T$를 회전하고 그 것을 $l = (l_x, l_y)^T$만큼 평행 이동해서 만들어지는 벡터 $r' = (r_x', r_y')^T$는 z축 주 위로 ϕ만큼 회전하는 회전행렬을 $\mathbf{Rot}(\phi)$라고 하면

$$r' = l + \mathbf{Rot}(\phi)r$$

　3차원 평면 내를 운동하는 머니퓰레이터의 경우도 상기 순서로 머니퓰레이터의 기하학적 관계를 구할 수 있다는 것을, 그림 1·9의 머니퓰레이터를 예로 들어 나타낸다.

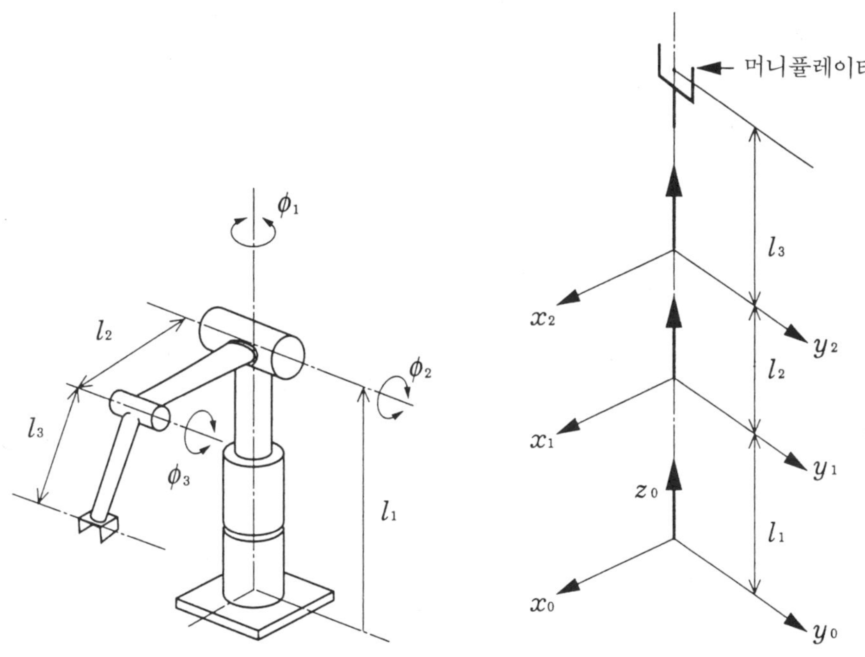

그림 1·9　3링크 머니퓰레이터
그림 1·10　기준 좌표계

　우선 머니퓰레이터의 기본 자세와 좌표계를 그림 1·10과 같이 설정한다. 기본 자세를 취하는 방법에 대해서 특별한 룰은 없다. 통상적으로는 해석의 수월성이나 계측기의 제로점 설정 형편 등을 고려하여 결정된다. 좌표축의 설정에 대해서도 동일하지만 규칙성을 갖도록 하는 편이 여러 가지로 편리하므로 여기서는 링크의 축방향을 z축, 링크 2, 3의 회전축 방향을 y축으로 설정하고 x축의 방향은 오른쪽 계를 채용함으로써 결정하고 있다.

　그림에서 머니퓰레이터의 손끝 위치 벡터 $P=(x, y, z)^T$는

$$P=\mathbf{Rot}(z, \phi_1)[l_1+\mathbf{Rot}(y, \phi_2)\{l_2+\mathbf{Rot}(y, \phi_3)l_3\}] \qquad (1\cdot19)$$

에 의해 구해지며

$$P = \begin{bmatrix} \cos\phi_1 & -\sin\phi_1 & 0 \\ \sin\phi_1 & \cos\phi_1 & 0 \\ 0 & 0 & 0 \end{bmatrix}\begin{bmatrix} l_1 \\ 0 \\ 0 \end{bmatrix}$$

$$+ \begin{bmatrix} \cos\phi_2 & 0 & \sin\phi_2 \\ 0 & 1 & 0 \\ -\sin\phi_2 & 0 & \cos\phi_2 \end{bmatrix}\left\{\begin{bmatrix} l_2 \\ 0 \\ 0 \end{bmatrix} + \begin{bmatrix} \cos\phi_3 & 0 & \sin\phi_3 \\ 0 & 1 & 0 \\ -\sin\phi_3 & 0 & \cos\phi_3 \end{bmatrix}\begin{bmatrix} l_3 \\ 0 \\ 0 \end{bmatrix}\right\}$$

$$= \begin{bmatrix} C_1(l_2 S_2 + l_3 S_{23}) \\ S_1(l_2 S_2 + l_3 S_{23}) \\ l_1 + l_2 C_2 + l_3 C_{23} \end{bmatrix} \qquad (1 \cdot 20)$$

이 된다. 또한 손끝의 자세는

$$\mathbf{Rot}(z, \phi_1)\mathbf{Rot}(y, \phi_2)\mathbf{Rot}(y, \phi_3)$$

$$= \begin{bmatrix} C_1 & -S_1 & 0 \\ S_1 & C_1 & 0 \\ 0 & 0 & 1 \end{bmatrix}\begin{bmatrix} C_2 & 0 & S_2 \\ 0 & 1 & 0 \\ -S_2 & 0 & C_2 \end{bmatrix}\begin{bmatrix} C_3 & 0 & S_3 \\ 0 & 1 & 0 \\ -S_3 & 0 & C_3 \end{bmatrix}$$

$$= \begin{bmatrix} C_1 C_{23} & -S_1 & C_1 S_{23} \\ S_1 C_{23} & C_1 & S_1 S_{23} \\ -S_{23} & 0 & C_{23} \end{bmatrix} \text{(가법 정리를 사용하여 정리하면)} \quad (1 \cdot 21)$$

에 의해 결정된다. 자세를 나타내는 방법으로서는 오일러각이나 롤, 피치, 요 등의 각도가 있다. 이것들에 대해서는 다음 절에서 설명한다.

로 구해진다. 이 연산은 행렬과 벡터의 곱셈과 벡터와 벡터의 덧셈으로 구성되어 있다. 즉, 2종류의 연산으로 구성되어 있다. 그런데 벡터 $\mathbf{r}$에 대해서 다시 또 한 차원을 증가시킨 벡터 $\mathbf{r}^*$를 $\mathbf{r}^* = (r_x, r_y, 1)^T$로 정의하면 이 식은

$$\begin{bmatrix} r_x' \\ r_y' \\ 1 \end{bmatrix} = \begin{bmatrix} \cos\phi & -\sin\phi & l_x \\ \sin\phi & \cos\phi & l_y \\ 0 & 0 & 1 \end{bmatrix}\begin{bmatrix} r_x \\ r_y \\ 1 \end{bmatrix}$$

과 같아진다. 즉

$$r^{*'} = \begin{bmatrix} \mathbf{Rot}(\phi) & & l \\ 0 & 0 & 1 \end{bmatrix} r^{\cdot}$$

로 표현할 수가 있다. 즉 행렬과 벡터와 연산만으로 표현할 수 있다. 이 변환행렬

$$\begin{bmatrix} \mathbf{Rot}(\phi) & & l \\ 0 & 0 & 1 \end{bmatrix}$$

을 **동차**(同次) **변환**(Homogeneous Transformation)**행렬**이라고 한다.

　여기서 도입한 동차 변환행렬을 사용하면 기술이 간단해진다고 하는 장점이 있다. 한편, 행렬, 벡터의 차원을 모두 하나 올리므로 연산량은 증가한다.

1·2 자세각

　앞 절에서는 평면 3링크 머니퓰레이터의 운동학에 대해서 기술하였다. 머니퓰레이터 손끝의 위치에 대해서는 앞 절에서 설명한 개념이나 방법이 일반적인 경우에도 그대로 확장된다. 그러나 손끝의 자세각에 대해서는 설명에 사용한 예제가 특수했기 때문에 앞 절에서 기술한 내용만으로는 불충분하다. 그래서 이 절에서는 자세를 표현하는 대표적인 방법인 오일러각에 대해서 설명한다.

　오일러각에는 회전축을 취하는 방법으로 여러 가지 종류가 있지만 여기서는 비교적 많이 사용되는 다음 세 가지 각도 ϕ, θ, ψ를 사용하는 표현법을 소개한다. 그 순서는 다음과 같다. 그 모양을 그림 1·11에 나타낸다.

　① 좌표계 Σ_0와 일치하고 있는 좌표계를 z_0축 주위로 각도 ϕ만큼 회전시킨 좌표계를 좌표계 $\Sigma_0{}'$로 한다(그림 (a)).

　② 새로 생긴 $y_0{}'$축 주위로 좌표계 $\Sigma_0{}'$를 각도 θ만큼 회전시킨 좌표계를 좌표계 $\Sigma_0{}''$로 한다(그림 (b)).

　③ 마지막으로 새로 생긴 $z_0{}''$축 주위로 좌표계 $\Sigma_0{}''$를 각도 ψ만큼 회전시킨 좌표계를 좌표계 $\Sigma_0{}'''$로 한다(그림 (c)).

　이렇게 함으로써 좌표계 Σ_0에서 바라본 좌표계 $\Sigma_0{}'''$의 자세는 세 가지 각도의 그룹(ϕ, θ, ψ)으로 표현된다. 이 각도의 그룹을 회전한 좌표축의 순번을 반영시켜서 $z-y-z$ **오일러각**이라고 한다.

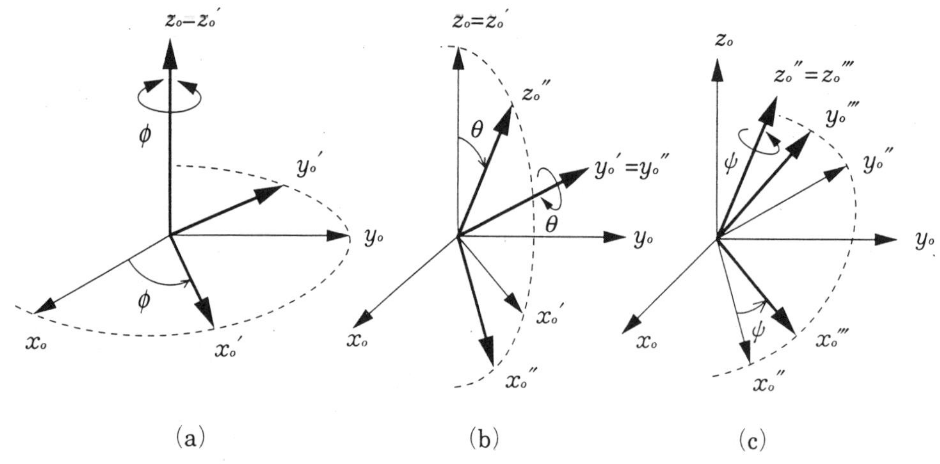

(a)　　　　　　　　(b)　　　　　　　　(c)

그림 1 · 11 x-y-z 오일러각

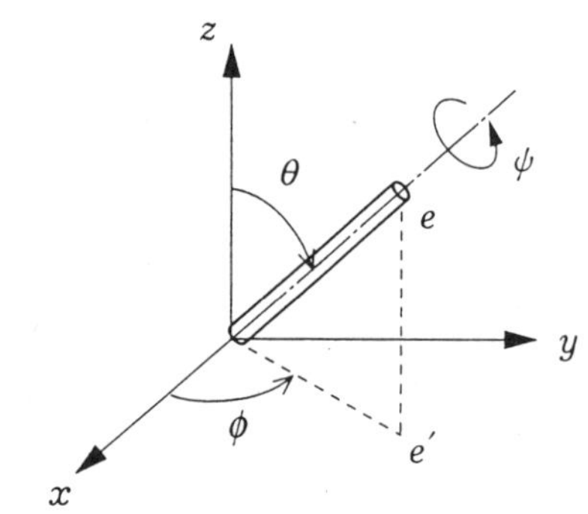

그림 1 · 12 x-y-z 오일러각의 이미지

좌표계 Σ_0'''의 z_0'''축 방향을 머니퓰레이터의 손끝 링크 방향이라고 하고 이 벡터를 e, 이 벡터를 좌표계 Σ_0의 xy 평면에 투영한 벡터를 e'로 하면, 이 변환으로 최종적으로 만들어지는 자세는 그림 1 · 12에 나타내듯이 x축과 벡터 e'가 이루는 각도가 ϕ, 벡터 e와 z축이 이루는 각도가 θ, e축 주위로 회전한 각도가 ψ이다.

다음에 오일각과 회전행렬과의 관계를 구한다. 좌표계 Σ_0와 좌표계 Σ_0'간의 회전행렬 $^A\mathbf{R}_{A'}$는 다음과 같이 표현된다.

$$^A\mathbf{R}_{A'} = \mathbf{Rot}(z, \phi) = \begin{bmatrix} \cos\phi & -\sin\phi & 0 \\ \sin\phi & \cos\phi & 0 \\ 0 & 0 & 1 \end{bmatrix} \tag{1 · 22}$$

동일하게 하여

$$^{A'}\mathbf{R}_{A''} = \mathbf{Rot}(y, \theta) = \begin{bmatrix} \cos\theta & 0 & \sin\theta \\ 0 & 1 & 0 \\ -\sin\theta & 0 & \cos\theta \end{bmatrix} \tag{1 · 23}$$

$$^{A''}\mathbf{R}_{A'''} = \mathbf{Rot}(z, \psi) = \begin{bmatrix} \cos\psi & -\sin\psi & 0 \\ \sin\psi & \cos\psi & 0 \\ 0 & 0 & 1 \end{bmatrix} \tag{1 · 24}$$

이다. 따라서 이들 회전 합성으로 만들어지는 $^{A}\mathbf{R}_{A'''}$ 는 다음과 같이 된다.

$$^{A}\mathbf{R}_{A'''} = {}^{A}\mathbf{R}_{A'} \, {}^{A'}\mathbf{R}_{A''} \, {}^{A''}\mathbf{R}_{A'''}$$

$$= \begin{bmatrix} \cos\phi\cos\theta\cos\psi - \sin\phi\sin\psi & -\cos\phi\cos\theta\cos\psi - \sin\phi\cos\psi & \cos\phi\sin\theta \\ \sin\phi\cos\theta\cos\psi + \cos\phi\sin\psi & -\sin\phi\cos\theta\sin\psi + \cos\phi\cos\psi & \sin\phi\sin\theta \\ -\sin\theta\cos\psi & \sin\theta\sin\psi & \cos\theta \end{bmatrix}$$

$$\tag{1 · 25}$$

이상으로 오일러각이 부여된 경우의 변환행렬 $^{A}\mathbf{R}_{A'''}$ 는 한번에 구해진다.

다음에 변환행렬 $^{A}\mathbf{R}_{A'''}$ 가 부여된 경우에 이에 대응하는 오일러각을 구한다. 지금 이 변환행렬이

$$^{A}\mathbf{R}_{A'''} = \begin{bmatrix} R_{11} & R_{12} & R_{13} \\ R_{21} & R_{22} & R_{23} \\ R_{31} & R_{32} & R_{33} \end{bmatrix} \tag{1 · 26}$$

로 부여되고 있다고 하면 식 (1 · 25)와 식 (1 · 25)에서 다음의 관계가 성립된다.

$$R_{13} = \cos\phi\sin\theta \tag{1 · 27}$$

$$R_{23} = \sin\phi\sin\theta \tag{1 · 28}$$

$$R_{31} = -\sin\theta\cos\psi \tag{1 · 29}$$

$$R_{32} = \sin\theta\sin\psi \tag{1 · 30}$$

$$R_{33} = \cos\theta \tag{1 · 31}$$

따라서 식 (1 · 27), (1 · 28)에서

$$\phi = \tan^{-1} \frac{R_{23}}{R_{13}} \qquad (1 \cdot 32)$$

식 $(1 \cdot 31)$에서

$$\theta = \cos^{-1} R_{33} \qquad (1 \cdot 33)$$

식 $(1 \cdot 29)$, $(1 \cdot 30)$에서

$$\psi = \tan^{-1} \frac{R_{32}}{R_{31}} \qquad (1 \cdot 34)$$

로 오일러각 ϕ, θ, ψ가 구해진다.

이상의 결과를 사용하여 그림 $1 \cdot 9$의 머니퓰레이터 손끝 자세$(1 \cdot 21)$를 오일러각으로 표현해 보자. 식 $(1 \cdot 32)$, $(1 \cdot 33)$, $(1 \cdot 34)$에서 오일러각 ϕ, θ, ψ는 각각

$$\phi = \tan^{-1} \frac{R_{23}}{R_{13}} = \tan^{-1} \frac{S_1 S_{23}}{C_1 S_{23}} = \tan^{-1}(\tan \phi_1) = \phi_1$$

$$\theta = \cos^{-1} R_{33} = \cos^{-1}(C_{23}) = \phi_2 + \phi_3$$

$$\psi = -\tan^{-1} \frac{R_{32}}{R_{31}} = -\tan^{-1} \frac{0}{-S_{23}} = 0$$

이다. 이 결과는 머니퓰레이터의 손끝이 그림 $1 \cdot 13$과 같은 상태가 되는 것을 나타내는데 이것은 직감적으로도 납득이 가는 결과이다.

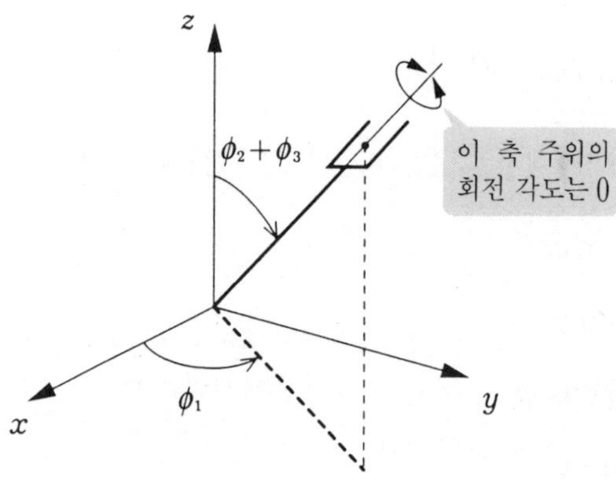

그림 $1 \cdot 13$ 3링크 머니퓰레이터의 오일러각

연습 문제 [1]

1. 벡터 $P = (2, 1)^T$ 를 원점 주위로 $\pi/2$ 만큼 회전하여 만들어지는 벡터 P'를 구하라.

2. 좌표계 O_1-$x_1 y_1$ 에서의 좌표가 $(1, 2)$인 점 P는 좌표계 O-$x_0 y_0$ 에서는 어떠한 좌표가 되는가?

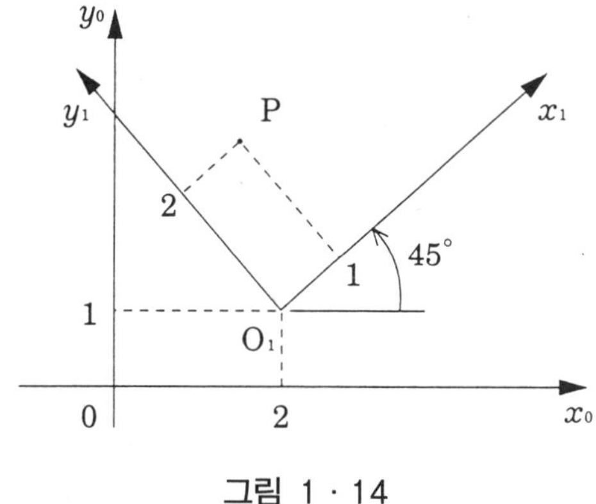

그림 1 · 14

3. 식 $(1 \cdot 13)$의 회전행렬 $\mathbf{Rot}(\phi)$에 대해서 다음의(정규 직교행렬의) 성질이 성립되는 것을 나타내라.
  (1) $\{\mathbf{Rot}(\phi)\}^T = \{\mathbf{Rot}(\phi)\}^{-1}$
  (2) $|\mathbf{Rot}(\phi)| = 1$

제 **2** 장

머니퓰레이터의 미분 관계

제1장에서는 머니퓰레이터의 기하학적인 관계에 대해서 알아 보았다. 그러나 로봇의 운동을 생각하는 데는 이것만으로는 충분하지 않다. 이미 기술한 것과 같이 로봇 머니퓰레이터의 역운동학 문제는 특수한 기구를 가지는 머니퓰레이터의 경우에는 해석적으로 풀 수가 있다. 그러나 손끝 좌표와 관절 각도 좌표의 관계는 복잡한 비선형 대수방정식으로 표현되기 때문에 일반적으로는 이것을 해석적으로 푸는 것은 곤란하다. 그런데 여기에 드는 머니퓰레이터의 미분 관계를 사용하면 이 곤란성을 피할 수 있다.

이 장에서는 이 미분 관계와 이것에 관련되는 두 가지 사항(특이 자세와 정역학)에 대해서 기술한다.

2·1 미분 관계

여기서도 그림 1·1의 평면 3링크 머니퓰레이터를 예로 들어 머니퓰레이터의 관절각속도와 손끝 좌표의 미분값의 관계에 대해서 알아 본다. 식 (1·1)~(1·3)에서의 손끝 좌표 변수 x, y, α 및 관절 각도 $\phi_i (i=1, 2, 3)$가 모두 시간함수인 것에 주의하고 이것들을 시간 t로 미분하면 다음과 같이 된다.

$$\dot{x}=-l_1\dot{\phi}_1 S_1 - l_2(\dot{\phi}_1+\dot{\phi}_2)S_{12}-l_3(\dot{\phi}_1+\dot{\phi}_2+\dot{\phi}_3)S_{123} \qquad (2\cdot1\text{a})$$

$$\dot{y}=l_1\dot{\phi}_1 C_1 + l_2(\dot{\phi}_1+\dot{\phi}_2)C_{12}+l_3(\dot{\phi}_1+\dot{\phi}_2+\dot{\phi}_3)C_{123} \qquad (2\cdot1\text{b})$$

$$\dot{\alpha}=\dot{\phi}_1+\dot{\phi}_2+\dot{\phi}_3 \qquad (2\cdot1\text{c})$$

여기서 S_1, S_{12} 등은 식 (1·16)에서 약속한 생략 기호이다. 또한 $\dot{x}$나 $\dot{\phi}$는 시간 미분을 나타내며, 각각 dx/dt, $d\phi/dt$인 것을 나타낸다. $\cos\phi$의 시간 미분을 예로 들면, 이 연산은 $\cos\phi$의 시간 t에 관한 미분이 다음과 같이 되는 것을 고려하면 이해할 수 있을 것이다.

$$\frac{d\cos\phi}{dt} = \frac{d\cos\phi}{d\phi}\frac{d\phi}{dt} = -\dot{\phi}\sin\phi$$

여기서 $\boldsymbol{P}=(x,\ y,\ \alpha)^T$, $\boldsymbol{\phi}=(\phi_1,\ \phi_2,\ \phi_3)^T$ 라고 하고 식 $(2\cdot1)$을 행렬로 표현하면

$$\boldsymbol{\dot{P}} = \begin{bmatrix}\dot{x}\\\dot{y}\\\dot{\alpha}\end{bmatrix} = \begin{bmatrix} -l_1S_1-l_2S_{12}-l_3S_{123} & -l_2S_{12}-l_3S_{123} & -l_3S_{123}\\ l_1C_1+l_2C_{12}+l_3C_{123} & l_2C_{12}+l_3C_{123} & l_3C_{123}\\ 1 & 1 & 1 \end{bmatrix}\boldsymbol{\dot{\phi}}$$

$$\equiv \boldsymbol{J}\{\boldsymbol{\phi}(t)\}\,\boldsymbol{\dot{\phi}}(t) \tag{2·2}$$

가 된다.

행렬 $\boldsymbol{J}$는 **야코비 행렬**이라고 하는 행렬로서, 관절 각도 변수 $\phi_i\,(i=1,\ 2,\ 3)$를 포함하는 것에 주의를 요한다. 이것은 머니퓰레이터가 운동하면 야코비 행렬이 변화하는 것을 의미하고 있다. 이 식은 손끝 좌표의 미분값 $\boldsymbol{\dot{P}}$와 관절각속도 $\boldsymbol{\dot{\phi}}$의 관계를 나타내고 있다. 지금 머니퓰레이터가 어떤 상태에 있다고 하자. 이때 각 관절에 있는 각속도를 부여하면 식 $(2\cdot2)$의 우변을 계산할 수 있으므로 이 손끝 좌표의 미분값 $\boldsymbol{\dot{P}}$(속도와 자세각속도)를 구할 수 있다.

한편 야코비 행렬이 정칙(행렬식이 0이 아닌, 즉 역행렬이 존재)이면 식 $(2\cdot2)$에 의해

$$\boldsymbol{\dot{\phi}}(t) = \boldsymbol{J}\{\boldsymbol{\phi}(t)\}^{-1}\boldsymbol{\dot{P}}(t) \tag{2·3}$$

가 된다.

이 식은 바람직한 머니퓰레이터 손끝 좌표의 미분값 $\boldsymbol{\dot{P}}$(속도와 자세각속도)를 실현하는 관절각속도가 얼마면 되는가를 나타내 준다. 따라서 이 미분 관계를 사용하면 바람직한 손끝 좌표를 점차적으로 실현시키는 관절 각도를 구할 수 있다. 이 것을 순서대로 설명해 보자. 단, 머니퓰레이터의 초기 손끝 좌표 및 바람직한 손끝 좌표의 시간 이력이 주어져 있다고 한다. 또한 링크의 길이 $l_i\,(i=1,\ 2,\ 3)$는 알고 있다고 하고 관절 각도 $\boldsymbol{\phi}$는 각도 센서에 의해 알 수 있다고 한다.

① 현 시각 t_i를 초기 시각 t_0로 설정한다.

② 가정에 의해 현 시각 t_i 후의 미소 시간 $\varDelta t$간에 변동할 손끝 좌표의 미소 변

동량 $\Delta P(t_i)$는 부여되고 있으므로, 시각 t_i에서의 관절 각도 $\phi(t_i)$를 사용하여 야코비 행렬 $J(\phi(t_i))$를 계산하고,

$$\Delta\phi(t_i) = J^{-1}(\phi(t_i))\Delta P(t_i) \tag{2·4}$$

에 의해 미소 변동량 $\Delta P(t_i)$를 실현시키는 관절 각도의 변동량 $\Delta\phi(t_i)$를 구한다. 여기서 Δt가 충분히 작은 경우 식 $(2·4)$는 근사적으로 성립된다.

③ 순서 ②에서 구한 관절 각도의 변동량 $\Delta\phi(t_i)$를 목표값으로 하고 이것을 로봇 제어계에 입력한다. 제어계가 이 목표값에 완전히 따르면 Δt 시간 후의 손끝 좌표 및 관절 각도는

$$P(t_i+\Delta t) = P(t_i) + \Delta P(t_i) \tag{2·5}$$

$$\phi(t_i+\Delta t) = \phi(t_i) + \Delta\phi(t_i) \tag{2·6}$$

가 된다.

④ 시각 $t_i + \Delta t$를 고쳐 t_i로 설정하고 순서 ②로 되돌아간다.

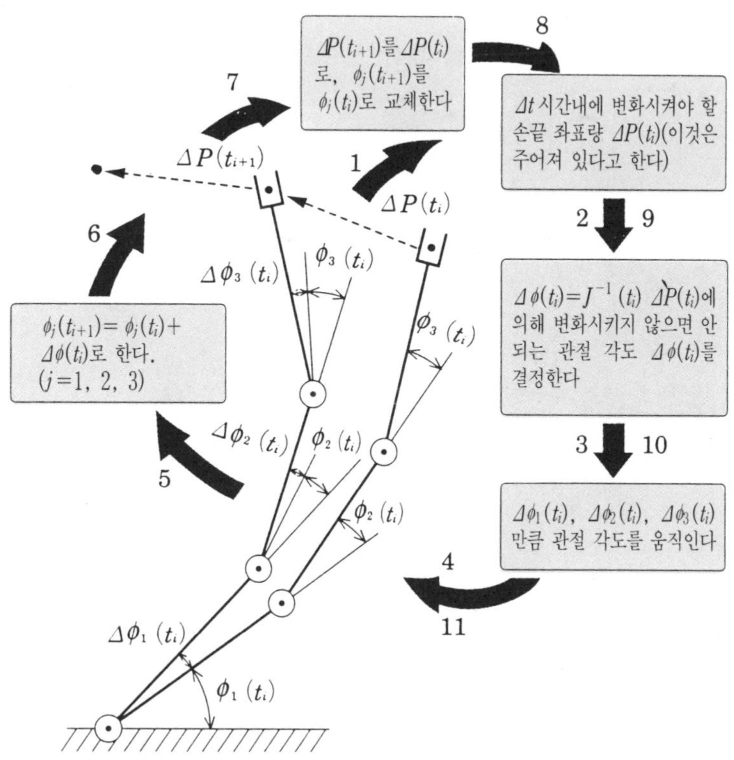

그림 2·1 분해 속도법의 원리도

 이상의 순서를 사용하면 미소 시간 Δt 가 충분히 작을 때 머니퓰레이터의 손끝 좌표(위치 및 자세)를 목표하는 값으로 조금씩 접근할 수 있다. 여기서 설명한 순서를 도시하면 그림 2·1과 같다.

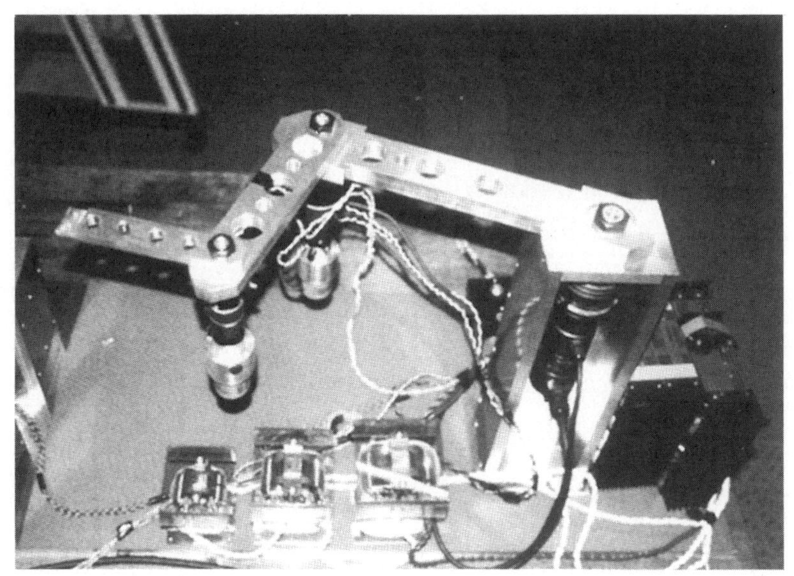

그림 2·2 시험 제작한 3링크 머니퓰레이터

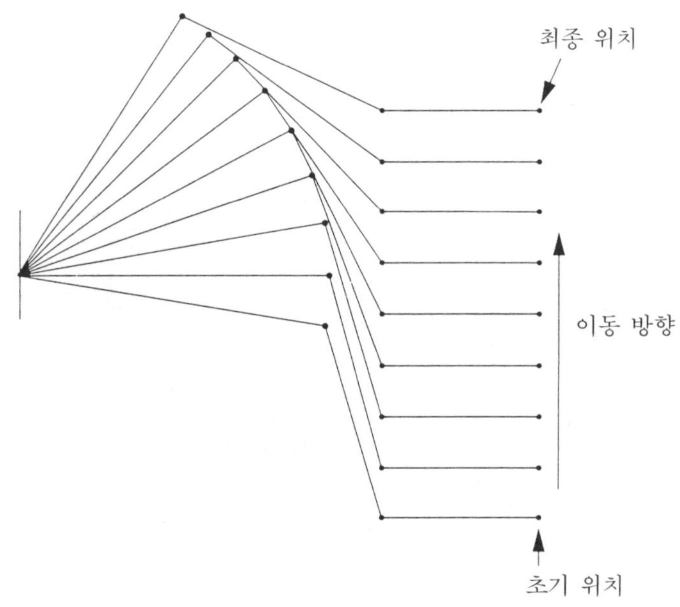

그림 2·3 분해 속도 제어의 실험 예

> ### ●잠깐 한 마디●
>
> 　머니퓰레이터의 미분 관계에 대해서는 대부분의 교과서가 벡터 해석의 방법을 사용하여 엄밀히 유도하고 있다. 본서에서는 기하학적인 관계식 $(1 \cdot 1) \sim (1 \cdot 3)$을 시간 미분하는 방법을 소개하고 있다. 그러나 양자는 본질적으로는 동일한 것이며 유도되는 결과도 아무런 차이가 생기지 않는다.
>
> 　단, 벡터 해석을 사용한 방법이 보다 일반적으로, 또 형식적으로 보기 좋게 정식화된다. 본서에서 종래의 정식화법으로 설명하지 않은 것은 오직 복잡한 식 속에 일의 본질이 묻혀 독자의 향학심이 없어지는 것을 피하고 싶었기 때문이다. 본격적으로 로봇공학을 배우는 데는 역시 통상적인 방법을 마스터하지 않으면 안되는 것에는 변함이 없다.

또한 그림 $2 \cdot 2$는 필자가 제작한 3링크 평면 머니퓰레이터의 사진이다. 이 머니퓰레이터는 지면에 평행한 평면 내를 운동 가능하다. 그림 $2 \cdot 3$은 이 머니퓰레이터를 상기 순서에 따라 실험한 결과를 나타내고 있다. 실험 조건은 다음과 같다.

손끝의 초기 위치 : $(x, \ y, \ \alpha) = (0.49 \, \text{m}, \ 0.13 \, \text{m}, \ 2.8°)$

손끝의 최종 위치 : $(x, \ y, \ \alpha) = (0.49 \, \text{m}, \ -0.26 \, \text{m}, \ 2.8°)$

손 끝 의 궤 도 : 초기 위치와 최종 위치를 연결하는 직선

　　　　　　　자세각은 일정$(2.8°)$

손 끝 의 속 도 : 손끝 위치 속도는 $10 \, \text{cm/s}$

　　　　　　　자세각속도는 0

이 그림에서 알 수 있듯이 머니퓰레이터는 다소의 오차는 있지만 대강 목표대로 동작하고 있다.

이상이 로봇공학에 사용되고 있는 역운동학 문제의 (간접적인) 해법이다. 이 방법에 의하면 복잡한 역운동학 문제를 풀 필요가 없어지기 때문에 야코비 행렬의 역행렬이 존재하는 한 어떠한 타입의 머니퓰레이터의 경우에도 이 방법으로 대처할 수 있게 된다. 또한 이 방법에 의해 로봇의 운동을 실현시키는 방법을 **분해 속도 제어법**(Resolved Motion Rate Control, RMRC)라고 부르고 있다. 그러나 이 방법은 제어법이라기보다 오히려 일종의(관절각속도의) 목표값 생성법이라고도 할 수 있다. 그러나 이 방법만으로 모두 잘 되는 것은 아니고 다음과 같은 문제점이 있음을 마지막으로 지적해 두고 싶다.

① 원하는대로 머니퓰레이터가 운동하는가의 여부는 연산된 변동량 $\Delta\phi$ (목표값)
에 대해서 제어계가 정밀하게 따라오는가의 여부에 의존한다.

② 미소 시간 Δt 가 충분히 작지 않은 경우나 관절 각도의 계측값이나 초기값 등
에 오차가 있는 경우 그 오차가 적산되므로 정확한 동작이 달성되지 않는다.

2·2 특이 자세

앞 절에서 나타낸 식 (2·3)이 성립되려면 야코비 행렬이 정칙 행렬이어야 했다.
그러나 이 조건이 항상 성립하는 것은 아니다. 행렬 J 가 정칙이 아닌 조건은 행렬
J 가 정사각($n \times n$) 행렬의 경우 $\det(J)=0$ 이다. 이 조건 $\det(J)=0$ 이 성립하는
머니퓰레이터의 자세를 머니퓰레이터의 **특이 자세**라고 부르고 있다.

어떠한 경우에 로봇이 특이 자세가 되는가를 그림 1·1의 머니퓰레이터를 더 간
단히 하여 2링크 머니퓰레이터($l_3=0$)로 하여 알아 보자. 이 경우 손끝 좌표 벡터
는 $P=(x,\ y)^T$, 관절 좌표 벡터는 $\phi=(\phi_1,\ \phi_2)^T$ 이다. 식 (2·2)에 있어서 $\dot{\alpha}$ 와
l_3 를 제외시키면 야코비 행렬 J 는

$$J = \begin{bmatrix} -l_1 S_1 - l_2 S_{12} & -l_2 S_{12} \\ l_1 C_1 + l_2 C_{12} & l_2 C_{12} \end{bmatrix} \tag{2·7}$$

이다. 이에 의해 특이 자세가 되는 조건을 계산하면

$$\det(J) = \det \begin{bmatrix} -l_1 S_1 - l_2 S_{12} & -l_2 S_{12} \\ l_1 C_1 + l_2 C_{12} & l_2 C_{12} \end{bmatrix} = l_1 l_2 \sin\phi_2 = 0 \tag{2·8}$$

가 된다.

따라서 $\sin\phi_2=0$ 일 때, 즉 $\phi_2=n\pi\,(n=0,\ 1,\ 2,\ \cdots)$ 일 때 특이 자세가 된다.
그림 2·4는 이 특이 자세를 도시한 것으로서 제2관절이 완전히 펴진 상태거나
접힌 상태가 됐을 때 특이 자세가 되는 것을 나타내고 있다.

머니퓰레이터가 특이 자세가 되는 것의 물리적 의미를 생각해 두자. 특이 자세
이기 위한 조건은 ϕ_1 에 의존하지 않으므로 $\phi_1=0$ 로 하고 그림 2·4 (a)의 경우에
대해서 미분 관계를 고쳐 쓰면,

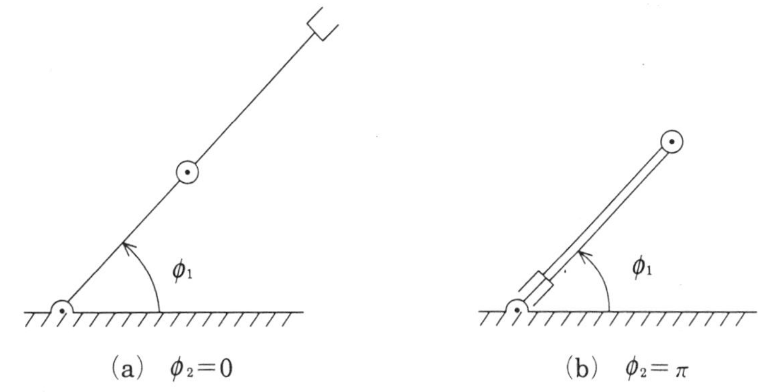

그림 2 · 4 2링크 머니퓰레이터의 특이 자세

$$\dot{\boldsymbol{P}} = \begin{bmatrix} \dot{x} \\ \dot{y} \end{bmatrix} = \begin{bmatrix} 0 & 0 \\ l_1 + l_2 & l_2 \end{bmatrix} \begin{bmatrix} \dot{\phi}_1 \\ \dot{\phi}_2 \end{bmatrix} \qquad (2 \cdot 9)$$

가 된다.

이 식은 관절각속도 $\dot{\phi}_1$, $\dot{\phi}_2$ 가 어떠한 값이라도 x 방향으로의 속도를 줄 수는 없다는 것을 나타내고 있다. 이것은 그림 2 · 4 (a)에서 $\phi_1 = 0$ 라고 하면 이 사실은 직감적으로 명확할 것이다.

한편, 식 (2 · 9)에서 관절각속도는 형식적으로는

$$\dot{\boldsymbol{\phi}} = J^{-1} \dot{\boldsymbol{P}} = \frac{\mathrm{adj}\,(J)}{\det\,(J)}\ \dot{\boldsymbol{P}} \qquad (2 \cdot 10)$$

로 부여된다.

여기서 $\det(J)$는 행렬 J의 행렬식을, $\mathrm{adj}(J)$는 행렬 J의 여인자(cofactor) 행렬을 나타내고 있다. 특이 자세에서는 $\det(J) = 0$이므로 관절각속도는 무한정 큰 값이 되는 것을 의미한다.

따라서 머니퓰레이터가 특이 자세에 가까운 경우 상당히 큰 관절각속도를 발생할 필요가 있게 되며 이를 위해서는 상당히 큰 관절 토크를 발생하지 않으면 안되게 된다. 이것은 머니퓰레이터를 구동하는 액추에이터(예를 들면 모터)에 있어서는 큰 부하가 되며 현실적으로는 실현되지 않는 것을 의미한다.

그림 2 · 5는 $l_1 = 1$, $l_2 = 0.8$로 하고 y축에 평행한 궤도상을 일정 속도로 손끝을 동작시킨 경우의 머니퓰레이터의 운동 상태를 나타내고 있다. 머니퓰레이터의 관절 각도의 운동은 특이 자세 부근(이 예에서는 그림 2 · 4 (b)의 상황이 발생하고 있다)에서 극히 빨라지고 있는 것을 알 수 있다.

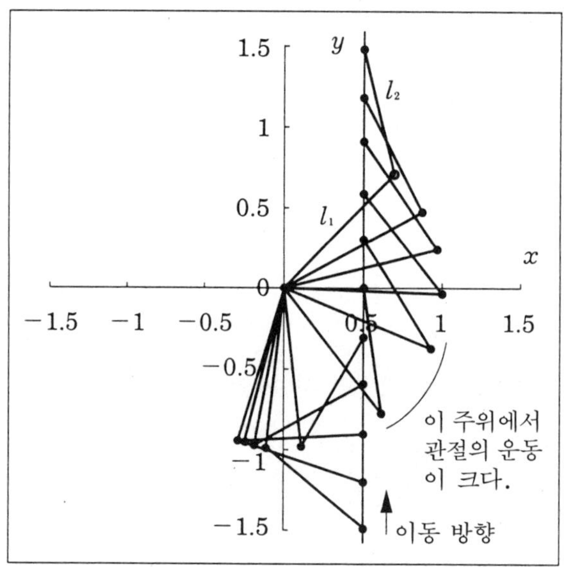

그림 2·5 특이 자세 부근의 머니퓰레이터 운동

일반화 역행렬과 여유자유도 머니퓰레이터

이상에서는 야코비 행렬 J가 정사각($n \times n$)인 경우를 검토했지만 머니퓰레이터의 구조에 따라서는 정사각 행렬이 아닌 경우도 있다. 예를 들면 2차원 평면 내에서 운동 가능한 4링크 머니퓰레이터의 경우 머니퓰레이터의 손끝 좌표(위치와 자세)는 3차원인 데 비해서 관절 각도 좌표는 4차원이므로 야코비 행렬 J는 3×4 행렬이므로 정사각은 아니다. 일반적으로 작업 좌표 공간의 차원이 m, 관절 각도 공간의 차원이 n일 때 ① $m = n$, ② $m < n$, ③ $m > n$의 세 가지 경우를 생각할 수 있다. ①의 경우에 대해서는 이미 설명했으므로 ②, ③의 경우에 대해서 검토해 보자. 이와 같은 경우에도 대수학은 해를 결정하는 방법을 제공하고 있다.

[1] 일반화 역행렬

x, b가 각각 n 차원, m 차원인 벡터, A가 $m \times n$인 행렬이라고 하면 대수방정식

$$Ax = b \tag{2·11}$$

를 충족시키는 벡터 x는 m과 n의 크기에 따라 다음과 같이 다르다.

① $m = n$일 때 : 행렬 A가 정칙이면 해는 하나 존재한다.

　　　　　　　　행렬 A가 정칙이 아니면 $m < n$의 경우와 같아진다.

② $m < n$일 때 : 해는 무수히 존재한다(부정).

③ $m>n$일 때 : 해는 존재하지 않는다(불능).

그러나 선형대수에서는 $m\neq n$과 같은 경우에 대해서도 ①의 경우의 개념을 확장해서 통일적으로 취급할 수 있게 하고 있다. 이에 의하면 식 (2·11)의 일반 해는

$$x=A^{\#}b+(E-A^{\#}A)k \tag{2·12}$$

이다. 여기서 E는 $n \times n$의 단위 행렬, k는 $n \times 1$의 임의 벡터, $A^{\#}$은 행렬 A의 **일반화 역행렬**(또는 **의사 역행렬**)이라고 불리는 $n \times m$ 행렬로서

$$A^{\#}=\begin{cases} A^{T}(AA^{T})^{-1} & m<n \\ A^{-1} & m=n \\ (A^{T}A)^{-1}A^{T} & m>n \end{cases} \tag{2·13}$$

이다.

$k=0$일 때의 해는 ②의 경우 식 (2·11)을 충족시키는 x 중에서 그 놈(norm) $\|x\|$가 가장 작은 해이다, 쉽게 말하면 무수히 존재하는 해 중에서 그 크기가 가장 작은 것이 해로 선택된다. ③의 경우는 $Ax-b$의 놈 $\|Ax-b\|$가 가장 작은 해이다. 즉 해는 존재하지 않지만 모든 x 중에서 식 (2·11)에 가장 가까운 x를 해로 선택하려는 것이 여기서의 개념이다.

[2] 여유자유도 머니퓰레이터

관절 각도 공간의 차원 n이 작업 좌표 공간의 차원 m보다 큰 머니퓰레이터를 **여유자유도 머니퓰레이터**라고 부른다. 이 머니퓰레이터는 $(n-m)$개의 자유도가 남게 되므로 이 여유자유도를 사용하여 유익한 운동이 가능하다.

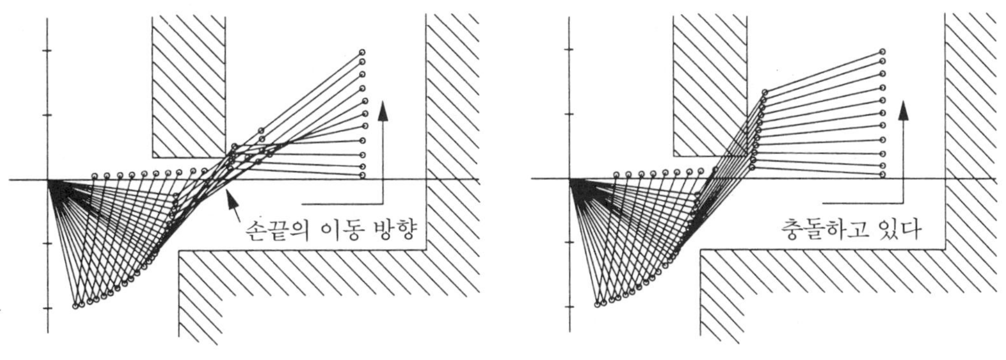

(b) 여유자유도를 이용한 경우   (a) 여유자유도를 이용하지 않은 경우

그림 2·6 여유자유도 머니퓰레이터에 의한 장해물 회피

예를 들면 장해물 회피, 특이점 회피 등에 이 여유자유도가 활용되고 있다. 그림 2·6은 장해물 회피의 모양을 나타내고 있다. 여기서는 머니퓰레이터의 링크가 장해물에 닿지 않고 또한 손끝 궤도가 목표 궤도를 통과하도록 동작시키는 것을 목표로 하고 있다. 그림 (a)는 벡터 k를 이용한 경우이고 그림 (b)는 이용하지 않은 경우이다.

이 그림에서 벡터 k를 잘 결정함으로써, 즉 여유자유도를 잘 활용함으로써 장애물을 회피하면서 목표대로 머니퓰레이터를 조작할 수 있는 것을 그림에서 확인할 수 있다. 벡터 k를 어떻게 결정하는가에 대해서는 제2편 끝의 참고문헌을 참조한다.

2·3 정역학

여기서는 로봇 머니퓰레이터 손끝에 외력이 가해진 경우의 힘과 관절 토크의 관계를 알아 본다. 머니퓰레이터가 작업을 한다는 것은 환경에 대해서 어떠한 역학적인 작용을 하는 것을 의미하므로 이 관계는 중요하다.

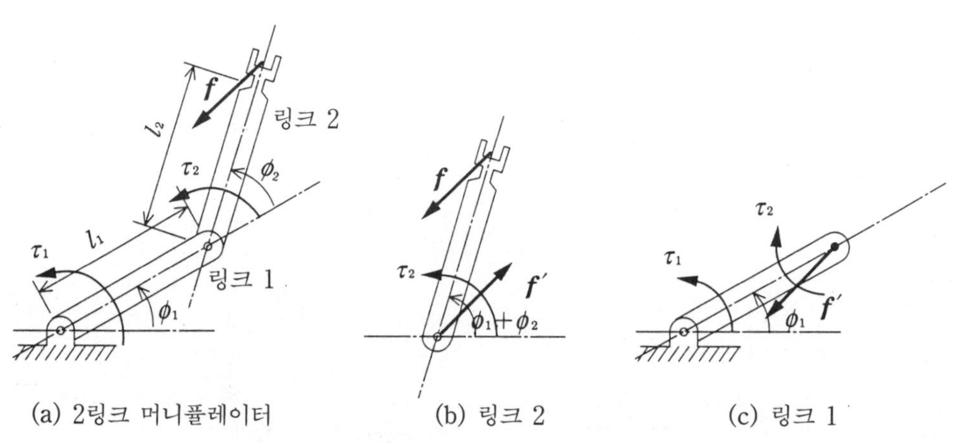

그림 2·7 머니퓰레이터의 정역학적 균형

그림 2·7 (a)와 같이 2링크 머니퓰레이터 손끝에 외력 $f=(f_x,\ f_y)^T$가 작용한 경우에 대해서 알아 본다. 외력에 대항하기 위해 관절에 가하는 토크는 τ_1, τ_2이다. 역학적인 힘의 균형은 그림 (b) (c)와 같이 각 링크에 작용하는 힘과 모멘트를 표기하여 각 링크에서의 힘과 모멘트의 균형을 생각하면 된다. 그림 2·7 (b)에 있어서 힘의 균형을 생각하면,

$$f = f' \tag{2 · 14}$$

가 성립된다. 따라서 그림 (b) (c) 중의 f'는 전부 f로 치환하면 된다. 그래서 $f = (f_x, f_y)$로 하면 그림 (c)의 링크 1, 그림 (b)의 링크 2에 관해서 각각의 관절 모멘트에 관해서 다음의 균형잡힌 식이 성립된다.

$$\tau_1 = -f_x l_1 \sin \phi_1 + f_y l_1 \cos \phi_1 + \tau_2 \tag{2 · 15}$$
$$\tau_2 = -f_x l_2 \sin(\phi_1 + \phi_2) + f_y l_2 \cos(\phi_1 + \phi_2) \tag{2 · 16}$$

식 $(2 · 16)$을 식 $(2 · 15)$에 대입한 식과 식 $(2 · 16)$에서 이것들을 행렬식으로 표현하면

$$\begin{bmatrix} \tau_1 \\ \tau_2 \end{bmatrix} = \begin{bmatrix} -l_1 \sin \phi_1 - l_2 \sin(\phi_1 + \phi_2) & l_1 \cos \phi_1 + l_2 \cos(\phi_1 + \phi_2) \\ -l_2 \sin(\phi_1 + \phi_2) & l_2 \cos(\phi_1 + \phi_2) \end{bmatrix} \begin{bmatrix} f_x \\ f_y \end{bmatrix} \tag{2 · 17}$$

가 된다. 여기서 2링크 머니퓰레이터를 생각하고 있으므로 우변의 행렬은 식 $(2 · 2)$의 행렬(야코비 행렬)에 있어서 $l_3 = 0$로 하고 $\dot{\phi}_3$에 관한 항을 제거한 경우의 야코비 행렬, 즉 2링크 머니퓰레이터의 야코비 행렬의 전치(轉置)와 동일하다. 따라서 이 야코비 행렬을 J라고 하면 머니퓰레이터의 토크와 외력의 관계는 다음과 같이 표현된다.

$$\begin{bmatrix} \tau_1 \\ \tau_2 \end{bmatrix} = J^T \begin{bmatrix} f_x \\ f_y \end{bmatrix} \tag{2 · 18}$$

가상 일의 원리를 사용하면 이 관계식은 보다 일반적으로 나타낼 수가 있다. 「가상 일의 원리」란 다음과 같은 원리이다. 즉 어느 힘과 모멘트가 대상 물체에 가해진다고 하고 이것에 의해 가상적인 미소 변위(이것을 **가상 변위**라고 한다)가 생겼다고 하면 이 가상 변위에 의해 **가상 일**이 생긴다. 이 때 가상 변위를 극한적으로 0으로 했을 때 시스템 에너지는 변화하지 않는다.

따라서 대상 물체에 작용하는 힘이 하는 가상 일은 0이 아니면 안된다는 것이 「가상 일의 원리」이다.

직교 좌표계에서 정의된 손끝 미소 가상 변위(각도)를 $\delta \phi$, 관절의 구동 토크를 $\tau = (\tau_1, \cdots, \tau_n)^T$라고 하면 이 미소 가상 변위에 의해 생기는 가상 일 δW는

$$\delta W = \delta \phi^T \tau \tag{2 · 19}$$

이다. 또 관절의 미소 가상 변위를 δP라고 하고 손끝에 작용하는 힘과 모멘트를 각각 f, n이라고 하면 이에 의한 가상 일 $\delta W'$는

$$\delta W' = \delta P^T \begin{bmatrix} f \\ n \end{bmatrix} \tag{2 · 20}$$

이다. 여기서 「가상 일의 원리」에 의해 두 가상 변위에 의한 가상 일은 동일하지 않으면 안되므로

$$\delta \phi^T \tau = \delta P^T \begin{bmatrix} f \\ n \end{bmatrix} \tag{2 · 21}$$

의 관계가 성립된다.

한편, 식 (2 · 2)에 의해 $\Delta P = J \Delta \phi$를 구했을 때와 동일하게 하여

$$\delta P = J \delta \phi \tag{2 · 22}$$

의 관계가 성립된다.

여기서 식 (2 · 22)를 식 (2 · 21)에 대입하면

$$\delta \phi^T \tau = \delta \phi^T J^T \begin{bmatrix} f \\ n \end{bmatrix} \tag{2 · 23}$$

가 되는데, 이 관계는 $\delta \phi$의 값이 어떠한 미소값이라도 성립하지 않으면 안되므로

$$\tau = J^T \begin{bmatrix} f \\ n \end{bmatrix} \tag{2 · 24}$$

가 유도된다. 이 식에는 모멘트도 포함되어 있는데 기본적으로는 식 (2 · 18)과 동일하다.

이상과 같이 정역학에 있어서도 야코비 행렬이 중요한 역할을 수행하는 것이다.

1. 그림 1·1의 평면 3링크 머니퓰레이터의 특이 자세를 구하라.

2. $m \times n$의 실행렬 A에 대해서

① $AA^{\#}A = A$

② $A^{\#}AA^{\#} = A^{\#}$

③ $(AA^{\#})^{T} = AA^{\#}$

④ $(A^{\#}A)^{T} = A^{\#}A$

를 충족시키는 $n \times m$의 실행렬 $A^{\#}$가 하나만 존재한다. 이 $A^{\#}$를 A의 **일반화 역행렬**이라고 한다. 그리고 $A^{\#}$는 식 (2·13)에 나타나는 것과 같다.

(1) $A = \begin{bmatrix} 1 & 2 & 0 \\ 0 & -2 & 1 \end{bmatrix}$ 의 일반화 역행렬을 구하라.

(2) (1)의 A와 A에 대해서 위의 성질 ①~④가 성립하는 것을 확인하라.

(3) (1)의 A, $A^{\#}$에 의해 다음 성질이 성립하는 것을 확인하라.

　① $(A^{\#})A^{\#} = A$

　② $(A^{T})^{\#} = (A^{\#})^{T}$

　③ $(AA^{T})^{\#} = (A^{\#})^{T}A^{\#}$

3. 그림 2·4의 평면 2링크 머니퓰레이터에 있어서 $l_1 = l_2 = 1\,\mathrm{m}$이고, 또 $\phi_1 = 30°$, $\phi_2 = 45°$일 때 외력 벡터 $f_x = 10\,[\mathrm{N}]$, $f_y = -20\,[\mathrm{N}]$에 대항하기 위한 관절 토크를 구하라.

제 **3** 장

머니퓰레이터의 동역학

제2장까지는 머니퓰레이터의 운동학, 미분 관계에 대해서 기술했는데, 로봇의 운동을 정확히 논의하기 위해서는 그 다이내믹스를 기술하는 운동방정식이 필요하다. 이 방정식을 도출하는 방법에는 라그랑지의 방법, 뉴턴 오일러의 방법 등이 있다.

이 장에서는 라그랑지의 방법을 사용하여 머니퓰레이터의 운동방정식을 도출한다. 이 방법은 이론적으로 훌륭하고 이용자의 입장에서 판단하면 기계적으로 또는 체계적으로 운동방정식이 유도되는 특징이 있다.

한편, 후자에 대해서는 본서에서는 설명하지 않지만 이 방법은 역동역학을 고속으로 연산하기 위해서는 유리한 방법으로서 실용상 중요하다. 또한 물리적인 의미가 명확하다는 특징도 있으므로 흥미 있는 독자는 제2편 끝에 실은 관련 문헌을 참조하기 바란다.

3·1 라그랑지의 운동방정식

라그랑지의 방정식은 에너지를 기본으로 해서 운동방정식을 도출하는 방법이다. 이 방법 그 자체의 도출에 대해서는 자세히 설명된 문헌(제2편 끝의 참고문헌 5) 등)에 맡기기로 하고 여기서는 이것을 이용해서 운동방정식을 유도하는 방법을 소개한다.

그림 3·1에 나타낸 것과 같은 n개의 강체로 구성되는 기계계의 운동방정식은 아래 식에 의해 구해진다. 이 식은 **라그랑지의 방정식**이라고 한다.

$$\left.\begin{array}{l} \dfrac{d}{dt}\left(\dfrac{\partial L}{\partial \dot{q}_i}\right) - \dfrac{\partial L}{\partial q_i} = Q_i \quad (i=1,\ \cdots,\ n) \\[2mm] L = T - U \end{array}\right\} \qquad (3\cdot1)$$

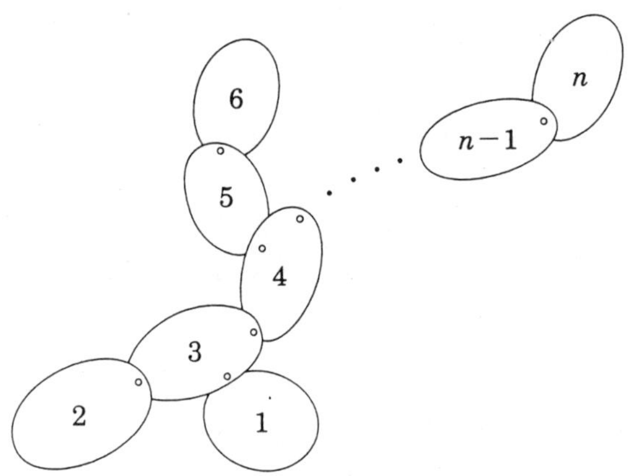

그림 3 · 1 n개의 강체시스템

여기서 L은 라그랑지안, T는 운동에너지, U는 퍼텐셜 에너지, Q_i는 일반화 좌표 q_i에 대응한 일반화력, n은 일반화좌표의 개수를 나타낸다. 일반화좌표와 일반화력은 생소한 용어일 것 같으므로 약간 설명을 하기로 한다. 운동을 표현할 때 우리들은 XYZ 좌표나 극좌표, 원통좌표 등 여러 가지 좌표를 사용한다. **일반화좌표**란 이들 좌표의 총칭으로서 이들 좌표는 어느 것이든 상관없다.

한편, **일반화력**이란 일반화좌표와 쌍이 되어 정의되는 양으로서 (일반화력)×(일반화좌표)는 항상 (일)이 되지 않으면 안된다. 따라서 일반화력은 일반화좌표로서 변위를 선택하면 힘이 되고 각도를 선택하면 토크가 된다.

여기서 운동에너지 T는 직진(直進)의 운동에너지와 회전의 운동에너지의 합이 되므로 강체 j의 중심 속도 벡터를 $\boldsymbol{v}_j$, 회전각속도 $\boldsymbol{\omega}_j$, 질량을 m_j라고 하면

$$T = \frac{1}{2} \sum_{j=1}^{n} (m_j \boldsymbol{v}_j^T \boldsymbol{v}_j + \boldsymbol{\omega}_j^T \boldsymbol{I}_j \boldsymbol{\omega}_j) \qquad (3 \cdot 2)$$

이다. 이와 같이 표현하면 어려울 것 같지만 $m_j \boldsymbol{v}_j^T \boldsymbol{v}_j / 2$는 j번째 강체의 직진 운동에너지로서 스카라 운동시의 $m_j v_j^2 / 2$이다. 또한 $\boldsymbol{I}_j$는 강체 j의 중심에 관한 관성 텐서(tensor)로서 $\boldsymbol{\omega}_j^T \boldsymbol{I}_j \boldsymbol{\omega}_j / 2$는 j번째 강체 회전의 운동에너지를 나타낸다. 2차원 평면에서만 운동 가능한 경우는 관성 모멘트를 생각하면 되며 $I_j \boldsymbol{\omega}_j^2 / 2$를 의미한다. 또한 퍼텐셜 에너지는

$$U = - \sum_{j=1}^{n} m_j g z_j \qquad (3 \cdot 3)$$

로 표현된다.

다만 z_j는 강체 j의 z좌표로서, 여기서는 중력이 작용하는 방향의 축을 z축으로 설정하고 있다. g는 중력가속도이다.

3·2　머니퓰레이터의 운동방정식

그림 3·2의 평면 2링크 머니퓰레이터 운동방정식을 라그랑지의 방정식에 의해 도출한다. 그림과 같이 일반화좌표를 관절 각도(ϕ_1, ϕ_2)로 하면 일반화력은 각 관절에 작용하는 토크(τ_1, τ_2)가 된다. 운동에너지를 계산하는 데는 각 링크의 무게 중심(重心) 속도가 필요하므로 우선 이것을 구한다.

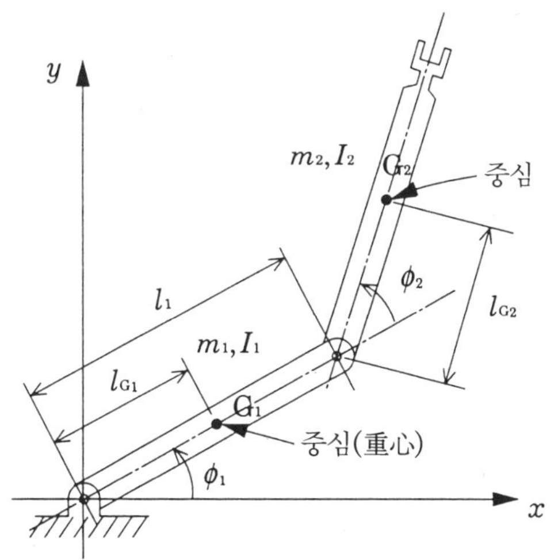

그림 3·2　평면 2링크 머니퓰레이터

링크 1의 중심 위치 G_1의 좌표는

$$x_{G1} = l_{G1} \cos \phi_1$$
$$y_{G1} = l_{G1} \sin \phi_1$$

이고 그 속도는 양변을 시간 t로 미분하여

$$\dot{x}_{G1} = -\dot{\phi}_1 l_{G1} \sin \phi_1 , \quad \dot{y}_{G1} = \dot{\phi}_1 l_{G1} \cos \phi_1$$

이 된다. 따라서

$$\boldsymbol{v}_{G1}{}^T \boldsymbol{v}_{G1} = (\dot{x}_{G1} , \quad \dot{y}_{G1})^T (\dot{x}_{G1} , \quad \dot{y}_{G1}) = \dot{x}_{G1}{}^2 + \dot{y}_{G1}{}^2 = l_{G1}{}^2 \dot{\phi}_1{}^2 \qquad (3\cdot4)$$

이 된다. 중심 G_2에 대해서도 동일하게 계산하면

$$x_{G2} = l_1 \cos \phi_1 + l_{G2} \cos (\phi_1 + \phi_2)$$

$$y_{G2} = l_1 \sin \phi_1 + l_{G2} \sin (\phi_1 + \phi_2)$$

가 되고 그 속도는

$$\dot{x}_{G2} = - \dot{\phi}_1 l_1 \sin \phi_1 - (\dot{\phi}_1 + \dot{\phi}_2) l_{G2} \sin (\phi_1 + \phi_2)$$

$$\dot{y}_{G2} = \dot{\phi}_1 l_1 \cos \phi_1 + (\dot{\phi}_1 + \dot{\phi}_2) l_{G2} \cos (\phi_1 + \phi_2)$$

가 된다. 따라서 $\boldsymbol{v}_{G2}{}^T \boldsymbol{v}_{G2}$는 다음과 같이 된다.

$$\boldsymbol{v}_{G2}{}^T \boldsymbol{v}_{G2} = l_1 \dot{\phi}_1{}^2 + l_{G2}{}^2 (\dot{\phi}_1 + \dot{\phi}_2)^2 + 2 l_1 l_{G2} \dot{\phi}_1 (\dot{\phi}_1 + \dot{\phi}_2) \cos \phi_2 \quad (3 \cdot 5)$$

한편, 회전의 운동에너지는 중심 주위의 에너지를 생각하면 되므로 링크 j의 중심을 통과하는 z축 주위의 관성 모멘트를 I_j라고 하면

$$\frac{1}{2} \boldsymbol{\omega}_j{}^T \boldsymbol{I}_j \boldsymbol{\omega}_j = \frac{1}{2} I_j \omega_j{}^2 \qquad (3 \cdot 6)$$

이 된다.

여기서 링크 j의 질량을 m_j라고 한다. $\omega_1 = \dot{\phi}_1$, $\omega_2 = \dot{\phi}_1 + \dot{\phi}_2$이므로 시스템의 전체 운동에너지를 나타내는 식 $(3 \cdot 2)$의 T는 다음과 같이 된다.

$$\begin{aligned}
T &= \frac{1}{2} \sum_{j=1}^{2} \left(m_j v_j{}^2 + I_j \omega_j{}^2 \right) \\
&= \frac{1}{2} m_1 l_{G1}{}^2 \dot{\phi}_1{}^2 + \frac{1}{2} m_2 \left\{ l_1{}^2 \dot{\phi}_1{}^2 + l_{G2}{}^2 (\dot{\phi}_1 + \dot{\phi}_2)^2 + 2 l_1 l_{G2} \dot{\phi}_1 (\dot{\phi}_1 + \dot{\phi}_2) \cos \phi_2 \right\} \\
&\quad + \frac{1}{2} I_1 \dot{\phi}_1{}^2 + \frac{1}{2} I_2 (\dot{\phi}_1 + \dot{\phi}_2)^2 \qquad (3 \cdot 7)
\end{aligned}$$

한편, 퍼텐셜 에너지는 y축의 $-$방향이 중력 방향이므로

$$\begin{aligned}
U &= \sum_{j=1}^{2} m_j g y_j \\
&= m_1 g l_{G1} \sin \phi_1 + m_2 g \{ l_1 \sin \phi_1 + l_{G2} \sin (\phi_1 + \phi_2) \} \qquad (3 \cdot 8)
\end{aligned}$$

이다.

식 $(3 \cdot 4) \sim (3 \cdot 8)$에서 라그랑지안 L을 구하고 그 결과를 라그랑지의 방정식 $(3$

·1)에 의해 계산하면 그림 3·2의 평면 2링크 머니퓰레이터의 운동방정식이 구해진다. 다소 길어질지 모르지만 이 계산 순서를 아래에 구체적으로 들기로 한다.

일반화좌표 q_i은 이 예에서는 ϕ_1, ϕ_2 두 가지이다. 여기서는 이 중의 ϕ_1에 관한 계산을 든다. 계산은 식 (3·1)의 각 항을 차례대로 계산하는 순서로 한다.

① $\dfrac{\partial L}{\partial \dot{\phi}_1}$ 의 계산 :

$$
\frac{\partial L}{\partial \dot{\phi}_1} = m_1 l_{G1}{}^2 \dot{\phi}_1 + m_2 \left\{ l_1{}^2 \dot{\phi}_1 + l_{G2}{}^2 \left(\dot{\phi}_1 + \dot{\phi}_2 \right) + l_1 l_{G2} \left(2\dot{\phi}_1 + \dot{\phi}_2 \right) \cos \phi_2 \right\}
$$

$$
+ I_1 \dot{\phi}_1 + I_2 \left(\dot{\phi}_1 + \dot{\phi}_2 \right)
$$

$$
= \left\{ m_1 l_{G1}{}^2 + m_2 \left(l_1{}^2 + l_{G2}{}^2 \right) + 2 m_2 l_1 l_{G2} \cos \phi_2 + I_1 + I_2 \right\} \dot{\phi}_1
$$

$$
+ \left(l_{G2}{}^2 + m_2 l_1 l_{G2} \cos \phi_2 + I_2 \right) \dot{\phi}_2
$$

② $\dfrac{d}{dt}\left(\dfrac{\partial L}{\partial \dot{\phi}_1} \right)$의 계산 :

$$
\frac{d}{dt}\left(\frac{\partial L}{\partial \dot{\phi}_1} \right) = \left\{ m_1 l_{G1}{}^2 + m_2 \left(l_1{}^2 + l_{G2}{}^2 \right) + 2 m_2 l_1 l_{G2} \cos \phi_2 + I_1 + I_2 \right\} \ddot{\phi}_1
$$

$$
- 2 m_2 l_1 l_{G2} \dot{\phi}_1 \dot{\phi}_2 \sin \phi_2 + \left(m_2 l_{G2}{}^2 + m_2 l_1 l_{G2} \cos \phi_2 + I_2 \right) \ddot{\phi}_2
$$

$$
- m_2 l_1 l_{G2} \dot{\phi}_2{}^2 \sin \phi_2
$$

③ $\dfrac{\partial L}{\partial \phi_1}$ 의 계산 :

$$
\frac{\partial L}{\partial \phi_1} = \frac{\partial T}{\partial \phi_1} - \frac{\partial U}{\partial \phi_1} = - \frac{\partial U}{\partial \phi_1}
$$

$$
= - m_1 g l_{G1} \cos \phi_1 - m_2 g \left\{ l_1 \cos \phi_1 + l_{G2} \cos \left(\phi_1 + \phi_2 \right) \right\}
$$

④ $\dfrac{d}{dt}\left(\dfrac{\partial L}{\partial \dot{\phi}_1} \right) - \dfrac{\partial L}{\partial \phi_1} = \tau_1$ 의 계산 :

$$
\left\{ m_1 l_{G1}{}^2 + m_2 \left(l_1{}^2 + l_{G2}{}^2 \right) + 2 m_2 l_1 l_{G2} \cos \phi_2 + I_1 + I_2 \right\} \ddot{\phi}_1
$$

$$
+ \left(m_2 l_{G2}{}^2 + m_2 l_1 l_{G2} \cos \phi_2 + I_2 \right) \ddot{\phi}_2 + m_1 g l_{G1} \cos \phi_1
$$

$$
+ m_2 g \left\{ l_1 \cos \phi_1 + l_{G2} \cos \left(\phi_1 + \phi_2 \right) \right\} = \tau_1
$$

이상으로 변수 ϕ_1에 관한 식 (3·1)의 계산이 종료되었다. 변수 ϕ_2에 대해서도 동일한 연산을 반복하면 ϕ_2에 관한 계산을 할 수 있다. 이렇게 계산해서 만들어진 변수 ϕ_1과 ϕ_2에 관한 2쌍의 미분방정식이 그림 3·2의 머니퓰레이터의 운동방정식이다. 이것들을 벡터 및 행렬을 사용하여 표현하면 다음과 같은 깔끔한 형식으로 표현할 수 있다.

$$H(\phi)\ddot{\phi} + h(\phi, \dot{\phi}) + g(\phi) = \tau \qquad (3\cdot9)$$

여기서

$$\phi = (\phi_1, \phi_2)^T, \quad \tau = (\tau_1, \tau_2)^T$$

$$H(\phi) = \begin{bmatrix} I_1 + m_1 l_{G1}^2 + I_2 + m_2(l_1^2 + l_{G2}^2 + 2l_1 l_{G2} C_2) & I_2 + m_2(l_{G2}^2 + l_1 l_{G2} C_2) \\ I_2 + m_2(l_{G2}^2 + l_1 l_{G2} C_2) & I_2 + m_2 l_{G2}^2 \end{bmatrix}$$

$$h(\phi, \dot{\phi}) = \begin{bmatrix} -m_2 l_1 l_{G2}(2\dot{\phi}_1 \dot{\phi}_2 + \dot{\phi}_2^2) S_2 \\ m_2 l_1 l_{G2} \dot{\phi}_1^2 S_2 \end{bmatrix}$$

$$g(\phi) = \begin{bmatrix} m_1 g l_{G1} C_1 + m_2 g(l_1 C_1 + l_{G2} C_{12}) \\ m_2 g l_{G2} C_{12} \end{bmatrix}$$

$$S_2 = \sin\phi_2 \quad, \quad C_2 = \cos\phi_2 \quad, \quad S_{12} = \sin(\phi_1 + \phi_2) \quad, \quad C_{12} = \cos(\phi_1 + \phi_2)$$

$$C_2 = \cos\phi_2 \quad, \quad S_2 = \sin\phi_2 \quad, \quad C_{12} = \cos(\phi_1 + \phi_2)$$

식 (3·9)의 좌변 제1항은 **관성항**, 제2항은 **원심력**과 **코리올리력**으로 구성되는 **비선형항**, 제3항은 **중력항**이다. 행렬 $H(\phi)$는 **관성행렬**이라고 불리는 행렬로서, 머니퓰레이터의 특성을 결정짓는 중요한 행렬이다. 아래에 기술하는 관성행렬의 특성은 여러 가지 경우에서 사용되므로 주의를 요한다.

① 관성행렬 $H(\phi)$는 그 요소에 관절변수 ϕ에 관한 비선형함수(이 예의 경우는 $\cos\phi_2$)를 포함한다. 이 때문에 $H(\phi)$는 머니퓰레이터의 자세에 따라 변화한다.

② $H(\phi)$는 **정정**(正定 ; positive definite) **대칭행렬**이며 항상 역행렬이 존재한다. 또한 행렬의 정정성은 다음과 같이 정의되고 있다.

임의의 영이 아닌 벡터 x와 대칭행렬 A에 대해서

$$x^T A x > 0$$

이 항상 성립될 때 행렬 A는 **정정**(正定)이라고 한다.

③ 행렬 $H(\phi)$를 사용하면 시스템의 운동에너지는 다음과 같이 표현할 수 있다.

$$T = \frac{1}{2}\ \dot{\phi}^T H \dot{\phi} \tag{3·10}$$

식 (3·9) 제 2 항의 비선형항에 대해서 좀 더 알아 보자. 식 (3·1)을 벡터 표현하면

$$\frac{d}{dt}\left\{ \frac{\partial(T-U)}{\partial \dot{q}} \right\} - \frac{\partial(T-U)}{\partial q} = Q \tag{3·11}$$

가 되지만 퍼텐셜 에너지 U에는 속도항이 포함되지 않으므로

$$\frac{d}{dt}\left(\frac{\partial T}{\partial \dot{q}} \right) - \frac{\partial T}{\partial q} + \frac{\partial U}{\partial q} = Q \tag{3·12}$$

가 된다. 그러면 운동에너지 T를 식 (3·10)에서 $\dot{\phi}$를 $\dot{q}$로 바꾼 식으로 표현하고 관성행렬 $H(\phi)$의 대칭성을 이용하면 식 (3·12)는 다음과 같이 바꿔 쓸 수 있다[1].

$$\frac{d}{dt}\{H(q)\dot{q}\} - \frac{\partial}{\partial q}\left\{ \frac{1}{2}\ \dot{q}^T H(q)\dot{q} \right\} + \frac{\partial U}{\partial q} = Q \tag{3·13}$$

또한 좌변 제 1항을 연산함으로써 최종적으로

$$H(q)\ddot{q} + \dot{H}(q)\dot{q} - \frac{\partial}{\partial q}\left(\frac{1}{2}\ \dot{q}^T H(q)\dot{q} \right) + \frac{\partial U}{\partial q} = Q \tag{3·14}$$

가 된다. 따라서 비선형항 $h(q, \dot{q})$ 및 중력항 $g(q)$는 다음과 같이 표현할 수 있다.

$$h(q, \dot{q}) = \dot{H}(q)\dot{q} - \frac{\partial}{\partial q}\left(\frac{1}{2}\ \dot{q}^T H(q)\dot{q} \right) \tag{3·15}$$

$$g(q) = \frac{\partial U}{\partial q} \tag{3·16}$$

이상으로 관성행렬 $H(\phi)$는 운동방정식에서의 관성항을 특징지울 뿐만 아니라 비선형항의 질에도 직접 관여하고 있는 것을 알 수 있다. 이와 같이 관성행렬은 머니퓰레이터의 운동방정식에 있어서 대단히 중요한 것이다.

---

[1] 선형대수학에 의하면 A가 $n \times n$의 대칭행렬, x, b가 n차원의 벡터일 때 다음과 같은 관계가 성립된다.

$$\frac{\partial}{\partial x}(bx) = b, \quad \frac{\partial}{\partial x}(x^T A x) = 2Ax, \quad \frac{\partial^2}{\partial x^2}(x^T A x) = 2A$$

입력 τ 를 부여했을 때 로봇의 운동을 구하는 것을 **순동역학**(그냥 **동역학**이라고도 한다)이라고 하며, 반대로 로봇의 운동이 부여됐을 때 이것을 실현하기 위한 입력을 구하는 것을 **역동역학**이라고 한다.

●잠깐 한 마디●

3차원 공간을 이동 가능한 n 링크 머니퓰레이터의 경우도 그 운동방정식은

$$H(\phi)\ddot{\phi}+h(\phi,\dot{\phi})+g(\phi)=\tau$$

가 되고 관성행렬의 성질 ①~③는 그대로 성립된다. 또한 식 $(3\cdot12)$~$(3\cdot16)$의 관계도 성립된다.

3·3 특수한 기구의 머니퓰레이터[4)]

그림 $3\cdot2$와 같은 머니퓰레이터의 경우 관성행렬 $H(\phi)$는 제로가 아닌 비대각 요소를 갖는다. 또한 이 비대각 요소에는 관절 각도를 포함하는 코사인 함수가 포함되어 있으므로 비선형인 행렬이다. 비대각 요소가 존재한다는 것은, 예를 들면 각도 ϕ_1 의 운동이 각도 ϕ_2 의 운동에 영향을 주고 반대로 ϕ_2 의 운동이 ϕ_1 의 운동에 영향을 준다는 의미를 갖는다.

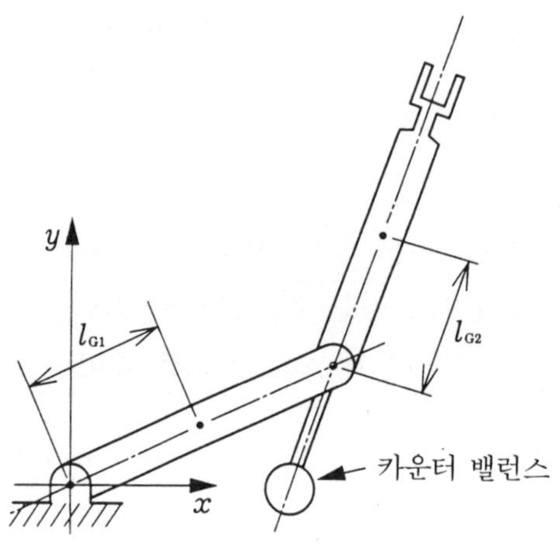

그림 3·3 카운터 밸런스를 가진 평면 2링크 머니퓰레이터

즉 상호 간섭이 있는 것을 의미한다. 이와 같은 상호 간섭은 없는 것이 바람직하지만 그렇게 하는 데는 아래과 같은 두 가지 방법이 있다. 그 하나는 머니퓰레이터의 기구를 연구함으로써 실현하는 방법이고 또 한 가지 방법은 제어 방법에 의해 실현하는 방법이다. 여기서는 전자의 방법에 대해서 설명한다.

우선 먼저 그림 $3 \cdot 3$과 같이 카운터 밸런스를 달아 $l_{G2}=0$가 되도록 조정하는 방법이다. 이 경우 식 $(3 \cdot 9)$의 3행 이하에 든 관성행렬 $H(\phi)$의 비대각 요소는 일정하게(I_2) 된다. 이에 의해 관성행렬은 정계수 행렬이 되고 머니퓰레이터의 자세에 의존하지 않게 된다. 그러나 간섭항(비대각 요소)는 없어지지 않는다.

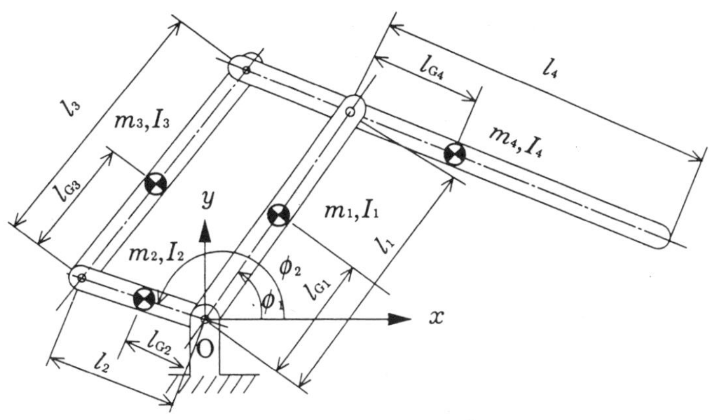

그림 $3 \cdot 4$ 평행 링크 기구를 가진 평면 머니퓰레이터

그런데 머니퓰레이터에 그림 $3 \cdot 4$와 같은 평행 링크 기구를 채용하면 이 간섭항을 없앨 수가 있다. 이것을 이 기구의 관성행렬을 구함으로써 확인하자. 각 링크의 중심 위치를 구하면 다음과 같이 된다.

$$\begin{bmatrix} x_{G1} \\ y_{G1} \end{bmatrix} = \begin{bmatrix} l_{G1}\cos\phi_1 \\ l_{G1}\sin\phi_1 \end{bmatrix}$$

$$\begin{bmatrix} x_{G2} \\ y_{G2} \end{bmatrix} = \begin{bmatrix} l_{G2}\cos\phi_2 \\ l_{G2}\sin\phi_2 \end{bmatrix}$$

$$\begin{bmatrix} x_{G3} \\ y_{G3} \end{bmatrix} = \begin{bmatrix} l_2\cos\phi_2 + l_{G3}\cos\phi_1 \\ l_2\sin\phi_2 + l_{G3}\sin\phi_1 \end{bmatrix}$$

$$\begin{bmatrix} x_{G4} \\ y_{G4} \end{bmatrix} = \begin{bmatrix} l_1\cos\phi_1 - l_{G4}\cos\phi_2 \\ l_1\sin\phi_1 - l_{G4}\sin\phi_2 \end{bmatrix}$$

이것들을 시간 t로 미분하면 각각의 속도가 구해진다.

$$\boldsymbol{v}_{G1}=\begin{bmatrix}\dot{x}_{G1}\\\dot{y}_{G1}\end{bmatrix}=\begin{bmatrix}-l_G\sin\phi_1 & 0\\l_{G1}\cos\phi_1 & 0\end{bmatrix}\begin{bmatrix}\dot{\phi}_1\\\dot{\phi}_2\end{bmatrix} \tag{3·17}$$

$$\boldsymbol{v}_{G2}=\begin{bmatrix}\dot{x}_{G2}\\\dot{y}_{G2}\end{bmatrix}=\begin{bmatrix}0 & -l_{G2}\sin\phi_2\\0 & l_{G2}\cos\phi_2\end{bmatrix}\begin{bmatrix}\dot{\phi}_1\\\dot{\phi}_2\end{bmatrix} \tag{3·18}$$

$$\boldsymbol{v}_{G3}=\begin{bmatrix}\dot{x}_{G3}\\\dot{y}_{G3}\end{bmatrix}=\begin{bmatrix}-l_{G3}\sin\phi_1 & -l_2\sin\phi_2\\l_{G3}\cos\phi_1 & l_2\cos\phi_2\end{bmatrix}\begin{bmatrix}\dot{\phi}_1\\\dot{\phi}_2\end{bmatrix} \tag{3·19}$$

$$\boldsymbol{v}_{G4}=\begin{bmatrix}\dot{x}_{G4}\\\dot{y}_{G4}\end{bmatrix}=\begin{bmatrix}-l_1\sin\phi_1 & l_{G4}\sin\phi_2\\l_1\cos\phi_1 & -l_{G4}\cos\phi_2\end{bmatrix}\begin{bmatrix}\dot{\phi}_1\\\dot{\phi}_2\end{bmatrix} \tag{3·20}$$

한편, 링크 1과 3, 링크 2와 4는 각각 평행이므로 각 링크의 중심 주위의 각속도에는 다음 관계가 성립된다.

$$\omega_1=\omega_3=\dot{\phi}_1 , \quad \omega_2=\omega_4=\dot{\phi}_2 \tag{3·21}$$

식 (3·17)~식 (3·21)을 참고로 하여 식 (3·2)에 의해 시스템의 운동에너지를 구하면

$$T=\frac{1}{2}\sum_{j=0}^{4}\left(m_j\,v_j{}^2+I_j\,\omega_j{}^2\right)=\frac{1}{2}\dot{\boldsymbol{\phi}}^T\begin{bmatrix}H_{11} & H_{12}\\H_{12} & H_{22}\end{bmatrix}\dot{\boldsymbol{\phi}} \tag{3·22}$$

여기서

$$H_{11}=I_1+I_2+m_1\,l_{G1}{}^2+m_3\,l_{G3}{}^2+m_4\,l_1{}^2 \tag{3·23a}$$

$$H_{12}=(m_3\,l_2\,l_{G3}-m_4\,l_4\,l_{G4})\cos(\phi_1-\phi_2) \tag{3·23b}$$

$$H_{22}=I_2+I_4+m_2\,l_{G2}{}^2+m_3\,l_2{}^2+m_4\,l_{G4}{}^2 \tag{3·23c}$$

$$\dot{\boldsymbol{\phi}}=(\dot{\phi}_1,\ \dot{\phi}_2)^T$$

가 된다. 식 (3·23b)의 관계에서

$$m_3\,l_2\,l_{G3}-m_4\,l_1\,l_{G4}=0 \tag{3·24}$$

이 되도록 링크의 파라미터(길이 l_1, l_2, l_{G3}, l_{G4}, 질량 m_3, m_4)를 결정하면 관

성행렬의 비대각 요소 H_{12} 는 항상 제로가 되며 간섭항은 없어진다.

이상과 같이 머니퓰레이터의 기구를 연구함으로써 시스템의 구조를 단순하게 하는 것이 가능하다. 이 특성을 가지면 제어가 매우 쉬워진다는 의미로서 중요하다.

3·4 감속기·모터를 포함한 머니퓰레이터의 운동방정식

3·2절에서는 머니퓰레이터의 운동방정식을 유도했지만 실제로 로봇을 구동하기 위한 시스템 모델을 구성하고자 하는 경우에는 관절부에서 주로 발생하는 점성 마찰에 의한 에너지의 손실도 고려할 필요가 있다. 또한 관절부에는 감속기를 다는 것이 일반적이므로 이 특성도 함께 고려할 필요가 있다. 그리고 또 관절부를 구동하는 액추에이터(모터나 실린더 등의 구동력을 발생시키는 기계 요소)의 특성도 고려하지 않으면 안된다. 이 절에서는 이것들을 고려한 머니퓰레이터의 운동방정식을 도출한다.

[1] 에너지 손실을 고려한 라그랑지의 운동방정식

이 운동방정식은

$$\left.\begin{array}{l} \dfrac{d}{dt}\left(\dfrac{\partial L}{\partial \dot{q_i}}\right) - \dfrac{\partial L}{\partial q_i} + \dfrac{\partial D}{\partial \dot{q_i}} = Q_i \quad (i=1,\ \cdots,\ n) \\[2mm] L = T - U \end{array}\right\} \qquad (3\cdot25)$$

로 표현된다. 식 $(3\cdot25)$에 나오는 L, T, U, Q_i, q_i 에 대해서는 이미 기술한 바 있다. D 는 점성 마찰 등에 의한 **손실에너지 함수(레일리의 산일함수)**로

$$D(\dot{\boldsymbol{q}}) = \sum_{i=0}^{n} \left(\frac{1}{2} D_i \dot{q_1}^2\right) \qquad (3\cdot26)$$

으로 표현된다.

[2] 액추에이터의 동역학

로봇의 액추에이터로는 여러 가지의 것을 생각할 수 있지만 여기서는 비교적 많

이 사용되고 있는 DC 서보모터에 대해서 설명한다. 이 모터는 중·고속 회전의 저토크 모터이다. 이 때문에 통상적으로는 감속기를 병용해서 고토크 저회전 특성을 실현시키고 있다. 모터 제어 방식에도 몇 가지 방식이 있지만 여기서는 그림 3·5에 나타낸 타여자식 DC 서보모터의 전기자 제어 방식에 대해서 설명한다.

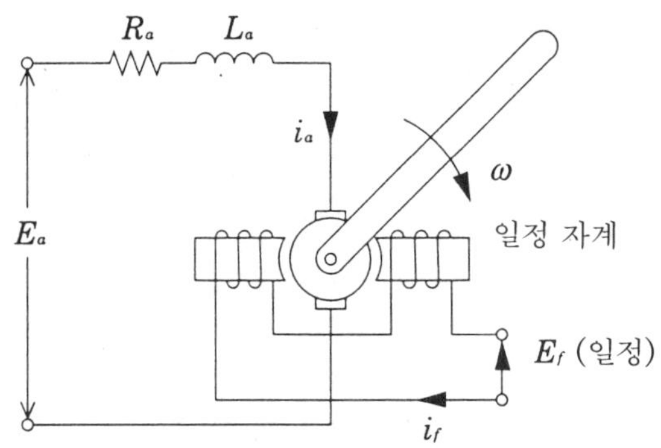

그림 3·5 타여자식 DC 서보모터의 전기자 제어

전기자 전류를 i_a, 모터에 발생하는 토크를 τ, 모터의 회전각속도를 ω, 역기전력을 E 라고 하면

$$\tau = K_t i_a, \quad E = K_e \omega \tag{3·27}$$

의 관계가 성립된다. 여기서 K_t는 계자 전류 i_f의 크기에 의해 결정되는 토크 상수, K_e는 역기전력 상수이다. 직류 모터에는 $K_t = K_e (= K)$의 관계가 있는 것이 알려져 있다.

한편, 키르히호프의 법칙에서 전기자 회로에 대해서 다음 관계가 성립된다.

$$L_a \frac{di_a}{dt} + R_a i_a + E = E_a \tag{3·28}$$

여기서 인덕턴스 L_a가 충분히 작다고 가정하면 식 $(3·28)$의 좌변 제1항은 무시할 수 있다.

$$R_a i_a + E = E_a \tag{3·29}$$

가 되므로 이 식과 식 $(3·27)$에 의해 모터에 발생하는 토크 τ 는

$$\tau = \frac{K}{R_a} E_a - \frac{K^2}{R_a} \omega \tag{3·30}$$

가 된다. 한편, 그림 3·6에 나타내듯이 모터에 감속비 k의 감속기를 설치했다고 하면 모터·감속기·링크로 구성되는 시스템의 운동방정식은

$$\left(\frac{J_L}{k^2}+J_M\right)\frac{d\omega}{dt}+D_M\,\omega=\tau \tag{3·31}$$

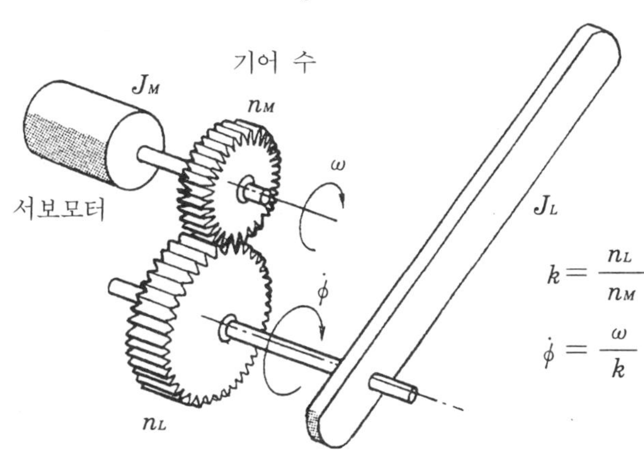

그림 3·6 서보모터와 감속기

가 된다. J_L, J_M, D_M은 각각 부하의 관성 모멘트, 모터의 샤프트·감속기로 구성되는 관성 모멘트, 감속기 등 관절부에서의 점성 마찰의 계수이다.

링크의 회전각을 ϕ라고 하면 $\dot{\phi}=\omega/k$라는 것을 고려하여 식 (3·30), (3·31)을 종합하면 최종적으로 링크의 운동방정식은

$$(J_L+k^2 J_M)\ddot{\phi}+\left(D_M+\frac{K^2}{R_a}\right)k^2\,\dot{\phi}=\frac{k^2 K}{R_a}E_a \tag{3·32}$$

가 된다.

[3] 액추에이터 등을 포함한 머니퓰레이터의 운동방정식

앞 항의 논의를 참고로 하여 모터·감속기를 포함한 머니퓰레이터의 일반적인 운동방정식을 유도한다. 머니퓰레이터의 각 관절마다 앞 항에서 설명한 감속기를 구비한 모터를 배치한다고 하자. i번째 관절을 구동하는 모터가 생성하는 토크 τ_i는 모터의 샤프트 및 감속기의 구동 토크, 마찰에 필요한 토크, 머니퓰레이터를 구동하는 토크의 합과 같으므로

$$K_i \, i_{ai} = J_{Mi} \, \dot{\omega}_i + D_{Mi} \, \omega_i + \frac{\tau_i}{k_i} \qquad (3 \cdot 33)$$

이다. 첨자 i는 i번째의 관절을 나타내고 K, J_M, D_M, i_a는 각각 모터 상수, 모터 샤프트·감속기의 관성 모멘트, 감속기 등의 점성 마찰계수, 전기자 전류이다. 또한 관절은 회전 관절이라고 하면

$$k_i \, \dot{\phi}_i = \omega_i \qquad (3 \cdot 34)$$

$$R_{ai} \, i_{ai} + K_i \, \omega_i = E_{ai} \qquad (3 \cdot 35)$$

의 관계가 성립된다. 따라서 식 $(3 \cdot 33)$, $(3 \cdot 34)$, $(3 \cdot 35)$에서

$$\tau_i = \frac{k_i K_i}{R_{ai}} E_{ai} - \frac{k_i^2 K_i^2}{R_{ai}} \, \dot{\phi}_i - k_i^2 J_i \, \ddot{\phi}_i - k_i^2 D_{Mi} \, \dot{\phi}_i \qquad (3 \cdot 36)$$

가 된다.

여기서, $\boldsymbol{\tau} = (\tau_1, \cdots, \tau_n)^T$, $\boldsymbol{E}_a = (E_{a1}, \cdots, E_{an})^T$, $\boldsymbol{\phi} = (\phi_1, \cdots, \phi_n)^T$ 라고 하면 식 $(3 \cdot 36)$은 다음과 같은 벡터로 표현된다.

$$\boldsymbol{\tau} = \boldsymbol{K} \boldsymbol{E}_a - \boldsymbol{D} \dot{\boldsymbol{\phi}} - \boldsymbol{J}_M \ddot{\boldsymbol{\phi}} \qquad (3 \cdot 37)$$

여기서

$$\boldsymbol{J}_M = \begin{bmatrix} J_{M11} & \cdots & 0 \\ 0 & J_{M22} & \vdots \\ \vdots & & \vdots \\ 0 & \cdots & J_{Mnn} \end{bmatrix} \equiv \mathrm{diag}(J_{Mii}) \quad , \quad J_{Mii} = k_i^2 J_{Mi}$$

$$\boldsymbol{D} = \begin{bmatrix} D_{11} & \cdots & 0 \\ 0 & D_{22} & \vdots \\ \vdots & & \vdots \\ 0 & \cdots & D_{nn} \end{bmatrix} \equiv \mathrm{diag}(D_{ii}) \quad , \quad D_{ii} = \left(D_{Mi} + K_i^2 / R_{ai} \right) k_i^2$$

$$\boldsymbol{K} = \begin{bmatrix} K_{11} & \cdots & 0 \\ 0 & K_{22} & \vdots \\ \vdots & & \vdots \\ 0 & \cdots & K_{nn} \end{bmatrix} \equiv \mathrm{diag}(K_{ii}) \quad , \quad K_{ii} = k_i K_i / R_{ai}$$

여기서 $\mathrm{diag}(A_{ii})$는 A_{ii}를 대각요소로 가지는 대각행렬임을 나타내고 있다. 이 식을 식 $(3 \cdot 9)$에 대입하면,

$$[\boldsymbol{J}_M + \boldsymbol{H}(\boldsymbol{\phi})]\ddot{\boldsymbol{\phi}} + \frac{1}{2}\dot{\boldsymbol{H}}(\boldsymbol{\phi})\dot{\boldsymbol{\phi}} + \boldsymbol{h}(\boldsymbol{\phi},\dot{\boldsymbol{\phi}}) + \boldsymbol{D}\dot{\boldsymbol{\phi}} + \boldsymbol{g}(\boldsymbol{\phi}) = \boldsymbol{K}\boldsymbol{E}_a \qquad (3 \cdot 38)$$

가 얻어진다. 이것이 구하는 운동방정식이다.

연습 문제 [3]

1. 식 (3·9)에 든 관성행렬 $H(\phi)$가 정정행렬인 것을 확인하라. 그리고 역행렬이 존재하는 것을 확인하라.

2. 식 (3·7)로 구한 운동에너지가 식 (3·10)의 형식으로 표현되는 것을 확인하라.

3. 그림 3·7에 나타낸 단진자의 운동방정식을 구하라. 단, m=진자의 질량, I=중심 주위의 관성 모멘트, D=점 O 주위의 점성 마찰계수, g=중력의 가속도, l_G=점 O부터 중심까지의 거리이다.

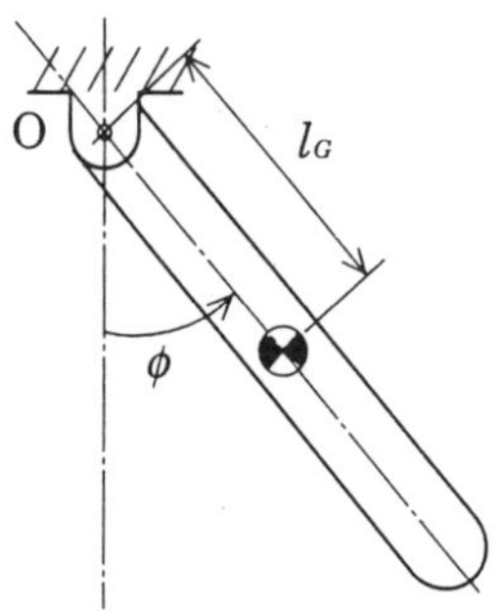

그림 3·7

제 **4** 장

머니퓰레이터의 제어

로봇 머니퓰레이터에 요구되는 작업은 스프레이 도장, 스폿 용접, 물체(강체 또는 유연 물체)의 반송, 도어 개폐, 핀의 구멍으로의 삽입 등 다종 다양하다. 그런데 그 작업에 있어서 머니퓰레이터와 환경간에 힘의 간섭이 존재하는가의 여부에 따라 이들 작업은 크게 두 가지 그룹으로 분류된다. 또한 머니퓰레이터의 제어법도 이러한 작업의 특징에 대응해서 두 그룹으로 분류된다.

이 장에서는 먼저 1링크 머니퓰레이터를 예로 들어 제어공학의 기초를 간단히 설명한다. 그 다음 작업에 따라 달라지는 두 가지의 제어(위치 제어와 힘 제어)에 대해서 설명한다.

4·1 제어의 기초

제어의 기초 개념과 기초 지식의 일부를 그림 4·1에 있는 1링크 머니퓰레이터를 예로 들어 설명한다. 그림 (a)는 감속기를 통해 DC 모터로 구동되는 머니퓰레이터를, 그림 (b)는 그 모델을 나타낸다. 그림 4.2는 이 머니퓰레이터를 제어하기 위한 제어계의 일례를 나타낸다.

퍼텐쇼미터(또는 인코더)는 머니퓰레이터의 각도를 계측하는 센서이고 앰프는 컨트롤러에서 부여된 지령을 전력 증폭하는 장치이다. 컨트롤러가 전자회로 등으로 구성되는 경우는 실선으로 나타내지만 보통 컴퓨터가 로봇의 컨트롤러로 사용되므로 이 경우 점선으로 표시한 루프가 설치되는 일이 많다. 이것에는 컴퓨터에 의한 시간 지연을 보완하는 효과가 있다. 그림 4·3은 이 제어계의 블록선도를 나타내고 있다.

블록 내의 용어와 가는 글씨로 표현하고 있는 용어는 그림 4·2의 제어계를 표현하고 있고 고딕체의 용어는 제어공학에서 사용되는 일반적인 용어이다. 이 시스템을 제어공학적으로 표현하면 다음과 같다.

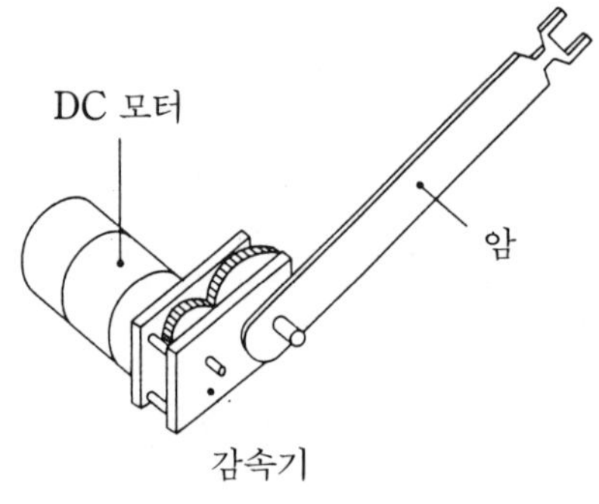

(a) 머니퓰레이터의 구조

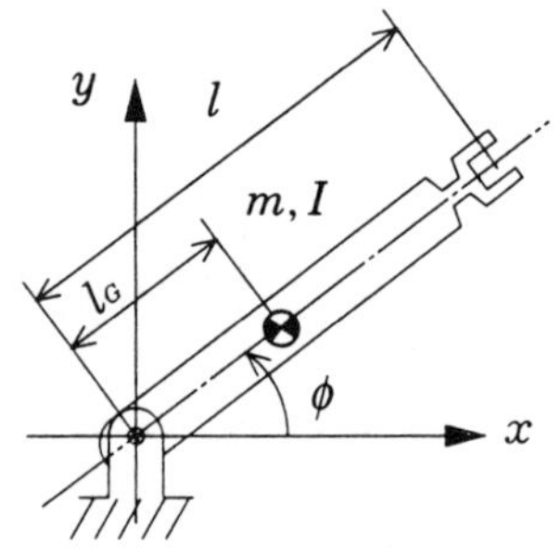

(b) 기구 모델

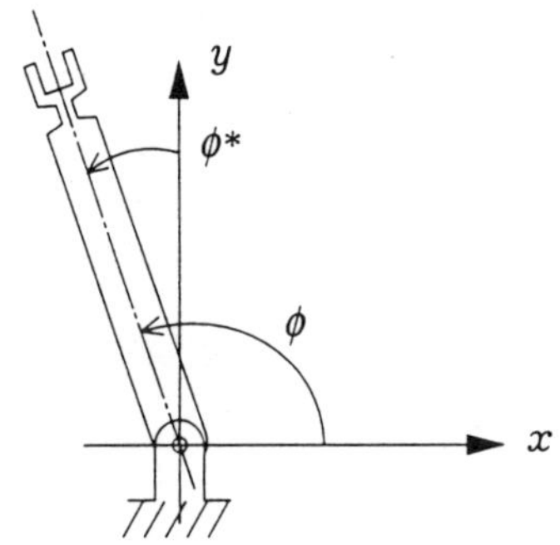

(c) 각도 변수 ϕ^*의 정의

그림 4 · 1   1링크 머니퓰레이터

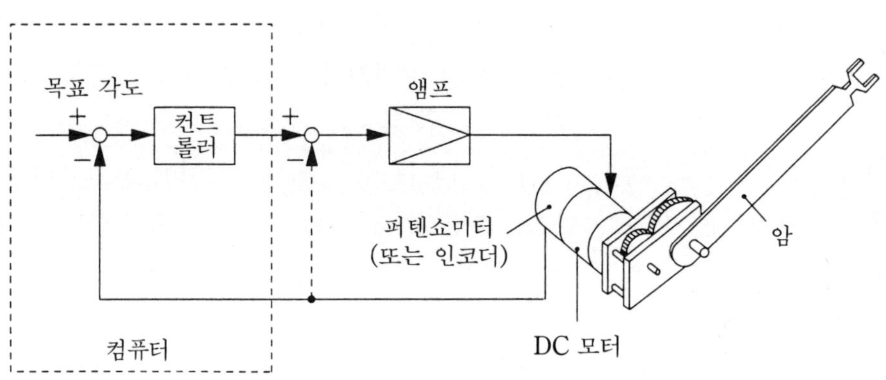

그림 4 · 2   머니퓰레이터 제어계의 예

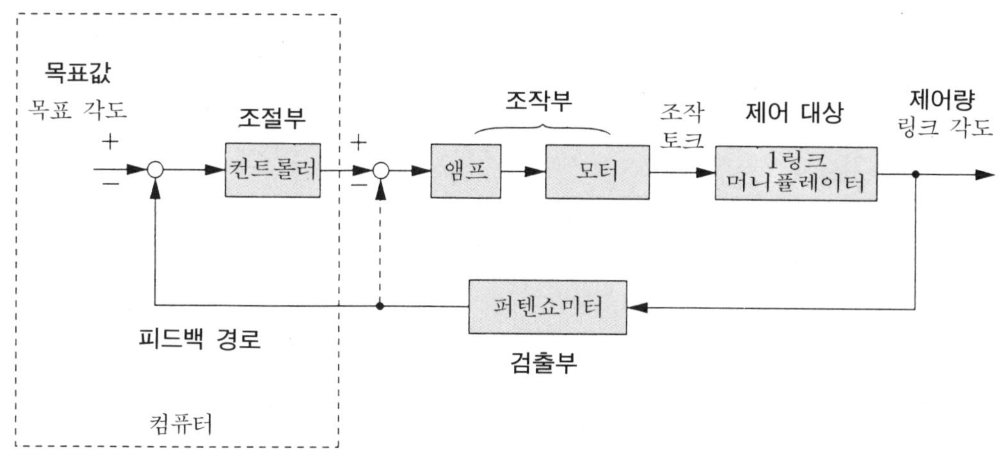

그림 4 · 3 머니퓰레이터 제어계의 블록선도

「그림 4 · 2의 제어계 **제어 대상**은 1링크 머니퓰레이터이며, **제어량**은 링크의 각도, **조작량**은 모터의 출력 토크이다. 퍼텐쇼미터(또는 인코더)로 검출된 암의 각도 정보는 **피드백 경로**를 거쳐 **피드백**되고 **목표값**인 목표 각도와의 **편차**가 계산된다.

그리고 이 편차값에 의해 **조절부** 컨트롤러가 작동한다. 컨트롤러에서는 미리 설계자에 의해 부여된 조정 방법에 의해 **제어 신호**를 발하고 조작부에서는 이 제어 신호에 따른 조작량을 제어 대상에 가한다. 이상의 조작이 반복되고 적절한 컨트롤러가 설계되어 있으면 제어량은 목표값과 일치한다」.

이와 같이 제어계의 구성을 결정하면 컨트롤러의 사양과 특성을 어떻게 결정하는가가 최대의 문제가 된다. 실제로 이것들에 따라 암의 운동은 크게 변화하는 것이다.

1링크 머니퓰레이터의 운동방정식은 제 3 장에서 구한 2링크 머니퓰레이터 방정식에 있어서 제 2 링크가 없으면 구해진다. 식 (3 · 37)을 참고로 하면 모터 및 감속기의 특성을 포함한 머니퓰레이터의 운동방정식은

$$[k^2 J_M + I + m l_G^2] \ddot{\phi} + D\dot{\phi} + m g l_G \cos \phi = K E_a \qquad (4 \cdot 1)$$

가 된다.

여기서,

m : 암의 질량

l_G : 회전축에서 암 중심 위치까지의 거리

k : 감속기의 감속비

D : 회진축 주위의 점성 마찰계수

E_a : 모터에의 인가 전압

J_M : 모터의 샤프트와 감속기의 관성 모멘트

K : 정계수($= k^2 J_M$)

I : 암 중심 주위의 관성 모멘트

이다.

여기서 머니퓰레이터가 수직으로 서있는 상태 부근에서의 운동을 생각하기로 하고, 그림 4·1 (c)과 같이 새로이 $\phi^* = \phi - (\pi/2)$로 정의되는 계수 ϕ^*를 도입한다. 변수 ϕ^*는 y축과 링크를 이루는 각도로서, 반시계 방향이 정이 된다. 이때 식 (4·1)의 운동방정식은

$$I_0 \ddot{\phi}^* + D\dot{\phi}^* - G \sin \phi^* = KE_a \qquad (4 \cdot 2)$$

여기에

$$I_0 = k^2 J_M + I + ml_G{}^2 \ , \quad G = mgl_G$$

가 된다. 다시 또 각도 ϕ^*가 미소하다고 하면 $\sin \phi^* \fallingdotseq \phi^*$가 성립하므로

$$I_0 \ddot{\phi}^* + D\dot{\phi}^* - G\phi^* = KE_a \qquad (4 \cdot 3)$$

가 되며 시스템은 선형 미분방정식 형식으로 표현된다.

여기서 이 로봇으로의 입력이 없는 경우, 즉 $E_a = 0$인 경우 로봇 암이 어떠한 운동을 하는가를 $I_0 = 1$, $D = 1$, $G = 2$, $K = 1$로 하여 식 (4·3)을 푸는 것에 의해 알아 보자.

미분방정식 해법에는 라플라스 변환에 의한 방법을 사용한다. 이 방법의 상세한 것에 대해서는 본서 제1편과 제어공학 서적(제2편 끝의 참고문헌 6) 등을 참조하기 바란다.

각도 ϕ^*의 초기값을 $\phi^*(0) = \phi_0^*$, $\dot{\phi}^*(0) = 0$로 하고 식 (4·3)의 양변을 라플라스 변환하면

$$(s^2 \Phi^*(s) - \phi_0^*) + (s\Phi^*(s) - \phi_0^*) - 2\Phi^*(s) = 0 \qquad (4 \cdot 4)$$

가 된다. 여기서 $\Phi^*(s)$는 시간의 함수 $\phi^*(t)$를 라플라스 변환한 것이다. 이것을 정리하면 다음과 같이 변형된다.

$$\Phi^*(s) = \frac{2\phi_0^*}{(s^2+s-2)} = \frac{2\phi_0^*}{(s+2)(s-1)} = \frac{2\phi_0^*}{3}\left(\frac{1}{s-1} - \frac{1}{s+2}\right)$$

$$(4 \cdot 5)$$

따라서 이것을 역 라플라스 변환하면 다음과 같이 출력 $\phi^*(t)$가 구해진다.

$$\phi^*(t) = \frac{2\phi_0^*}{3}(e^t - e^{-2t}) \qquad (4 \cdot 6)$$

이 식의 우변 제2항은 시간의 경과와 더불어 소멸하지만, 반대로 제1항은 시간과 더불어 커지므로 전체 값은 시간과 더불어 커진다. 즉 이 시스템은 불안정하다. 이것은 링크의 초기 각도가 조금이라도 있으면 링크는 그 위치에서 점점 멀어지는 것을 의미하며 우리들의 경험과 일치한다.

이상으로 알 수 있듯이 시스템이 안정한가의 여부는 지수부의 계수 부호에 의존하게 되므로 식 (4·5) 우변의 분모를 0으로 한 식의 해가 어떠한 해가 되는가가 중요하다.

제어공학 분야에서는 이 방정식을 시스템의 **특성방정식**이라고 하고, 그 해를 **특성근**이라고 한다. 위의 예에서는 $s^2+s-2=0$이 이 시스템의 특성방정식이고 특성근은 1과 −2이다. 그리고 두 가지 해 중 +부호를 가지는 특성근 1을 갖기 때문에 이 시스템은 불안정하다는 것을 알 수 있다.

다음에 머니퓰레이터를 제어하기 위해 다음의 간단한 컨트롤러를 채용, 그림 4·4에 나타내는 제어계를 구성했다고 하자. 그래서 제어함으로써 어떠한 효과가 있는가를 알아보기로 한다. 여기서 ϕ_r^*은 ϕ^*의 목표 각도이다.

$$E_a = K_p(\phi_r^* - \phi^*) \qquad (4 \cdot 7)$$

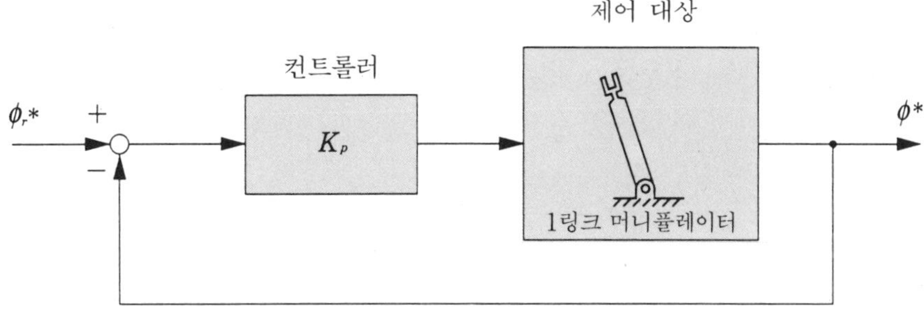

그림 4 · 4 1링크 머니퓰레이터의 비례 제어계

이 컨트롤러는 편차($\phi_r{}^* - \phi^*$)에 비례한 제어 신호 E_a를 모터에 부여하는 컨트롤러이다. 이 컨트롤러가 하는 동작을 **비례 동작(P 동작)**이라고 하며, 이 동작에 의해 하는 제어를 **비례 제어(P 제어)**라고 한다. 또한 파라미터 K_p를 **비례 게인**이라고 한다.

식 (4·7)을 식 (4·3)에 대입하여 라플라스 변환하면

$$\Phi^*(s) = \frac{K'}{I_0 s^2 + Ds + (K'-G)} \, \Phi_r{}^*(s) \tag{4·8}$$

가 된다. 단, $K'=KK_p$로 하고 초기 조건은 전부 0으로 한다. 또한 $\Phi_r{}^*(s)$는 시간의 함수 $\phi_r{}^*(t)$를 라플라스 변환한 것이다. 이 시스템이 목표 각도 입력에 어떻게 추종하는가를 알아본다.

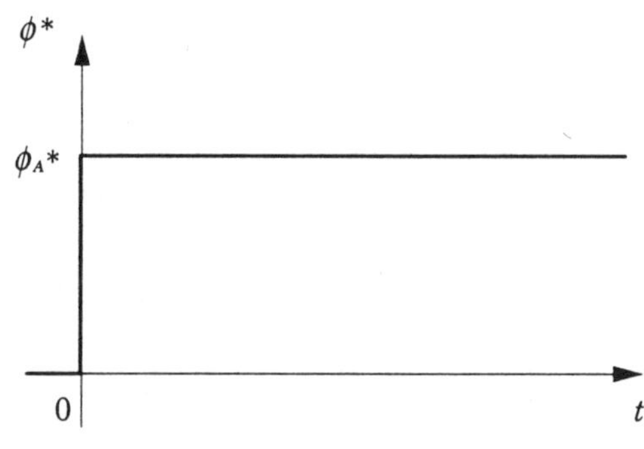

그림 4·5 스텝 입력

구체적으로는 그림 4·5와 같은, 크기 $\phi_A{}^*$의 스텝 함수가 입력(목표 각도)으로서 가해진 경우의 응답(이와 같은 응답을 **스텝 응답**이라고 한다)을 알아보자. 이 스텝 함수의 전달함수는

$$\Phi_r{}^*(s) = \frac{1}{s} \, \phi_A{}^* \tag{4·9}$$

이다. 이 때 출력 ϕ^*의 라플라스 변환 영역에서의 응답(출력) $\Phi^*(s)$는

$$\Phi^*(s) = \frac{K'\phi_A{}^*}{I_0} \frac{1}{s\left(s^2 + \dfrac{sD}{I_0} + \dfrac{K'-G}{I_0}\right)} \tag{4·10}$$

이 되고 이 시간 응답은 이것을 역 라플라스 변환하면 구해진다. 여기서 s에 관한 2차 방정식 $s^2 + sD/I_0 + (K'-G)/I_0 = 0$의 두 해를 α, $\beta\,(\alpha \neq \beta)$라고 하면 식 (4

·10)의 분모는

$$\Phi^*(s) = \frac{K'\phi_A{}^*}{I_0} \frac{1}{s(s-\alpha)(s-\beta)} \tag{4 · 11}$$

과 같이 인수 분해되며, 우변을 부분 분수로 분해하여 표현하면 다음과 같다.

$$\Phi^*(s) = \frac{K'\phi_A{}^*}{I_0} \frac{1}{s(s-\alpha)(s-\beta)} = \frac{K'\phi_A{}^*}{I_0}\left\{\frac{A}{s} + \frac{B}{s-\alpha} + \frac{C}{s-\beta}\right\}$$
$$\tag{4 · 12}$$

여기서

$$A = \frac{1}{\alpha\beta}, \quad B = \frac{1}{\alpha(\alpha-\beta)}, \quad C = \frac{1}{\beta(\beta-\alpha)} \tag{4 · 13}$$

따라서 출력 $\phi^*(t)$는

$$\phi^*(t) = \frac{K'\phi_A{}^*}{I_0}(A + Be^{\alpha t} + Ce^{\beta t}) \tag{4 · 14}$$

이다. 또한 2차방정식의 해답과 계수의 관계에서, $\alpha\beta = (K'-G)/I_0$이므로 식 (4 ·14)는

$$\left.\begin{aligned}
\phi^*(t) &= \frac{K'}{K'-G}\phi_A{}^*(1 + B'e^{\alpha t} + C'e^{\beta t}) \\
B' &= \frac{B}{A} = \frac{\beta}{\alpha-\beta}, \quad C' = \frac{C}{A} = -\frac{\alpha}{\alpha-\beta}
\end{aligned}\right\} \tag{4 · 15}$$

가 된다.

그런데 이상에서는 $s^2 + sD/I_0 + (K'-G)/I_0 = 0$의 두 근을 α, $\beta\,(\alpha \neq \beta)$로 했는데, 이 s에 관한 2차방정식의 해답은 좌변의 판별식 $\{D^2 - 4(K'-G)I_0\}/I_0{}^2$의 부호에 의존하여 실수해(實數解), 중해(重解) 또는 복소수해(複素數解)가 된다. 실수해의 경우는 식 (4·15)로 문제 없지만 복소수해나 중해의 경우는 약간 설명이 필요할 것이다. 복소수해 α, β가 $\alpha = p + jq$, $\beta = p - jq$로 표현된다고 하면

$$B' = \frac{\beta}{\alpha-\beta} = \frac{p-jq}{2jq} = -\frac{1}{2} - j\frac{p}{2q}$$

$$C' = \frac{\alpha}{\alpha-\beta} = -\frac{p+jq}{2jq} = -\frac{1}{2} + j\frac{p}{2q}$$

이다. 그래서 출력 (4·15)의 우변 제2항, 제3항을 계산하면

$$B'e^{\alpha t}+C'e^{\beta t}=\left(-\frac{1}{2}-j\frac{p}{2q}\right)e^{(p+jq)t}+\left(-\frac{1}{2}+j\frac{p}{2q}\right)e^{(p-jq)t}$$

$$=e^{pt}\left\{\left(-\frac{1}{2}-j\frac{p}{2q}\right)e^{jqt}+\left(-\frac{1}{2}+j\frac{p}{2q}\right)e^{-jqt}\right\}$$

$$=e^{pt}\left\{\left(-\frac{1}{2}-j\frac{p}{2q}\right)(\cos qt+j\sin qt)\right.$$

$$\left.+\left(-\frac{1}{2}+j\frac{p}{2q}\right)(\cos qt-j\sin qt)\right\}$$

$$=e^{pt}\left(-\cos qt+\frac{p}{2q}\sin qt\right)$$

$$=Qe^{pt}\sin(qt-\gamma) \tag{4·16}$$

여기서

$$Q=\frac{\sqrt{p^2+4q^2}}{2q}\ ,\quad \gamma=\tan^{-1}\left(\frac{2q}{p}\right)$$

가 된다. 따라서 출력은 다음과 같이 된다.

$$\phi^*(t)=\frac{K'}{K'-G}\phi_A{}^*\{1+Qe^{pt}\sin(qt-\gamma)\} \tag{4·17}$$

다음에 특성방정식의 해가 중해인 경우를 취급한다. 이 경우는 식 (4·11)에서 $\alpha=\beta$라고 하고

$$\Phi^*(s)=\frac{K'\phi_A{}^*}{I_0}\frac{1}{s(s-\alpha)^2}=\frac{K'\phi_A{}^*}{I_0}\left\{\frac{A}{s}+\frac{B}{s-\alpha}+\frac{C}{(s-\alpha)^2}\right\}$$

$$\tag{4·18}$$

와 같이 부분 분수로 분해하여 정수 A, B, C를 결정하면

$$A=-B=\frac{1}{\alpha^2}\ ,\quad C=\frac{1}{\alpha}\ ,\quad \alpha=\sqrt{\frac{K'-G}{I_0}} \tag{4·19}$$

가 되므로 이것을 역 라플라스 변환하면 다음과 같이 출력이 구해진다. 이 순서는 이미 기술한 것과 기본적으로 동일하다.

$$\phi^*(t)=\frac{K'}{K'-G}\phi_A{}^*(1-e^{\alpha t}+\alpha te^{\alpha t}) \tag{4·20}$$

그런데 제어공학 분야에서는 특성방정식이 2차방정식인 경우, 이것을

$$s^2 + 2\zeta\omega_n s + \omega_n{}^2 = 0 \qquad\qquad (4 \cdot 21)$$

와 같이 표준화하여 취급하는 경우가 많다. ζ는 **감쇠계수**, ω_n은 **고유진동수**라고 부른다. 이 표준형와 대응시키면 그림 4·4의 제어시스템의 경우(식 (4·8) 참조)

$$\zeta = \frac{D}{2\sqrt{I_0(K'-G)}}, \qquad \omega_n = \sqrt{\frac{K'-G}{I_0}} \qquad\qquad (4 \cdot 22)$$

가 된다. 2차방정식의 특성근이 (1) 상이한 실수해, (2) 중해, (3) 상이한 복소수 해의 세 가지 경우를 파라미터 ζ로 표현하면, 각각 $\zeta>0$, $\zeta=0$, $\zeta<0$의 경우에 대응한다.

이상으로 비례 제어를 한 경우의 해가 구해졌다. 식 (4·15), (4·17), (4·20)의 어느 것에 있어서도 지수함수가 포함되어 있다. 식 (4·15)의 경우는 α, β 어느 것이나, 식 (4·17)의 경우는 p가, 식 (4·20)의 경우는 α가 음($-$)의 값이면 이들 지수함수의 값은 시간과 더불어 소멸한다. 즉 응답은 안정된다.

이와 같이 컨트롤러(식 (4·7))를 설치하고 피드백 제어계를 구성함으로써 불안 정하던 시스템을 안정되게 할 수 있는 것이다. 이것이 제어의 효과 중 하나이다. 또한 증명은 생략하겠는데, 응답이 안정되기 위한 조건은 특성방정식의 모든 해의 실수부가 음의 값인 것이다. 특성방정식이 보다 고차 방정식인 경우도 마찬가지인 것으로 알려져 있다.

●잠깐 한 마디●

입력을 $x(t)$, 출력을 $y(t)$라고 할 때 2차 지연계의 출력이

$$Y(s) = \frac{\omega_n{}^2}{s^2 + 2\zeta\omega_n s + \omega_n{}^2} X(s)$$

로 부여되는 것으로 한다. $Y(s)$, $X(s)$는 $x(t)$, $y(t)$를 라플라스 변환한 함수이다.

여기서 이 시스템에 단위 스텝 입력이 가해진 경우의 출력 결과를 그림 4·6에 나타낸다. 그림 (a)에서 감쇠계수 ζ가 작을수록 응답 파형은 진동적이고 그림 (b)에서 고유진동수 ω_n이 클수록 응답이 좋은(속응성이 좋은) 것을 알 수 있다.

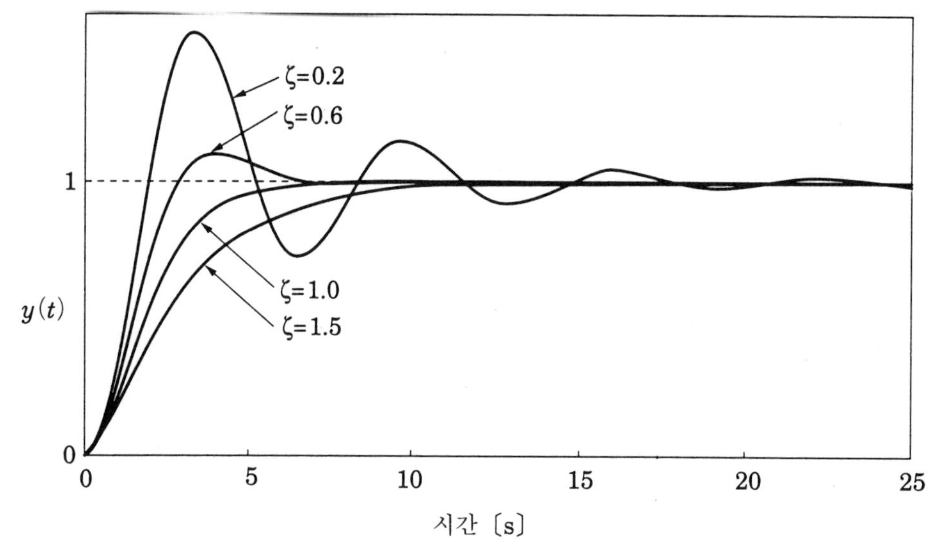

(a) ζ를 변화시킨 경우

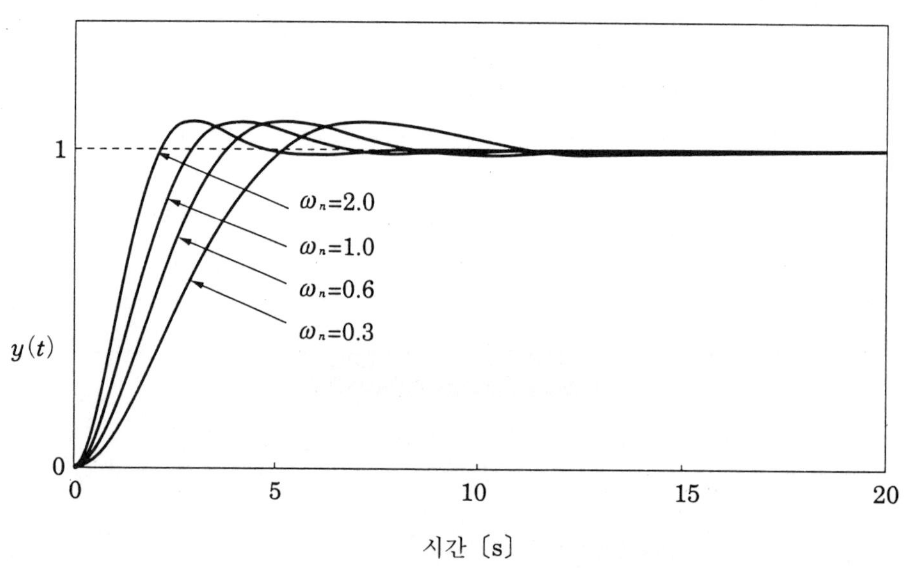

(b) ω_n을 변화시킨 경우

그림 4 · 6 2차 지연계의 스텝 응답

여기서는 계산식을 나타내지 않았지만, 이 절에서 하는 계산과 동일한 계산을 하면 용이하게 그림에 나타낸 결과를 도출할 수 있다.

제어에 의한 두 번째 효과는 그림 4·6에 나타낸 것과 같이 파라미터 ω_n, ζ를 조정함으로써 응답의 상태를 변화시킬 수 있다는 것이다. 비례 게인 K_p와 파라미터 ω_n, ζ의 관계에 의해 응답 상태와의 관계를 살펴볼 수 있다.

이미 설명한 것과 같이 $K' = KK_p$로 하였으므로, 식 (4·22)의 관계에서 비례 게인 K_P를 크게 하면 감쇠계수는 작아지고 응답은 보다 진동적으로 된다. 그리고 고유진동수가 커지고 응답이 좋아진다. 즉, 속응성이 좋아진다. 따라서 비례 제어로는 감쇠계수와 고유진동수를 독립적으로는 변화시킬 수 없는 것을 알 수 있다.

식 (4·15), (4·17), (4·20)에는 또 한가지 특징이 있다. 이 특징을 우선 계산 예로 제시하기로 한다. 그림 4·7은 식 (4·17)의 출력을 도시한 것이다. 시스템의 파라미터는 이전과 마찬가지로 $I_0 = 1$, $D = 1$, $G = 2$, $K = 1$로 하고 있다. 이 예에서는 식 (4·22)에서 $K' = 8.25$로 택하여 감쇠계수 ζ를 0.2로 설정한 경우의 응답 파형을 도시하고 있다. 특징은 이 그림에서 알 수 있듯이 목표값과 출력 간에 정상적인 편차(이것을 **정상 편차** 또는 **오프셋**이라고 한다)가 남는 것이다. 이 정상 편차량은 다음에 드는 「최종값의 정리」로 알려져 있는 정리를 사용하여 설명할 수 있다.

최종값의 정리

$F(s)$가 시간함수 $f(t)$의 라플라스 변환한 함수이고 $sF(s)$의 극($sF(s)$의 분모를 0으로 했을 때의 해답)이 s평면의 허축상을 제외한 좌반면에만 존재할 때

$$\lim_{t \to \infty} f(t) = \lim_{s \to 0} sF(s) \qquad (4 \cdot 23)$$

가 성립된다. 여기서 s평면이란 횡축을 실수축, 종축을 허수축(허축이라고도 한다)으로 하는 평면이다.

이 정리를 사용하면 식 (4·10)에서 $\phi^*(t)$의 최종값은

$$\lim_{t \to \infty} \phi^*(t) = \lim_{s \to 0} s\Phi^*(s) = \lim_{s \to 0} \frac{K' \phi_A{}^*}{I_0} \frac{1}{s^2 + \dfrac{sD}{I_0} + \dfrac{K' - G}{I_0}}$$

$$= \frac{K'}{K' - G} \phi_A{}^* \qquad (4 \cdot 24)$$

가 된다. 따라서 최종값은 $\phi_A{}^*$가 되지 않고

$$\phi_r{}^*(\infty) - \phi^*(\infty) = \left(1 - \frac{K'}{K' - G}\right)\phi_A{}^* = -\frac{G}{K' - G}\phi_A{}^*$$

의 오프셋이 생기게 된다. 그림 4·7의 경우는 $K'=8.25$, $G=2$, $\phi_A{}^*=1$이므로 오프셋량은 0.32가 되고, 위의 식을 계산한 값과 그림의 값은 일치한다.

　이상을 종합하면 비례 제어를 사용함으로써 불안정한 계를 안정되게 할 수 있는 것을 알았다. 또한 응답의 즉응성, 파형, 오프셋량을 조정할 수는 있지만 이것들을 독립적으로 조정하는 것은 불가능하므로 원하는 응답을 얻을 수가 없다. 이것이 비례 제어의 한계이다.

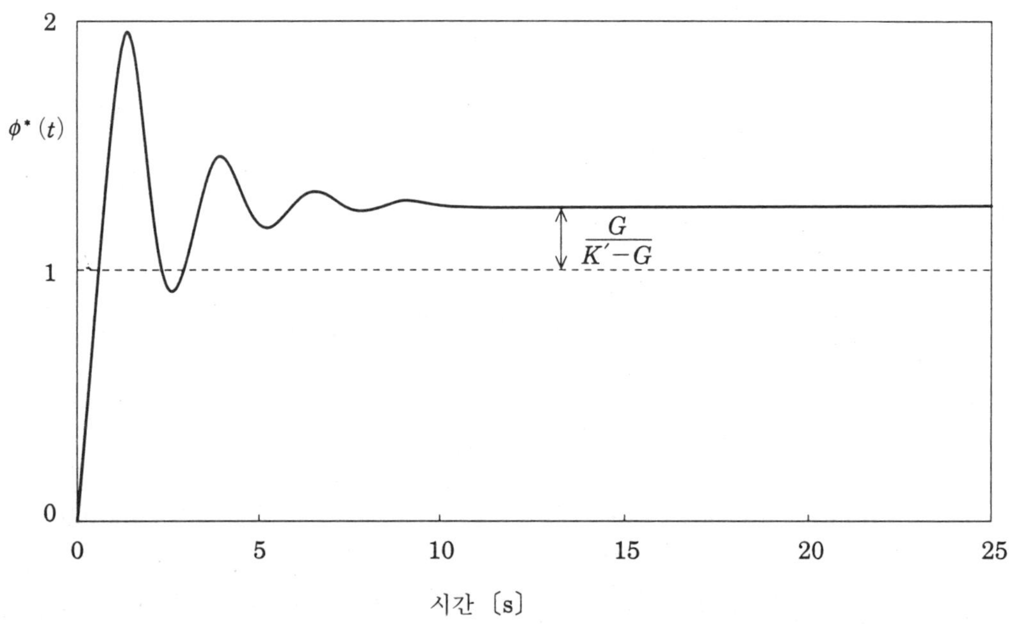

그림 4·7　비례 제어(P 제어)에 의한 스텝 응답 예

　다음에 컨트롤러의 출력인 제어 신호 E_a를

$$E_a = K_p\{(\phi_r{}^* - \phi^*) + T_D(\dot{\phi}_r{}^* - \dot{\phi}^*)\} \tag{4 · 25}$$

로 선택하면 응답의 즉응성과 파형을 독립적으로 조정하는 것이 가능한 것을 알 수 있다. 이 컨트롤러는 비례 제어에 편차의 미분 정보도 가미하고 있기 때문에 **비례·미분 컨트롤러**(또는 PD **컨트롤러**)라고 한다. 또한 파라미터 T_D는 **미분 시간**이라고 한다.

식 $(4 \cdot 25)$를 식 $(4 \cdot 3)$에 대입하여 비례 제어의 경우와 동일하게 계산하면 특성 방정식은

$$s^2 + \left(\frac{D + KK_p T_D}{I_0} \right) s + \frac{KK_p - G}{I_0} = 0 \tag{4 \cdot 26}$$

가 되고 고유진동수, 감쇠계수는 각각

$$\omega_n = \sqrt{\frac{KK_p - G}{I_0}}, \quad \zeta = \frac{D + KK_p T_D}{2\sqrt{(KK_p - G) I_0}} \tag{4 \cdot 27}$$

가 된다. PD 제어의 경우 조정할 수 있는 파라미터는 K_p, T_D 둘이므로, 식 $(4 \cdot 27)$에서 고유진동수 ω_n, 감쇠계수 ζ를 자유롭게 설정, 조정할 수 있다. 즉 속응성이 좋고 또 진동적이 아닌 응답이 얻어지도록 조정하는 것이 가능해진다.

그림 $4 \cdot 8$은 PD 컨트롤러를 사용한 경우의 시뮬레이션 예를 나타내고 있다. 또한 비교를 위해 비례 제어(P 제어)한 경우의 응답도 그려져 있다. 입력은 스텝 함수라고 하고 있다. 그림에서 P 제어에 비해서 속응성이 좋고 또 진동적이지 않은 응답 결과가 얻어지는 것을 알 수 있다. 그러나 로봇의 각도는 여전히 목표값 $\phi_A^*(=1)$에 도달해 있지 않다.

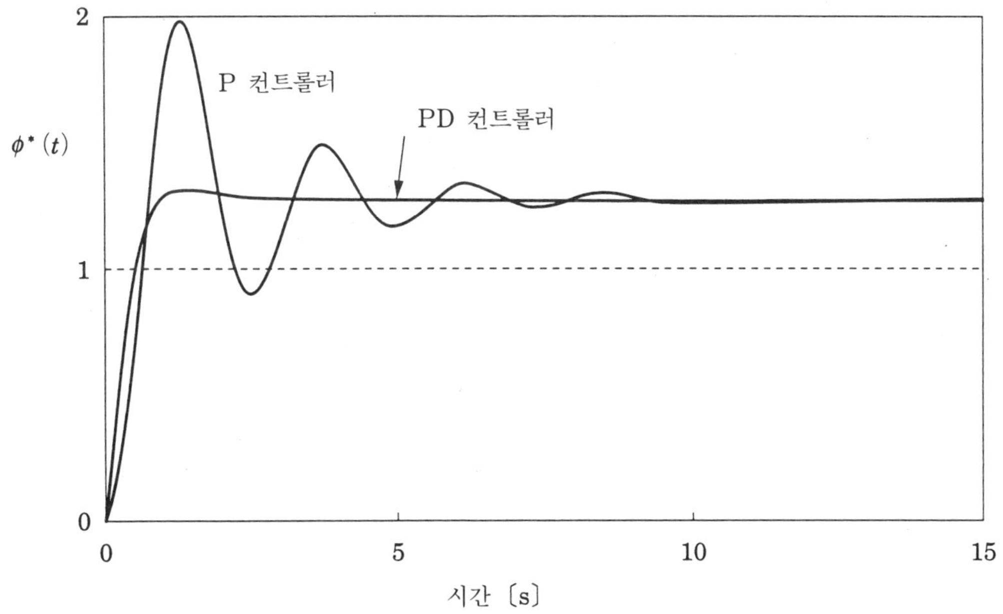

그림 $4 \cdot 8$ PD 제어에 의한 스텝 응답 예

남는 문제는 징상 편차의 소거이다. 제어공학이 교시하는 바에 의하면 정상 편차를 제거하기 위해서는 적분 동작을 가하면 된다고 알려져 있다(상세한 것은 제어공학 서적을 참조하기 바란다). 그래서 컨트롤러의 출력(제어 신호 E_a)으로서

$$E_a = K_p \left\{ (\phi_r{}^* - \phi^*) + T_D(\dot{\phi}_r{}^* - \dot{\phi}^*) + \frac{1}{T_I} \int (\phi_r{}^* - \phi^*)\, dt \right\} \quad (4 \cdot 28)$$

를 사용한다. 우변 제 3항을 **적분 동작(I 동작)**이라고 하고, 이 컨트롤러를 **비례·미분·적분 컨트롤러**(단순히 **PID 컨트롤러**)라고 한다. 또한 T_I는 **적분 시간**이라고 하는 파라미터이다. 이 PID 컨트롤러를 사용한 경우의 출력 시뮬레이션 예를 그림 4·9에 나타낸다.

또한 비교를 위해 PD 제어하는 경우의 응답도 그려져 있다. 이 그림에서 적분 동작의 효과는 명백하고 정상 편차가 0으로 되어 있다. 이것은 최종값의 정리를 사용해도 확인할 수 있다. 즉 식 (4·28)을 식 (4·3)에 대입하면

$$I_0 \ddot{\phi}^* + D\dot{\phi}^* - G\phi^*$$

$$= KK_p \left\{ (\phi_r{}^* - \phi^*) + T_D(\dot{\phi}_r{}^* - \dot{\phi}^*) + \frac{1}{T_I} \int (\phi_r{}^* - \phi^*)\, dt \right\} \quad (4 \cdot 29)$$

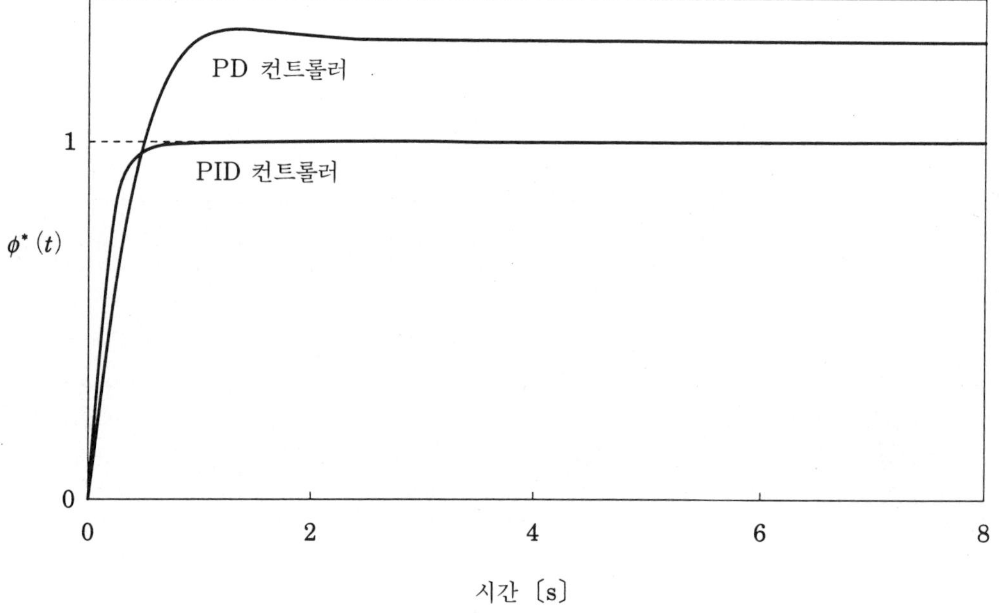

그림 4·9 PID 컨트롤러에 의한 스텝 응답 예

가 되므로 초기값을 모두 0으로 하고 전술한 경우와 동일하게 입력은 크기 $\phi_A{}^*$의 스텝 함수라고 하면, 출력은

$$\Phi^*(s) = \frac{K'(1+T_I s+T_D T_I s^2)}{I_0 T_I s^3+(D+K'T_D)T_I s^2+(K'-G)T_I s+K'} \frac{\phi_A{}^*}{s}$$

가 되므로 식 $(4 \cdot 23)$에 의해

$$\phi^*(t) = \lim_{s \to 0} s\Phi^*(s)$$

$$= \lim_{s \to 0} \frac{K'(1+T_I s+T_D T_I s^2)}{I_0 T_I s^3+(D+K'T_D)T_I s^2+(K'-G)T_I s+K'} \phi_A{}^* = \phi_A{}^*$$

로 계산할 수 있으며 목표 각도에 일치한다. 따라서 정상 편차는 존재하지 않는다.

이상과 같이 제어를 하는 것에 의해 불안정한 시스템을 안정되게 하거나 응답 파형을 개선하거나 정상 편차를 소거하는 등이 가능해진다. 그리고, 여기서는 PD 및 PID 컨트롤러를 선택한 경우의 응답 유도는 설명하지 않았지만, 이것들은 식 $(4 \cdot 7)$ 이후에 설명한 비례 제어의 경우와 동일한 순서로 구할 수 있다. 다만, 계산은 좀 복잡해진다.

이 절에서는 그림 $4 \cdot 1$의 1링크 머니퓰레이터 제어계를 설계하는 구체적인 문제를 설정하고 그것에 관련되는 제어공학의 기초 지식에 대해서 설명하였다. 따라서 여기서 소개한 내용은 제어공학의 극히 일부이므로 본격적으로 제어공학을 공부하려는 사람은 제어공학 전문서로 공부할 것을 권하는 바이다.

4·2 머니퓰레이터의 위치 제어

[1] 피드백 제어

역운동학 또는 분해 속도법 등에 의해 로봇의 목표 관절각의 시간 이력이 부여되어 있다고 가정한다. 이 때 머니퓰레이터를 구동하기 위한 제어법으로 우선 먼저 생각할 수 있는 방법은, 그림 $4 \cdot 10$과 같이 각 관절을 구동하는 액추에이터 제어계를 그 관절 각도(또는 각속도) 정보만을 사용하여 구성, 제어하는 방법이다.

이 방법은 다른 링크 운동의 영향을 고려하지 않는 방법이지만 사실은 이것으로

상당히 잘 해설된다. 실제로 신용화된 로봇의 제어에는 이 방법이 많이 사용되고
있다.

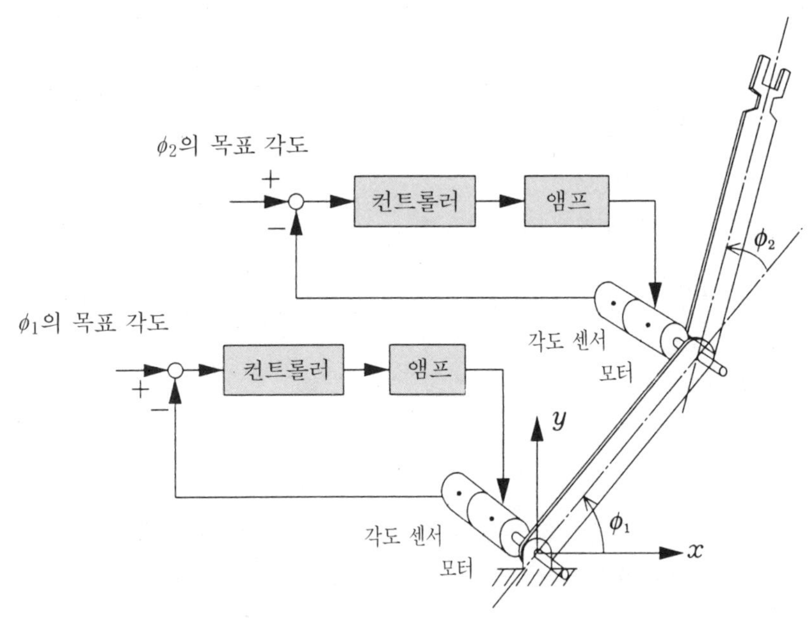

그림 4 · 10 로컬 피드백 제어계의 구성

다만 공업용 로봇의 경우 이 방법이 유효해지도록 하기 위해 다음과 같은 방법으
로 머니퓰레이터를 설계·가동시키고 있었다.
  ① 액추에이터(주로 모터)의 정격을 크게 선택하고 감속비가 큰 감속기를 사용한
  다.
  ② 위치와 속도가 높은 게인 피드백 제어계를 구상한다.
  ③ 교묘하게 기구를 설계하여 중력의 영향을 제거하거나 또는 그 영향의 경감화
  를 도모한다.
  이와 같이 하면 왜 어느 정도의 제어 성능이 얻어지는지를, 그림 3·2의 평면 2
링크 머니퓰레이터의 경우를 통해 검토하기로 하자. 이 머니퓰레이터의 운동방정
식은 이미 식 (3·38)에서 들었다. 즉

$$[\boldsymbol{J}_M + \boldsymbol{H}(\boldsymbol{\phi})]\ddot{\boldsymbol{\phi}} + \boldsymbol{h}(\boldsymbol{\phi}, \dot{\boldsymbol{\phi}}) + \boldsymbol{D}\dot{\boldsymbol{\phi}} + \boldsymbol{g}(\boldsymbol{\phi}) = \boldsymbol{K}\boldsymbol{E}_a \qquad (4 \cdot 30)$$

  여기서

$$\boldsymbol{\phi} = (\phi_1 \ , \ \phi_2)^T \ , \quad \boldsymbol{E}_a = (E_{a1} \ , \ E_{a2})^T$$

$$\boldsymbol{J}_M = \begin{bmatrix} k_1^{\ 2} J_{M1} & 0 \\ 0 & k_2^{\ 2} J_{M2} \end{bmatrix}$$

$$\boldsymbol{H}(\boldsymbol{\phi}) = \begin{bmatrix} I_1 + m_1 l_{G1}^{\ 2} + I_2 + m_2 \left(l_1^{\ 2} + l_{G2}^{\ 2} + 2l_1 l_{G2} C_2 \right) & I_2 + m_2 \left(l_{G2}^{\ 2} + l_1 l_{G2} C_2 \right) \\ I_2 + m_2 \left(l_{G2}^{\ 2} + l_1 l_{G2} C_2 \right) & I_2 + m_2 l_{G2}^{\ 2} \end{bmatrix}$$

$$\boldsymbol{h}(\boldsymbol{\phi}, \dot{\boldsymbol{\phi}}) = \begin{bmatrix} -2m_2 l_1 l_{G2} \left(\dot{\phi}_1 \dot{\phi}_2 + \dot{\phi}_2^{\ 2} \right) S_2 \\ m_2 l_1 l_{G2} \dot{\phi}_1^{\ 2} S_2 \end{bmatrix}$$

$$\boldsymbol{D} = \begin{bmatrix} \left(D_{M1} + K_1^{\ 2} / R_{a1} \right) k_1^{\ 2} & 0 \\ 0 & \left(D_{M2} + K_2^{\ 2} / R_{a2} \right) k_2^{\ 2} \end{bmatrix}$$

$$\boldsymbol{g}(\boldsymbol{\phi}) = \begin{bmatrix} m_1 g l_{G1} C_1 + m_2 g(l_1 C_1 + l_{G2} C_{12}) \\ m_2 g l_{G2} C_{12} \end{bmatrix}$$

$$\boldsymbol{K} = \begin{bmatrix} k_1 K_1 / R_{a1} & 0 \\ 0 & k_2 K_2 / R_{a2} \end{bmatrix}$$

$$C_1 = \cos\phi_1 \ , \quad S_2 = \sin\phi_2 \ , \quad C_{12} = \cos(\phi_1 + \phi_2)$$

이다.

전술한 설계 지침 ①에 따라 감속비가 큰 감속기를 사용하면 관성행렬 $\boldsymbol{H}(\boldsymbol{\phi})$의 대각 요소인 $k_i^{\ 2} J_{Mi} (i=1, \ 2)$가 커지고 이 이외의 요소는 상대적으로 작아진다. 따라서 k_i을 충분히 크게 잡으면 비대각 요소에 의한 영향은 극히 작아지며

$$\boldsymbol{J}_M + \boldsymbol{H}(\boldsymbol{\phi}) = \begin{bmatrix} k_1^{\ 2} J_{M1} & 0 \\ 0 & k_2^{\ 2} J_{M2} \end{bmatrix}$$

로 근사하는 것이 가능해진다.

또한 감속비가 크면 암의 회전각속도 $\dot{\phi}_1, \dot{\phi}_2$ 가 작아지기 때문에 비선형항의 효과는 작아진다. 이 때문에 $\boldsymbol{h}(\boldsymbol{\phi}, \dot{\boldsymbol{\phi}})$는 무시할 수 있는 것으로 생각해도 된다.

다음에 설계 지침 ③을 실행하면 식 (4·30)의 좌변 제4항에 의한 영향을 작게 할 수 있다. 또한 설계 지침 ②에 의한 설계를 하면 이 효과는 더욱 증가한다. 그 이유는 다음과 같다. 설계 지침 ②에 의한 설계에 있어서 컨트롤러의 출력인 제어 신호 E_a를

$$E_a = \begin{bmatrix} K_{p1} & 0 \\ 0 & K_{p1} \end{bmatrix} \left\{ \begin{bmatrix} \phi_{r1} - \phi_1 \\ \phi_{r2} - \phi_2 \end{bmatrix} + \begin{bmatrix} T_{D1} & 0 \\ 0 & T_{D1} \end{bmatrix} \begin{bmatrix} \dot{\phi}_{r1} - \dot{\phi}_1 \\ \dot{\phi}_{r2} - \dot{\phi}_2 \end{bmatrix} \right\}$$
$$= K_p \left\{ (\phi_r - \phi) + T_D (\dot{\phi}_r - \dot{\phi}) \right\}$$

로 선정하고 파라미터 K_{pi} 를 큰 값으로 한다. 이 때 이것을 식 (4·30)에 대입하면 시스템의 방정식은

$$J_M \ddot{\phi} + (D + KK_p T_D) \dot{\phi} + (g(\phi) + KK_p \phi) = KK_p \phi_r + KK_p T_D \dot{\phi}_r \quad (4 \cdot 31)$$

로 근사되지만 파라미터 K_{pi} 의 값은 충분히 크기 때문에 $g(\phi)$ 에 대해서 $KK_p \phi$ 는 명확히 우위가 된다.

그러면 $D + KK_p T_D$, $g(\phi) + KK_p \phi$ 는 모두 대각행렬로 보아도 된다. 이것은 시스템을 지배하는 방정식이 상호 간섭이 없는 2개의 선형 미분방정식이 되는 것을 의미한다. 따라서 각각의 관절 각도 ϕ_1, ϕ_2 의 운동에 대해서 독립적으로 컨트롤러를 구성하면 된다. 또한 각도 정보는 고정도로 용이하게 얻을 수 있으므로 중력 보상도 포함한 컨트롤러 출력 E_a 를

$$E_a = K_p \left\{ (\phi_r - \phi) + T_D (\dot{\phi}_r - \dot{\phi}) \right\} + K^{-1} g(\phi)$$

로 결정하면 보다 엄밀하게 비간섭화를 도모할 수 있다.

이상이 설계 지침 ①~③에 입각한 로컬 피드백에 의해 양호한 로봇 머니퓰레이터의 제어가 가능하다는 이유이다. **로컬 피드백**이란 예를 들면 관절 1의 각도를 제어할 때는 다른 관절의 정보를 사용하지 않고 그림 4·10과 같이 관절 1만의 정보만을 피드백한다는 의미이다.

●잠깐 한 마디●

이상의 설명은 상당히 감각적인 것이다. 이 논의를 보다 엄밀하게 하기 위해서는 안정성에 관한 논의를 하지 않으면 안된다. 실제로 리아푸노프의 안정 해석 방법을 사용하면 위에서 설명한 로컬 피드백 방법에 의해 로봇을 안정되게 구동하는 것이 가능하다는 것을 엄밀하게 증명할 수 있다. 이 논의는 본서의 범위를 벗어나므로 여기서는 소개하지 않지만 흥미가 있는 분은 (제2편 끝의 참고문헌 2)를 참조하기 바란다.

[2] 계산 토크 제어

앞 절에서는 머니퓰레이터의 기구와 모터·감속기 선정에 의해 머니퓰레이터 제어가 간단한 제어계로 실현되는 것을 설명하였다. 그러나 이 방법은 머니퓰레이터를 신속히 동작시키고자 하는 경우에는 사용할 수 없다. 그 이유는 비선형항이나 관성행렬의 비대각 요소에 의한 영향이 제어 결과에 나타나기 때문이다. 그래서 이 절에서는 빠른 동작의 경우에도 유효한 제어법인 **계산 토크 제어법**에 대해서 설명한다. 여기서 설명하는 방법을 실행하는 데는 상당한 계산량이 필요하지만 이 방법이 실용적인 것은 오로지 값싸고 고속인 컴퓨터가 출현한 덕택이다.

논의를 간단히 하기 위해서 액추에이터나 감속기 특성을 고려하지 않은 그림 3·2의 평면 2링크 머니퓰레이터의 운동방정식 (4·32)으로 논의한다. 이것들을 고려한 경우도 아래와 같은 논의가 가능하다.

$$H(\phi)\ddot{\phi}+h(\phi,\dot{\phi})+D\dot{\phi}+g(\phi)=\tau \tag{4·32}$$

여기서 τ_n 을 새로운 입력으로 하여

$$\tau=H(\phi)\tau_n+\hat{h}(\phi,\dot{\phi}) \tag{4·33}$$

$$\hat{h}(\phi,\dot{\phi})=h(\phi,\dot{\phi})+D\dot{\phi}+g(\phi) \tag{4·34}$$

로 표시되는 비선형 피드백 보상을 생각한다. 그래서 식 (4·33), (4·34)을 식 (4·32)에 대입하면

$$\ddot{\phi}=\tau_n \tag{4·35}$$

이 된다. 따라서 $\tau_n=\ddot{\phi}_d$ ($\ddot{\phi}_d$는 머니퓰레이터의 바람직한 관절각 가속도)로 설정하면

$$\ddot{\phi}=\ddot{\phi}_d \tag{4·36}$$

가 되고 출력은 원하는 가속도운동을 하게 된다. 즉, 머니퓰레이터의 운동방정식에 모델 오차가 없고 머니퓰레이터의 초기 각도 및 초기 각속도가 정확하게 세트되고 또 외란 토크가 존재하지 않으면 머니퓰레이터는 목표대로 운동을 한다. 이 방법은 식 (4·32)에 포함되는 비선형항, 점성 마찰항, 중력항 및 관성행렬이 정확하고 고속으로 구하면 식 (4·33)의 토크를 이용함으로써 시스템 방정식이 식 (4·36)이 되도록 조작 토크를 결정하려는 방법으로서, 그 개념은 매우 심플하다. 그러나 실제로는 이러한 가정들이 전부 완전히 충족되는 일은 없다. 특히 모델화 오차나 외

란 토크는 반드시 존재한다고 볼 수 있다. 그래서 다시 다음과 같은 서보계를 구성하여 이들에 의한 영향을 경감화하는 것을 생각한다.

$$\tau_n = \ddot{\boldsymbol{\phi}}_d + \boldsymbol{K}_p\left\{(\boldsymbol{\phi}_d - \boldsymbol{\phi}) + \boldsymbol{T}_D(\dot{\boldsymbol{\phi}}_d - \dot{\boldsymbol{\phi}})\right\} \tag{4 · 37}$$

여기서 궤도 추종 오차 e를

$$e = \boldsymbol{\phi}_d - \boldsymbol{\phi} \tag{4 · 38}$$

라고 정의하면 오차 e에 관한 방정식(**오차방정식**)

$$\ddot{e} + \boldsymbol{K}_p\boldsymbol{T}_D\dot{e} + \boldsymbol{K}_p e = 0 \tag{4 · 39}$$

가 얻어진다. 여기서 게인 행렬 $\boldsymbol{K}_p$, $\boldsymbol{T}_D$가 모두 대각행렬이라고 하면 오차방정식은 두 개의 독립된 미분방정식이 되고 상호 간섭이 존재하지 않게 된다. 즉 ϕ_1의 운동이 ϕ_2의 운동에 영향을 주는 일은 없고 또 그 반대도 없다. 또한 식 (4 · 39)의 특성방정식은 기본적으로는 4 · 1절에서 든 식 (4 · 21)과 동일하므로 적당한 피드백 게인값 $\boldsymbol{K}_p$, $\boldsymbol{T}_D$를 선택하면 바라는 응답을 시킬 수 있고 오차는 시간과 더불어 0으로 수렴된다.

이상과 같이 바람직한 관절각 가속도를 실현시키는 관절 토크를 계산(식 (4 · 33), (4 · 34))하는 방법을 **계산 토크 제어법**(또는 **피드백 선형화법**)이라고 하며, 다시 또 이것에 모델화 오차나 외란 토크에 대한 보상을 피드백으로 **서보 보상**하는 방법(식 (4 · 37))을 가한 방법을 **2단계 제어법**이라고 한다. 상기 제어계를 도시하면 그림 4 · 11과 같이 된다.

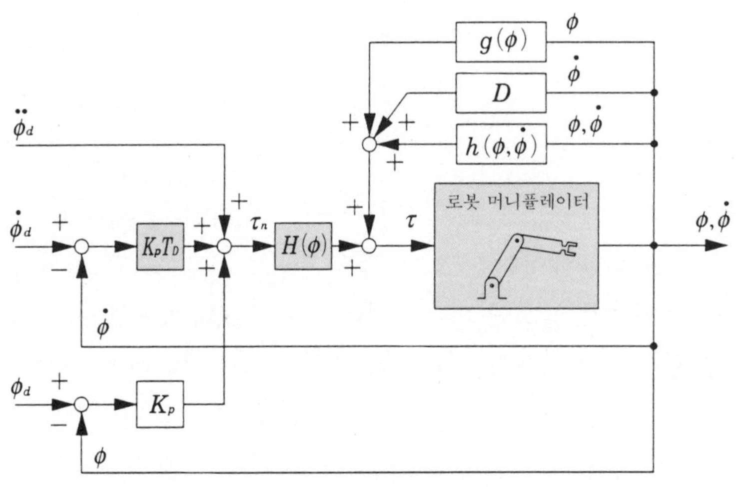

그림 4 · 11 계산 토크 제어의 블록선도

●잠깐 한 마디●

　로봇의 제어에는 통상 컴퓨터를 사용한다. 앞에서 기술한 것과 같이 여기서 나타 낸 제어법을 위시해서 모든 로봇의 제어법은 고속 컴퓨터가 존재하는 것을 전제로 하고 있다. 그러나 현실적으로는 컴퓨터의 속도에도 한계가 있고 각도 등의 아날로 그 정보를 컴퓨터에 입력하기 위해 디지털량으로 변환할 때의 양자화 오차에 의한 제어 성능의 열화 등과 같은 문제도 생긴다. 따라서 로봇의 제어를 생각하기 위해서 는 엄밀하게는 디지털 제어계로서 논의하지 않으면 안되지만 이것들에 대한 논의는 여기서는 생략한다.

[3] 분해 가속도 제어

　앞 항에서의 논의는 전부 관절 각도의 움직임에 대한 것이었다. 그러나 통상 로 봇 작업에 관한 요구는 작업 좌표계에서의 요구로 주어지는 것이 많다. 예를 들면 손끝 위치를 일정한 속도로 현재 위치에서 다른 지점까지 이동시킨다든가 손끝에 원을 그리게 하는 등이다. 그래서 이 항에서는 머니퓰레이터에 대한 요구가 작업 좌표계로 부여된 경우의 계산 토크 제어법에 대해서 기술한다.

　제2장 2·1절의 식 (2·3)에서 든 것과 같이 관절각속도 $\dot{\phi}$ 와 손끝 좌표 속도 $\dot{P}$ 간에는

$$\dot{P} = J(\phi)\dot{\phi} \tag{4·40}$$

의 관계가 성립된다. 다시 이 식을 시간 t 로 미분하면

$$\ddot{P} = \dot{J}(\phi)\dot{\phi} + J(\phi)\ddot{\phi} \tag{4·41}$$

가 된다. 따라서 식 (4·40), (4·41)에서 야코비 행렬 J 가 정칙이면

$$\dot{\phi} = J^{-1}(\phi)\dot{P} \tag{4·42}$$

$$\ddot{\phi} = J^{-1}(\phi)\left\{\ddot{P} - \dot{J}(\phi)\dot{\phi}\right\} = J^{-1}(\phi)\left\{\ddot{P} - \dot{J}(\phi)J^{-1}(\phi)\dot{P}\right\} \tag{4·43}$$

와 같은 관계가 성립된다. 그래서 식 (4·42), (4·43)을 머니퓰레이터의 운동방정 식 (4·32)에 대입하면 작업 좌표계에 관한 운동방정식이 다음과 같이 도출된다.

$$H(\phi)J^{-1}(\phi)\ddot{P} - H(\phi)J^{-1}(\phi)\dot{J}(\phi)\dot{P} + h(\phi,\dot{\phi}) + DJ^{-1}(\phi)\dot{P} + g(\phi) = \tau \tag{4·44}$$

이 운동방정식에 대해서 [2]와 동일한 순서를 밟으면 작업 좌표계에 대한 제어법을 찾아낼 수 있다. 이 방법에 의한 제어를 **분해 가속도 제어**라고 한다.

이 경우 식 (4·33), (4·34), (4·37)에 대응하는 식은

$$\tau = H(\phi)J(\phi)^{-1}\tau_n + \hat{h}_P(\phi, \dot{\phi}) \qquad (4\cdot45)$$

$$\hat{h}_P(\phi, \dot{\phi}) = h(\phi, \dot{\phi}) + \left(-H(\phi)J^{-1}(\phi)\dot{J}(\phi) + DJ(\phi)^{-1}\right)\dot{P} + g(\phi) \qquad (4\cdot46)$$

$$\tau_n = \ddot{P}_d + K_p\left\{(P_d - P) + T_D(\dot{P}_d - \dot{P})\right\} \qquad (4\cdot47)$$

이다.

그림 4·12는 이 제어계의 블록선도를 그린 것이다.

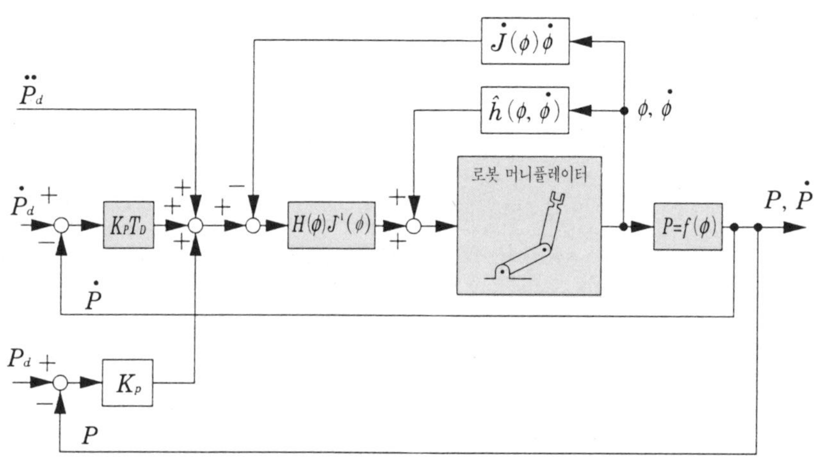

그림 4·12 분해 가속도 제어의 블록선도

4·3 머니퓰레이터의 힘 제어

앞 절까지 든 머니퓰레이터의 제어에 있어서는 머니퓰레이터는 공간 내를 아무 구속없이 자유롭게 운동하는 것을 가정하고 있다. 그러나 머니퓰레이터에 요구되는 작업에는 어떠한 형태로 환경과 접촉하고 있지 않으면 안되는 작업이 많다.

또는 오히려 적극적으로 접촉함으로써 비로소 작업에 의미가 있게 되는 경우도 많다. 부품의 조립, 주물 등의 버 제거, 도어의 개폐, 유리창 닦기, 톱질 등과 같은 작업은 이와 같은 작업의 예이다.

이와 같은 작업에 로봇 머니퓰레이터를 이용하려는 경우 머니퓰레이터의 손끝과 환경간에 힘의 간섭이 생긴다. 그렇기 때문에 이미 기술한 제어법만으로는 이와 같은 작업을 하는 머니퓰레이터 제어에는 대응할 수 없다. 이 절에서는 이와 같은 작업을 로봇에게 시키기 위한 머니퓰레이터 제어법으로 개발된 임피던스 제어법과 하이브리드 제어법에 대해서 설명한다.

[1] 임피던스 제어

임피던스 제어법에서는 기계 임피던스라는 개념을 사용한다. 기계 임피던스라는 말이 생소할지도 모르므로 우선 이것에 대해서 약간 설명하기로 한다. 임피던스라는 개념은 원래 전기공학 분야에서 사용되고 있던 것으로서, 로봇공학 분야에서는 전기공학과 기계공학의 **유사 관계**를 이용해서 이 개념을 사용하고 있다. 먼저 이 유사 관계에 대해서 설명한다.

전기의 기초적인 수동 소자로서 콘덴서, 저항, 코일, 이 세 가지가 있다. 이들 소자 양단에 걸리는 전압을 E, 흐르는 전류를 i라고 하면

$$\text{콘 덴 서} : E = \frac{1}{C} \int i \, dt \tag{4 · 48a}$$

$$\text{저 \quad 항} : E = Ri \tag{4 · 48b}$$

$$\text{코 \quad 일} : E = L \frac{di}{dt} \tag{4 · 48c}$$

의 관계가 성립되는 것은 잘 알려져 있다.

한편, 대표적인 기계 요소인 스프링, 댐퍼, 질량에 대해서는, 그것에 가해지는 외력을 F, 변위를 x라고 하면

$$\text{스 프 링} : F = kx \tag{4 · 49a}$$

$$\text{댐 \quad 퍼} : F = D \frac{dx}{dt} \tag{4 · 49b}$$

$$\text{질 \quad 량} : F = m \frac{d^2 x}{dt^2} \tag{4 · 49c}$$

의 관계가 성립되는데, 속도 v와 변위 x의 관계 $v = dx/dt$를 사용하여 이 관계를 다시 쓰면

$$\text{스 프 링} : F = k \int v\,dt \tag{4 · 50a}$$

$$\text{댐　퍼} : F = Dv \tag{4 · 50b}$$

$$\text{질　량} : F = m\frac{dv}{dt} \tag{4 · 50c}$$

가 된다.

여기서 식 (4 · 48)과 식 (4 · 50)을 비교하면 양자는 동일한 형식을 하고 있는 것을 알 수 있다. 즉 전압이 힘에, 전류가 속도에 대응하고 있다고 생각하면, 콘덴서는 스프링에, 전기 저항은 댐퍼에, 코일은 질량에 각각 대응한다. 따라서 전기공학 분야에서 사용되고 있는 임피던스의 개념은 기계공학 분야에도 확장해서 이용할 수 있게 된다.

그런데 식 (4 · 48) 양변을 라플라스 변환하여 $s = j\omega$ 라고 하면

$$\text{콘 덴 서} : E(j\omega) = \frac{1}{j\omega C} I(j\omega) \tag{4 · 51a}$$

$$\text{저　항} : E(j\omega) = RI(j\omega) \tag{4 · 51b}$$

$$\text{코　일} : E(j\omega) = j\omega LI(j\omega) \tag{4 · 51c}$$

가 되는데, 전기공학 분야에서는 $E(j\omega)/I(j\omega)$를 임피던스로 정의하고 있다. 따라서 $1/j\omega C$, R, $j\omega L$이 저항, 콘덴서, 코일의 임피던스이고, 이 임피던스는 정현파상 인가 전압에 대한 '저항과 같은 것'을 표시하고 있다.

예를 들면 코일의 경우 그 임피던스(저항같은 것)는 $j\omega L$ 이므로 주파수가 낮은 입력 전압(작은 ω)에 대해서는 작은 저항이 되고 주파수가 높은 입력 전압(큰 ω)에 대해서는 큰 저항이 되는 것을 알 수 있다. 즉 입력 전압의 주파수에 대해서 다른 저항을 표시하는 소자라는 것을 의미한다.

또한 식 (4 · 51)에서의 허수 j가 의미하는 것은 전압 E는 전류 I보다 $90°$ 위상이 앞선다는(반대로 말하면 전류 I는 전압 E보다 $90°$ 위상이 뒤지는) 것이다. 이 논의를 기계시스템에 적용하면

$$\text{스 프 링} : F(j\omega) = \frac{k}{j\omega} V(j\omega) \tag{4 · 52a}$$

$$\text{댐　퍼} : F(j\omega) = DV(j\omega) \tag{4 · 52b}$$

$$\text{질　량} : F(j\omega) = j\omega mV(j\omega) \tag{4 · 52c}$$

가 되므로 유사 관계를 적용하면 기계 임피던스는 $F(j\omega)/V(j\omega)$로 정의되며 스프링, 댐퍼, 질량의 임피던스는 각각 $k/j\omega$, D, $j\omega m$이 되는 것이다.

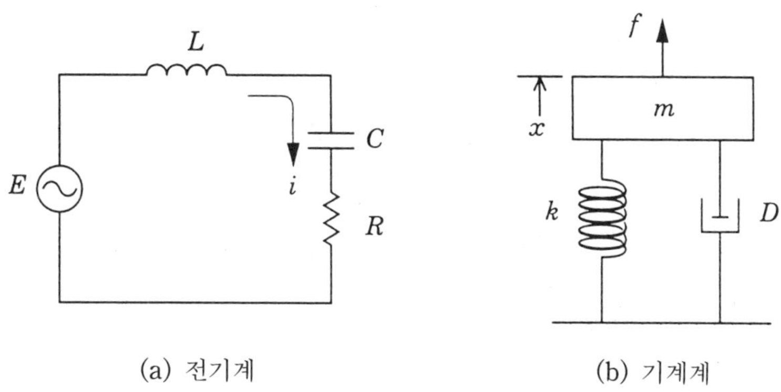

(a) 전기계   (b) 기계계

그림 4 · 13 전기계와 기계계의 유사 관계

이상의 유사 관계를 좀 더 복잡한 예로 알아보기로 하자. 그림 4 · 13 (a)는 저항·코일·콘덴서로 구성된 전기회로이다. 인가 전압을 E, 회로에 흐르는 전류를 i라고 하면

$$L\frac{di}{dt}+Ri+\frac{1}{C}\int idt = E \qquad (4 \cdot 53)$$

의 관계가 성립된다. 한편, 그림 4 · 13 (b)는 스프링 · 댐퍼 · 질량으로 구성된 기계시스템이다. 질량부에 가해지는 힘을 F, 질량부의 속도를 v 라고 하면

$$m\frac{dv}{dt}+Dv+k\int vdt = F \qquad (4 \cdot 54)$$

의 관계가 성립된다. 이 두 미분방정식을 라플라스 변환하여 $s=j\omega$ 라고 하면

$$\left(j\omega L+R+\frac{1}{j\omega C}\right)I(j\omega) = E(j\omega) \qquad (4 \cdot 55a)$$

$$\left(j\omega m+D+\frac{k}{j\omega}\right)V(j\omega) = F(j\omega) \qquad (4 \cdot 55b)$$

가 된다.

단, 초기값은 전부 0으로 하고 있다. 따라서 그림 4 · 13 (a)의 합성 임피던스가 $j\omega L+R+(1/j\omega C)$인 것과 같이 그림 4 · 13 (b)의 (합성)기계 임피던스는 $j\omega m+D+(k/j\omega)$이다.

 이와 같이, 당연한 일이지만, 기초 요소를 조합해서 구성되는 시스템에 있어서도 유사 관계가 성립되는 것이다. 다만 로봇공학 분야에서는 임피던스를 이와 같이 표현하는 일은 별로 없다. 단순히 기계 임피던스 $[m,\ D,\ k]$로 표시하며 식 (5·54)를 그대로 임피던스식으로 이해하는 것이 보통이다.

 이상으로 기계 임피던스의 이미지는 파악했으리라 생각되므로 이것을 사용한 임피던스 제어에 대해서 설명한다. **임피던스 제어법**이란 외력에 대한 손끝의 기계 임피던스를 작업에 맞추어 설정함으로써 위치 및 힘을 제어하는 방법으로, **수동 임피던스법**과 **능동 임피던스법**이 있다. 수동 임피던스법이란 스프링·댐퍼 등의 수동적인 기계 요소에 의해 하드웨어적으로 손끝의 기계 임피던스를 설정하는 방법이다.

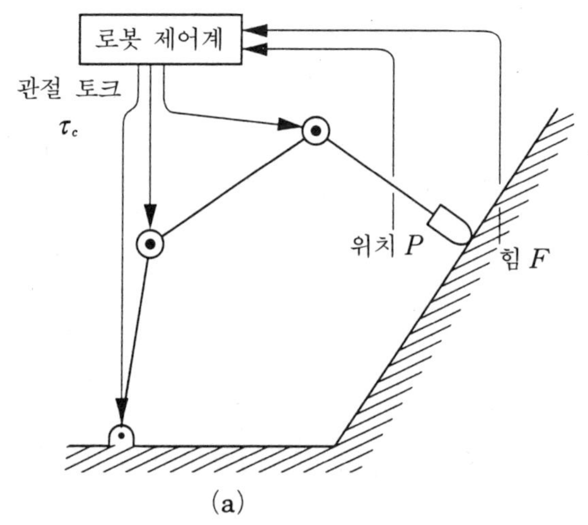

(a)

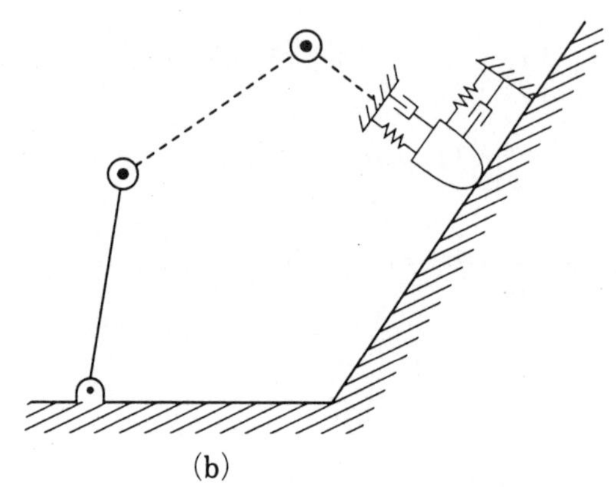

(b)

그림 4·14 임피던스 제어의 개념도

한편, 능동 임피던스법은 손끝의 위치, 속도, 힘 등을 피드백함으로써 액추에이터를 구동, 결과적으로 바람직한 기계적 임피던스를 실현시키고자 하는 방법이다. 수동 임피던스법에 대해서는 제2편 끝의 참고문헌 2), 6)을 참조하기 바라며, 여기서는 능동 임피던스법에 대해서 설명하겠다.

먼저 그림 4·14의 2링크 머니퓰레이터의 예를 사용하여 능동 임피던스법의 이미지를 그리도록 한다. 그림 (a)는 머니퓰레이터 제어계의 구성도이다. 작업 변수 P와 손끝에 작용하는 외력 F는 어떠한 센서로 계측된다고 하고 이들 값은 피드백되어 적당한 제어 법칙에 의해 관절 구동 제어 토크 τ_c가 결정된다고 한다.

능동 임피던스법이란 이 제어 결과로 손끝의 기계 임피던스가 마치 그림 (b)와 같이 바람직한 임피던스가 되도록 하는 제어법이다.

예를 들면 대상 물체와의 연직 방향으로의 기계 임피던스를 낮게, 접선 방향으로의 임피던스를 높게 하면 대상 물체와는 부드럽게 접촉하면서 접선 방향으로는 확실하게 이동한다.

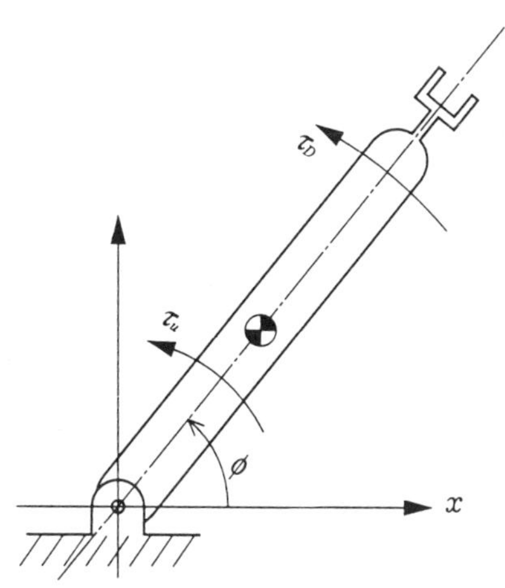

그림 4·15 1링크 머니퓰레이터
(수평면 내를 운동)

다음에 능동 임피던스법의 구체적인 실현법을 그림 4·15의 1링크 머니퓰레이터를 사용하여 설명한다.

이 머니퓰레이터의 운동방정식이

$$I_a \ddot{\phi} + D_a \dot{\phi} = K_a \phi = \tau_u + \tau_D \tag{4·56}$$

여기서

I_a : 링크 관절 주위의 관성 모멘트

K_a : 스프링 상수

τ_u : 제어 구동 토크

D_a : 점성 마찰계수

τ_D : 링크에 가해지는 외력 토크

로 부여된다고 한다.

여기서 계의 외력 토크에 대해 바람직한 기계 임피던스가

$$I_d\ddot{\phi}+D_d(\dot{\phi}-\dot{\phi}_d)+K_d(\phi-\phi_d)=\tau_D \tag{4·57}$$

로 표시되는 것으로 한다. I_d, D_d, K_d는 각각 바람직한 관성 모멘트, 점성계수, 스프링 상수이고 ϕ_d는 목표 관절 각도이다. 이 식은 외력 토크 τ_D에 대해서 I_d의 관성 모멘트를 가지는 링크이고 각속도 편차 및 각도 편차에 대해서 각각 D_d, K_d의 댐퍼나 스프링이 달려 있는 계로서 거동하는 시스템을 바람직한 시스템이라고 한다는 것을 의미한다.

지금, 식 (4·56), (4·57)에서 제어 구동 토크 τ_u를

$$\tau_u=(I_a-I_d)\ddot{\phi}+(D_a-D_d)\dot{\phi}+(K_a-K_d)\phi+D_d\dot{\phi}_d+K_d\phi_d \tag{4·58}$$

라고 정하면 식 (4·57)의 임피던스가 실현된다. 이것은 식 (4·58)을 식 (4·56)에 대입하면 식 (4·57)이 얻어지는 것에서 명확해진다.

또한 식 (4·58)에 $\ddot{\phi}$, $\dot{\phi}$, ϕ가 포함되어 있는 것에서 알 수 있듯이, 이 알고리즘에서는 관절의 각도, 각속도, 각 가속도가 계측되는 것을 전제로 하고 있다.

또한 $I_d=I_a$로 된다면 식 (4·58)에 의해

$$\tau_u=(D_a-D_d)\dot{\phi}+(K_a-K_d)\phi+D_d\dot{\phi}_d+K_d\phi_d \tag{4·59}$$

가 되며 PD 피드백으로 임피던스 제어가 실현된다. 이 방법은 각 가속도 $\ddot{\phi}$의 정보가 불필요하므로 실현이 용이하다.

또한 외력 토크 τ_D가 직접 계측 가능한 경우는

$$\tau_u=(D_a-I_aI_d^{-1}D_d)\dot{\phi}+(K_a-I_aI_d^{-1}K_d)\phi-(1-I_aI_d^{-1})\tau_D$$
$$+I_aI_d^{-1}(D_d\dot{\phi}_d+K_d\phi_d) \tag{4·60}$$

에 의해 식 (4·57)의 임피던스가 실현된다. 왜냐하면 식 (4·60)의 구동 제어 토

크 τ_u를 식 (4·56)에 대입하면 식 (4·57)이 얻어지기 때문이다.

다음에 바람직한 임피던스 계수 I_d, D_d, K_d를 결정하는 문제를 검토해 보자. 우선 손끝이 대상 물체와 접촉하고 있지 않는 경우, 즉 $\tau_D=0$인 경우부터 시작한다. 이 경우 식 (4·57)에서 계의 고유진동수 ω_n, 감쇠계수 ζ는

$$\omega_n = \sqrt{\frac{K_d}{I_d}}, \quad \zeta = \frac{D_d}{2\sqrt{I_d K_d}} \qquad (4 \cdot 61)$$

이다. 흔히 사용되는 설정법 중 하나는 $I_d=I_a$로서 과도 응답을 잘 하기 때문에 (속응성을 높이기 때문에) 고유진동수 ω_n을 크게 하고, 감쇠계수 ζ를 0.7~1 정도로 선택하는 방법이다.

다음에 대상 물체와 머니퓰레이터간에 어떠한 기계 임피던스가 있는 경우를 검토한다. 지금 이 관계가 다음 식으로 모델화된다고 하자.

$$D_e \dot{\phi} + K_e(\phi - \phi_e) = -\tau_D \qquad (4 \cdot 62)$$

이 식은 대상 물체와 머니퓰레이터 손끝간의 관계가 댐퍼와 스프링으로 모델링되는 물체라는 것을 의미한다. 여기서 각도 ϕ_e는 외력 토크 $\tau_D=0$이 되는 경우의 링크 각도이다. 링크 또는 대상 물체 접촉면의 탄성이 낮은 경우 K_e는 작고 양쪽이 높은(단단한) 경우는 크다. D_e는 링크, 대상 물체 쌍방의 재질에 의존하는 값이다.

이때 식 (4·57), (4·62)에서

$$I_d \ddot{\phi} + (D_d + D_e) \dot{\phi} + (K_d + K_e) \phi = D_d \dot{\phi}_d + K_d \phi_d + K_e \phi_e \qquad (4 \cdot 63)$$

가 되므로 고유진동수 ω_n, 감쇠계수 ζ는

$$\omega_n = \sqrt{\frac{K_d + K_e}{I_d}}, \quad \zeta = \frac{D_d + D_e}{2\sqrt{I_d(K_d + K_e)}} \qquad (4 \cdot 64)$$

가 된다.

이 경우의 설정 방법도 상술한 것과 같지만 문제는 통상 K_e, D_e의 값은 환경에 따라 결정되는 값이므로 정확히는 모르는 것에 있다. 예를 들어 실제의 K_e의 값이 상정값보다 크고 D_e의 값이 상정값보다 작은 경우 식(4·64)에 의존하여 적절하게 조정하고 있어도 감쇠계수가 작아지기 때문에 감쇠성이 나빠지고 진동적이되므로 충분히 주의할 필요가 있다.

•잠깐 한 마디•

　상기의 논의를 일반의 경우(3차원 6자유도 머니퓰레이터)로 확장하자. 6자유도 머니퓰레이터의 운동방정식은 이미 나타낸 것과 같이

$$H(\phi)\ddot{\phi}+\hat{h}(\phi, \dot{\phi})=\tau \tag{4·65}$$

로 부여된다. 또한 머니퓰레이터의 관절각속도 ϕ와 작업 좌표의 손끝 속도 $\dot{P}$ 간에는 야코비 행렬을 J로 하면

$$\dot{P}=J\dot{\phi} \tag{4·66}$$

의 관계가 있다. 한편, 머니퓰레이터 손끝에 걸리는 외력 F에 등가인 관절력 τ_F는 식 (2·24)에 의해

$$\tau_F=J^T F \tag{4·67}$$

이므로 외력 F가 작용한 경우의 머니퓰레이터의 운동방정식은

$$H(\phi)\ddot{\phi}+\hat{h}(\phi, \dot{\phi})=\tau+J^T F \tag{4·68}$$

가 된다.

　이상의 관계식을 사용하여 머니퓰레이터의 운동방정식을 작업 좌표계로 표현하면 다음과 같이 된다.

$$H_P(\phi)\ddot{P}+\hat{h}_P(\phi, \dot{\phi})=J^{-T}\tau+F \tag{4·69}$$

　여기에

$$J^{-T}\equiv(J^T)^{-1}$$
$$H_P(\phi)=J^{-T}(\phi)H(\phi)J^{-1}(\phi)$$
$$\hat{h}_P(\phi, \dot{\phi})=J^{-T}\hat{h}(\phi, \dot{\phi})-H_P(\phi)\dot{J}(\phi)\dot{\phi}$$

　한편, 손끝에 요망되는 기계 임피던스가

$$H_d(\phi)\ddot{P}+D_d\dot{P}_e+K_d P_e=F \tag{4·70}$$

로 표현된다고 한다. 이때 다음의 제어 법칙을 사용하면 페루프계는 이 임피던스를 실현시키는 계가 된다.

$$\tau=J^T\{\hat{h}_P(\phi, \dot{\phi})-H_P(\phi)H_d^{-1}(D_d\dot{P}_e+K_d P_e)$$
$$+(H_P(\phi)H_d^{-1}-E)F\} \tag{4·71}$$

　단, E는 6×6의 단위행렬이다. 여기서는 손끝에 작용하는 외력은 직접 계측되는 것으로 하고 있다.

[2] 하이브리드 제어

능동 임피던스 제어는 머니퓰레이터 손끝이 대상물과 힘의 간섭을 받아도 기계 임피던스라고 하는 개념을 사용함으로써 목표로 하는 궤도를 실현시키려고 하는 방법이다. 이에 비해서 하이브리드 제어법은 작업 내용을 분석하여 힘 제어할 방향과 위치 제어할 방향을 분할함으로써 이 작업을 달성시키고자 하는 방법이다.

예를 들면 그림 4·16 (a)는 머니퓰레이터로 톱질하는 작업을 나타내고 있다. 이 경우 x 방향은 위치 제어(또는 속도 제어)를 하는 방향, y 및 z 방향은 힘 제어를 하는 방향이라고 하면 될 것 같다. 그림 (b)는 로봇 머니퓰레이터에 크랭크를 회전시키는 작업이다.

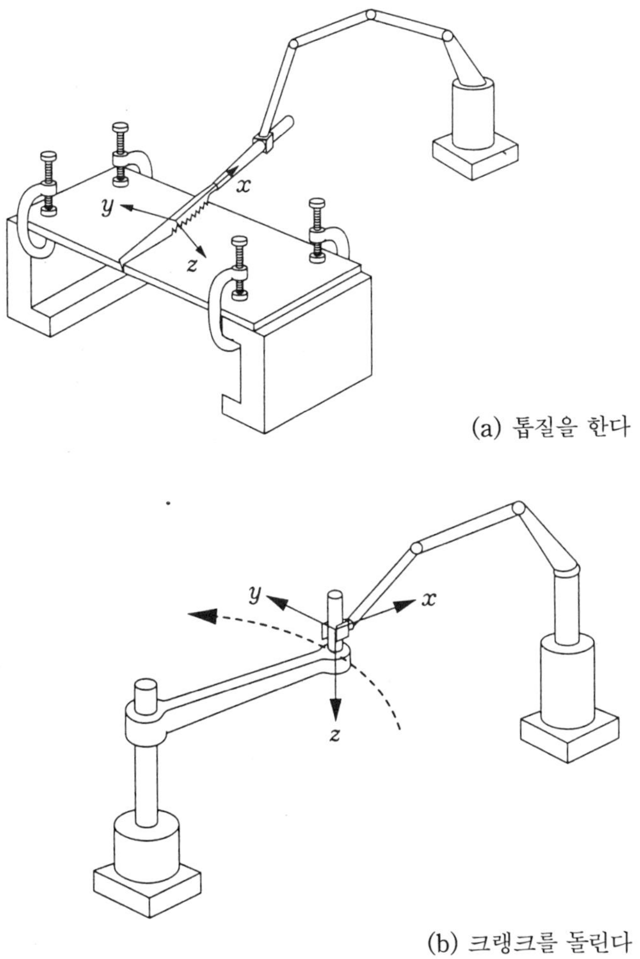

(a) 톱질을 한다

(b) 크랭크를 돌린다

그림 4·16 위치와 힘의 제어를 필요로 하는 작업

　이 경우는 그림의 y방향을 위치 제어하는 방향, x, y방향을 힘 제어(이 예의 경우는 어느 방향으로의 힘의 목표값도 0이 적당할 것이다)하는 방향으로 분할하면 될 것이다. 다만 그림 (b)의 경우 이 좌표계는 운동과 함께 회전시킬 필요가 있다. 로봇 머니퓰레이터로 창을 닦는 예를 들어, 이 방법을 구체적으로 설명하기로 한다. 여기서도 설명을 쉽게 하기 위해 머니퓰레이터는 2링크 머니퓰레이터라고 한다.

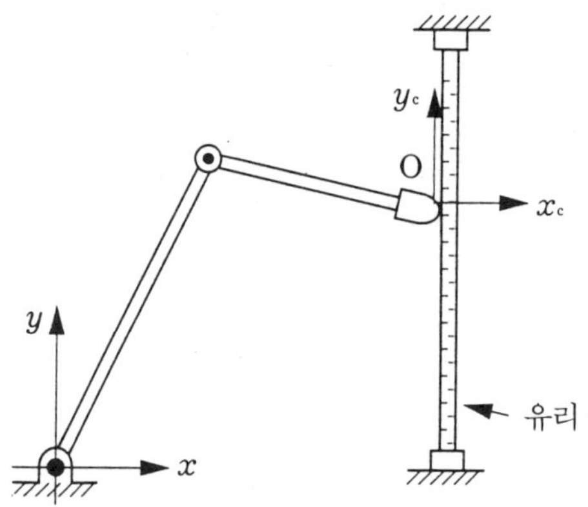

그림 4·17　하이브리드 제어법

　그림 4·17은 머니퓰레이터, 좌표축 및 머니퓰레이터의 작업 상황을 나타내고 있다. 이 작업은 x_c방향으로 일정한 힘으로 손끝을 유리에 밀면서 y_c방향으로 손끝을 이동시키는 작업이다. 지금 좌표계 $O\text{-}X_cY_c$에서의 미는 힘 ${}^c\boldsymbol{f}(\boldsymbol{t})$와 손끝 좌표 ${}^c\boldsymbol{P}(\boldsymbol{t})$가 손끝에 설치된 힘 감각 센서나 관절 각도 센서로부터의 정보와 이것에 입각하는 계산에 의해 얻어지고 목표로 하는 미는 힘 ${}^c\boldsymbol{f}_e(\boldsymbol{t})=({}^cf_{ex}(t),\ {}^cf_{ey}(t))^T$ 와 손끝 좌표 ${}^c\boldsymbol{P}_e(\boldsymbol{t})=({}^cP_{ex}(t),\ {}^cP_{ey}(t))^T$ 가 부여되어 있다고 한다. 이때 필요한 힘 오차 정보 및 위치 오차 정보는

$$
\begin{aligned}
{}^c\boldsymbol{f}_e(\boldsymbol{t}) &= \begin{bmatrix} 1 & 0 \\ 0 & 0 \end{bmatrix}\begin{bmatrix} {}^cf_{dx}(t)-{}^cf_x(t) \\ {}^cf_{dy}(t)-{}^cf_y(t) \end{bmatrix} = \boldsymbol{S}[{}^c\boldsymbol{f}_d(\boldsymbol{t})-{}^c\boldsymbol{f}(\boldsymbol{t})] \\
&= \begin{bmatrix} {}^cf_{dx}(t)-{}^cf_x(t) \\ 0 \end{bmatrix}
\end{aligned} \tag{4·72}
$$

$$
\begin{aligned}
{}^c\boldsymbol{P}_e(\boldsymbol{t}) &= \begin{bmatrix} 0 & 0 \\ 0 & 1 \end{bmatrix}\begin{bmatrix} {}^cP_{dx}(t)-{}^cP_x(t) \\ {}^cP_{dy}(t)-{}^cP_y(t) \end{bmatrix} = (\boldsymbol{E}-\boldsymbol{S})[{}^c\boldsymbol{P}_d(\boldsymbol{t})-{}^c\boldsymbol{P}(\boldsymbol{t})] \\
&= \begin{bmatrix} 0 \\ {}^cP_{dy}(t)-{}^cP_y(t) \end{bmatrix}
\end{aligned} \tag{4·73}
$$

이다. 여기서

$$S = \begin{bmatrix} 1 & 0 \\ 0 & 0 \end{bmatrix} \tag{4 · 74}$$

이고, 이 행렬 S 는 힘 제어 및 위치 제어를 할 성분을 추출하기 위한 행렬이다. x_c 방향이 위치 제어, y_c 방향이 힘 제어를 하는 작업인 경우에는

$$S = \begin{bmatrix} 0 & 0 \\ 0 & 1 \end{bmatrix}$$

으로 설정하면 된다.

다음에 이들 작업 공간으로 표현한 값을 관절 공간의 값으로 변환한다. 머니퓰레이터의 손끝 속도 $^c\dot{P}$ 와 관절각속도 $\dot{\phi}$ 를 관련짓는 야코비 행렬을 J 라고 하면 제 2 장에서 나타낸 것과 같이

$$\phi_e(t) = J^{-1} \, ^c P_e(t) \tag{4 · 75}$$

$$\dot{\phi}_e(t) = J^{-1} \, ^c \dot{P}_e(t) \tag{4 · 76}$$

$$\tau_e(t) = J^T \, ^c f_e(t) \tag{4 · 77}$$

가 성립된다. 단, 식 (4 · 75)는 $^c P_e(t)$ 가 미소한 경우에만 성립하는 근사식이다.

그래서 식 (4 · 72), (4 · 73)에 나타낸 힘 오차와 위치 오차, 이 두 종류의 오차를 보상하기 위한 관절 구동력 τ_f, τ_P 를 결정하고 그 합의 값을 액추에이터가 실현시킬 수 있으면 목적하는 작업이 가능해진다. 힘 제어로서 PI 제어 법칙을, 위치 제어를 위한 제어 법칙으로서 PD 제어 법칙을 사용하면

$$\tau_f = K_{FP}\left\{ J^T S(f_d - f) + T_{FI} J^T S \int_0^t (f_d - f) dt \right\} \tag{4 · 78}$$

$$\tau_P = K_{PP}\left\{ J^{-1}(E - S)(P_d - P) + T_{IP} J^{-1}(E - S)\left(\dot{P}_d - \dot{P}\right) \right\} \tag{4 · 79}$$

가 되며 최종적인 구동 토크 $\tau(t)$ 는

$$\tau(t) = \tau_F(t) + \tau_P(t) \tag{4 · 80}$$

이다.

이상의 하이브리드 제어계를 블록선도로 표현하면 그림 4 · 18과 같다. 그림의

제어 방향 지령은 식 $(4 \cdot 73)$의 행렬 S에 해당하고 힘 제어 방향 오차 추출, 위치 제어 방향 오차 추출은 각각 식 $(4 \cdot 72)$, $(4 \cdot 73)$에 대응하고 있다.

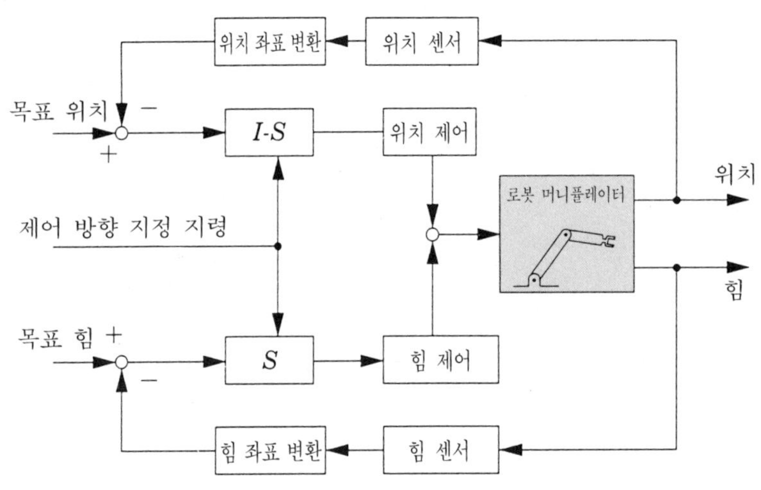

그림 $4 \cdot 18$ 하이브리드 제어계

　상기의 논의에서는 머니퓰레이터의 다이내믹스를 고려하고 있지 않다. 머니퓰레이터를 빨리 동작시키고 싶은 경우에는 이 다이내믹스를 고려한 제어계의 설계가 필요하다. 지면 관계상 여기서는 언급하지 않지만 이에 대한 기본적인 개념은 계산 토크법에 여기서 기술한 하이브리드 제어법을 조합함으로써 실현시킬 수 있다.

1. 제 3 장 그림 3·7에 나타내는 단진자의 운동방정식은 근사적으로

$$I\ddot{\phi}+D\dot{\phi}+mgl_G\phi=0$$

으로 표시된다(제 3 장 연습 문제 [3] 참조).

(1) 이 계의 감쇠계수, 고유진동수를 구하라.

(2) 감쇠계수 ζ가 1보다 작은 경우 그림 4·19와 같은 파형이 된다. 여기서 진폭비 $\overline{BB'}/\overline{AA'}$를 구하라.

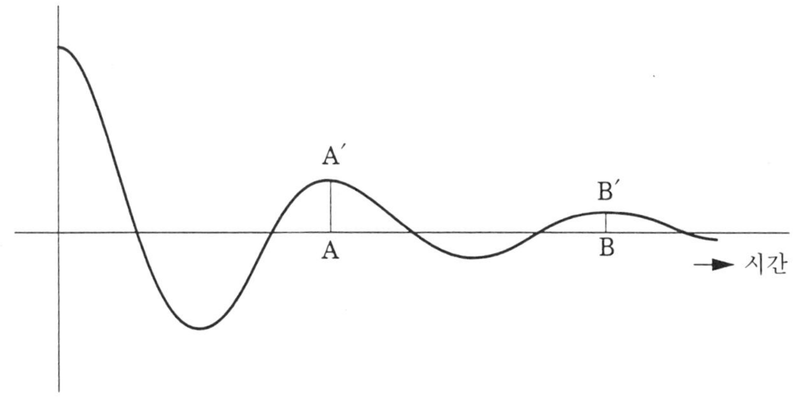

그림 4·19

2. 최종값의 정리에 의해 PD 컨트롤러를 사용해도 시스템(식 (4·3)) 출력의 오프셋을 소거할 수 없음을 확인하라.

3. 단진자의 동작을 기록한 결과, 그림 4·19의 파형이 얻어졌다고 하면 문제 1.의 결과를 참고로 하여 진자의 파라미터인 관성 모멘트 I와 점성 마찰계수 D를 구할 수 있음을 설명하라. 단, 질량 m, 길이 l_G, 중력가속도 g는 알고 있다고 한다.

제 **5** 장

학습 제어

앞 장에서 로봇 머니퓰레이터를 동작시키기 위한 제어 방법에 대해서 설명했는데, 이들 방법이 유효하려면 작성한 머니퓰레이터의 모델이나 그것에 포함되는 파라미터 값을 정확히 알고 있지 않으면 안된다. 그러나 이러한 상태는 실제로는 드문 일이고 파라미터 값을 알 수 없다. 설사 알고 있어도 부정확한 경우가 많다. 이와 같은 문제에 대응 가능한 제어 방법으로서 적응 제어나 학습 제어법이 고안되고 있다.

이 장에서는 학습 제어법에 대해서 설명한다. 적응 제어법도 효과적인 방법이지만, 그 내용의 풍부성과 상당한 수학적 준비의 필요성을 생각할 때 본서의 범위를 크게 초과하므로 여기서는 취급하지 않겠다.

5·1 학습 제어의 배경

지금까지 머니퓰레이터의 주요 제어법에 대해서 설명했는데, 이들 방법이 유효하려면 다음과 같은 조건이 필요하다.

① 분해 속도 제어 등의 로봇 제어법을 실행하기 위해서는 링크 길이 등의 기하학적인 파라미터 값을 알고 있을 것.

② 머니퓰레이터를 고속도, 고정밀도로 동작시키기 위한 제어계를 구성하기 위해서는 ①에 추가해서 로봇의 질량, 관성 모멘트, 점성 마찰계수 등의 파라미터 값을 알고 있을 것.

③ 또한 로봇 기구에 이따금 존재하는 백래시나 비선형 마찰 등의 모델과 그에 관련되는 파라미터 값을 알고 있을 것.

이들 조건 중 조건 ①은 간단히 해결되지만 조건 ②를 극복하기 위해서는 상당한 노력이 필요하다. 또한 조건 ③의 마찰계수나 백래시 등은 모델화하는 것 자체가 용이하지 않고 또 그 파라미터 값은 온도에 의존하며 시간에 따른 변화도 무시할 수 없다.

그런데 현재의 로봇 머니퓰레이터가 하고 있는 작업의 대표적인 예는 워크의 반송, 용접 작업, 도장 작업 등이다. 이들 작업 내용은 각각 상이하지만 단순한 반복 작업이라는 것이 공통점이다. 또 최근에는 조립 작업 분야에도 로봇의 도입이 많은데 이 작업도 최종적으로는 반복 작업임에 변함이 없다. 사람을 이와 같은 단순 반복 노동에서 해방시키는 것이 로봇의 큰 사명 중 하나라는 관점에서 볼 때 이 사실도 당연할 것이다.

이와 같이 로봇이 행하는 동작이 동일한 단순 동작의 반복이라는 것을 생각하면 사람이 가지는 학습 기능을 로봇에게 부여하는 방법이 효과적이라는 것은 그다지 틀리지 않은 생각이다. 만일 이 방법에 의해 앞에서 제시한 세 가지 조건이 해결된다면 로봇 제어가 대폭 간단해질 가능성도 있다. 학습 제어법은 이들 세 가지 조건을 해결할 수 있는 효과적인 방법의 하나이다.

학습 제어법은 반복 시행을 함으로써 바람직한 동작을 자동적으로 얻을 수 있는 방법이고, 이러한 의미에서 종래의 제어법과는 크게 다르다. 이 방법은 엄밀한 로봇 머니퓰레이터의 모델과 그것에 포함되는 파라미터의 정확한 값을 몰라도 양호한 제어 성능을 얻을 수 있다는 점이 특징이다.

5·2 학습 제어의 개념

학습 제어법은 로봇 제어법으로서 고안된 제어 방법으로서, 최초에 일본의 우찌야마 등이 제안하고, 그 후 아리모토 등이 발전시킨 제어법이다. 아리모토 등은 일반적인 방법으로(즉 로봇을 비선형시스템으로 취급) 이 방법을 연구하고 있지만, 여기서는 이 제어법의 개념을 알기 쉽게 전달하기 위해 제어 대상이 선형시스템이라는 가정하에 설명하기로 한다.

학습 제어법은

① 시행(試行)을 한다(시스템에 입력을 하고 그 입력과 출력을 기록한다).

② 시행 결과(기록된 출력)에 입각해서 입력에 수정을 가한다.

이 두 절차를 반복하여 한정된 횟수의 시행에 의해 양호한 제어 성능을 얻고자 하는 제어법이다. 이 방법의 개념을 그림 5·1의 말과 홍당무를 예로 들어 설명하기로 한다.

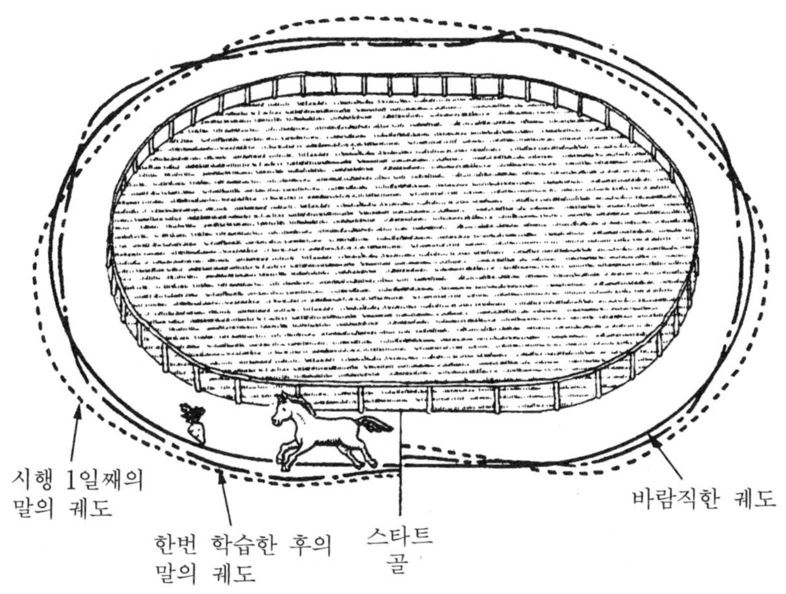

그림 5·1 경마와 학습 제어

단, 말에는 사람이 타고 있지 않으며, 말은 변덕스러운 행동을 하지 않는 것으로 한다. 둘레의 길이가 800 m인 트랙 실선을 따라 말을 뛰게 하려고 한다. 이 때 말의 코앞에 홍당무를 희망하는 궤도대로 움직여도 통상 말의 궤도는 희망하는 궤도대로는 되지 않는다.

예를 들면 코너에서는 목표 궤도보다 크게 밖으로 나가게 될 것이다. 이 궤도를 그림에서 점선으로 표시한다. 그래서 희망하는 궤도와 실제로 말이 달린 궤도의 차를 고려하여 새로 홍당무을 움직이는 방법을 작성하여 다시 말을 달리게 한다. 이때 새로 작성한 홍당무를 움직이는 방법이 적절하면 ————선으로 표시한 것 같이 말의 운동 궤적이 희망하는 궤도에 접근할 것이다. 이 조작을 반복하여 말의 운동이 희망하는 운동과 일치할 때까지 반복하는 방법이 학습 제어법이다. 여기서 중요한 것은 어떠한 수정을 하면 되는가이다. 이론적으로는 출력(말의 궤도)이 안정적으로 목표 궤도에 수속되기 위한 조건을 유도하는 것이다.

5·3 학습 제어법(1입력 1출력 선형시스템의 경우)

로봇을 대상으로 하면 설명이 복잡해지므로 여기서는 그림 5·2에 나타내는 선형 제어게에 대해서 생각한다. 또한 혼란을 피하기 위해 논의는 s 영역으로 하기로 한다. 즉 변수는 전부 라플라스 변환한 양이다.

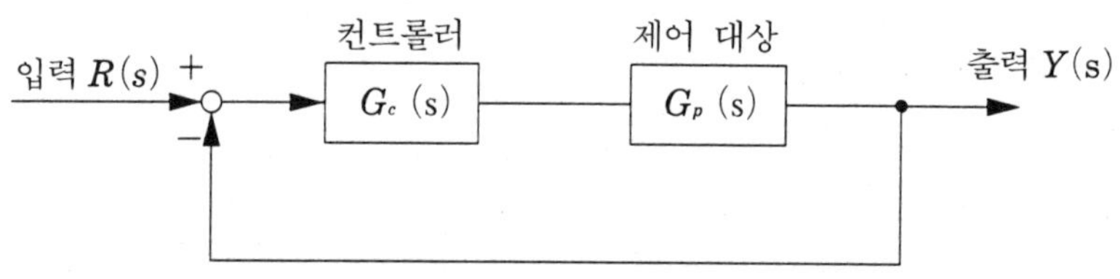

그림 5 · 2 제어계

$G_p(s)$, $G_c(s)$는 각각 제어 대상 및 컨트롤러 전달함수이고 $G_c(s)$는 제어시스템이 안정되도록 적당히 선택되어 있다고 한다. 이때 입력 $R(s)$에서 출력 $Y(s)$로의 전달함수 $W(s)$는 다음 식으로 표시된다.

$$W(s) = \frac{G_c(s)\,G_p(s)}{1 + G_c(s)\,G_p(s)} \tag{5 · 1}$$

그림 5 · 3은 학습 제어법의 개념을 도시한 것이다. 실선부는 입력에 대한 제어계의 실시간 응답계를 표현하고 있고, 점선부는 오프라인으로 하는 학습 프로세스를 나타내고 있다. 1회째의 시행에 있어서 시스템에 부여되는 입력 $R^1(s)$는 바람직한 출력 $Y_d(s)$이고, 이에 대한 출력이 $Y^1(s)$이다.

학습 프로세스를 i번째의 시행 및 i번째의 학습 프로세스로 설명하기로 하자. i번째 시행에서 시스템으로의 입력을 $R^i(s)$, 출력을 $Y^i(s)$로 하고, 이것들은 전부 충분히 짧은 시간 간격으로 메모리에 보존된다고 한다. 그리고 $(i+1)$번째 시행에서 시스템으로의 가상 입력 $R^{i+1}(s)$를 다음 규칙에 의해 결정한다고 한다.

$$R^{i+1}(s) = R^i(s) + \Gamma(Y_d(s) - Y^i(s)) \tag{5 · 2}$$

여기서 $Y_d(s)$, $Y^i(s)$는 각각 바람직한 시스템 출력, i회째 시행에서의 시스템 출력이다. 또한 Γ는 학습 연산자로서, 예를 들면 $\Gamma = K_L$의 경우 바람직한 출력 Y_d와의 i회째 시행에서의 시스템 출력 Y^i와의 차를 정수배(K_L배)하고 $(i+1)$회째의 시행에서 입력 R^{i+1}을 결정하게 된다.

이상이 학습 제어법의 기본적인 개념이고 순서이다. 이 방법은 제어계로의 입력만을 조작하고 있으므로 제어 구조를 변화시키는 일은 없다. 따라서 이미 구성되어 있는 제어계의 제어 성능을 향상시키려는 요구도 용이하게 해결할 수 있다는 특징을 가지고 있다.

또한 시스템이 선형인 경우에는 제어계 자체의 안정성에는 전혀 관여하고 있지 않다는 점에도 특징이 있다. 또한 이 방법이 현실적인 것이 된 것은 값싼 컴퓨터와 충분한 메모리를 쉽게 입수할 수 있게 된 덕택이라는 것은 말할 것도 없다.

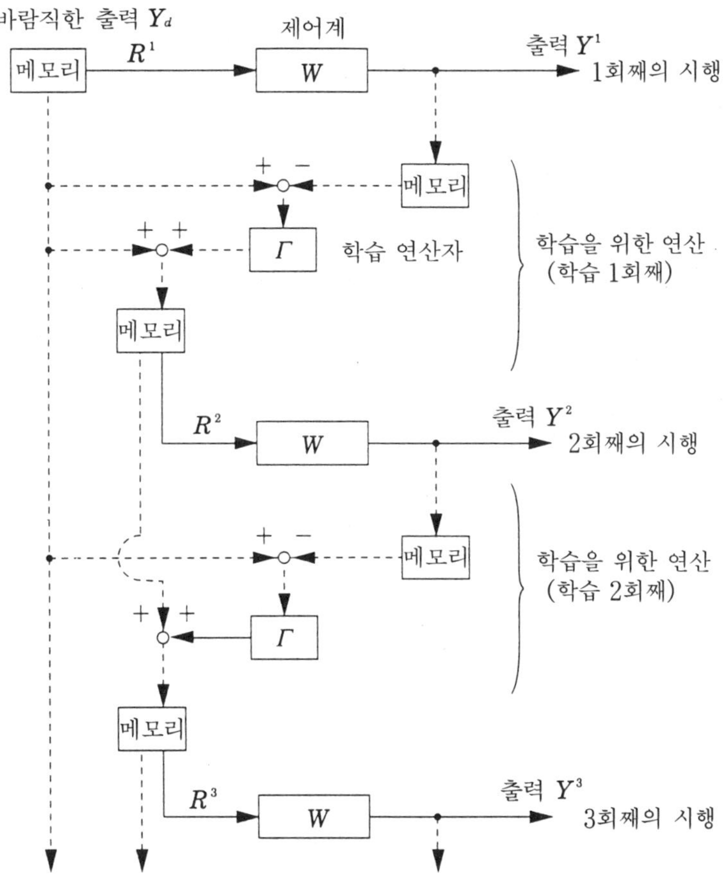

그림 5·3 학습 제어의 순서

5·4 학습 제어의 안정성

식 (5·2)에서 결정되는 학습 제어 법칙에 의해 얻어지는 시스템의 출력을 고려하여 학습 안정성을 검토한다. 이미 기술한 것과 같이 $W(s)$는 제어계의 전달함수, $\Gamma(s)$는 학습 연산자. $R^i(s)$는 i회째 시행에서의 가상 목표값(입력), $Y^i(s)$는 i회째 시행에시의 출력이다.

그림 5·3과 식 (5·2)를 참고로 하면 1회째, 2회째, 3회째 시행에 의한 시스템 출력은 각각

$$Y^1(s) = W(s)R^1(s) = W(s)Y_d(s) \tag{5·3}$$

$$\begin{aligned}
Y^2(s) &= W(s)R^2(s) \\
&= W(s)\{R^1(s) + \Gamma(s)(Y_d(s) - Y^1(s))\} \\
&= W(s)\{R^1(s) + \Gamma(s)(Y_d(s) - W(s)R^1(s))\} \\
&= W(s)Y_d(s) + W(s)\Gamma(s)(1 - W(s))Y_d(s) \tag{5·4}
\end{aligned}$$

$$\begin{aligned}
Y^3(s) &= WR^3 = W\{R^2 + \Gamma(Y_d - Y^2)\} \\
&= W\{R^1 + \Gamma(Y_d - Y^1) + \Gamma(Y_d - WY_d) - W\Gamma(1 - W)Y_d\} \\
&= W\{Y_d + \Gamma(1 - W)Y_d + \Gamma(1 - W)(1 - \Gamma W)Y_d\} \\
&= WY_d + W\Gamma(1 - W)Y_d\{1 + (1 - \Gamma W)\} \tag{5·5}
\end{aligned}$$

로 나타낼 수 있다. 또한 동일하게 계산하면 i회째의 출력은

$$\begin{aligned}
Y^i &= WY_d + W\Gamma(1 - W)Y_d\{1 + (1 - \Gamma W) + \cdots + (1 - \Gamma W)^{i-1}\} \\
&= WY_d + W\Gamma(1 - W)Y_d \frac{1 - (1 - \Gamma W)^{i-1}}{1 - (1 - \Gamma W)} \\
&= WY_d + (1 - W)Y_d\{1 - (1 - \Gamma W)^{i-1}\} \tag{5·6}
\end{aligned}$$

이 된다. 여기서 $s = j\omega$라고 하고 주파수 전달함수에서 생각하면 모든 $\omega \geq 0$에 대해서

$$|1 - \Gamma(j\omega)W(j\omega)| < 1 \tag{5·7}$$

이 충족되면 시행 횟수 i가 한없이 클 때 $(1 - \Gamma W)^{i-1}$는 제로로 수렴되므로 식 (5·6)에서 시스템 출력은 바람직한 출력 Y_d로 수속된다. 식 (5·7)이 학습 제어가 안정되기 위한 조건이다.

그림 5·4는 이 조건을 도시한 것으로서, 어떠한 $\omega \geq 0$에 대해서도 $1 - \Gamma W$의 벡터 궤적이 단위원 내에 있으면 학습은 안정되고 시스템 출력은 바람직한 출력에 수속된다.

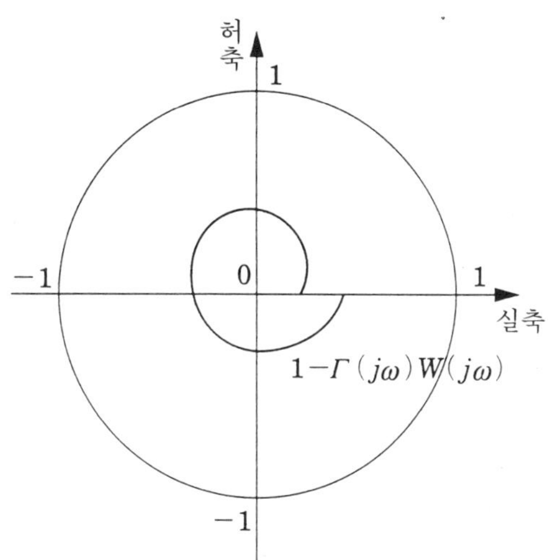

그림 5 · 4 학습의 안정 조건

또한 $1-\Gamma W$는 등비급수의 합인 식 (5 · 6)에서의 등비이므로 $1-\Gamma W$의 벡터 궤적 전체가 원점 근방에 있을수록 학습 수속이 빠르게 된다. 또한 플랜트의 파라미터 값에 오차가 있는 경우 참 파라미터 값에 의한 벡터 궤적은 이 궤적에서 벗어나게 되므로 $1-\Gamma W$의 벡터 궤적 전체가 원점 근방에 있을수록 학습 한계(즉, 단위원)에 근접할 가능성이 낮아진다. 이상으로 학습 파라미터 선정에 있어서는 $1-\Gamma W$의 벡터 궤적 전체가 원점 근방에 집중하도록 선정하는 것이 바람직하다.

5 · 5 학습 제어 예

앞 절에서 학습 제어가 안정되기 위한 조건을 유도하였다. 이 절에서는 예제를 통해 구체적인 학습 제어 예를 설명한다.

지금 제어계의 전달함수 $W(s)$가

$$W(s) = \frac{k^2}{s^2 + 2ks + k^2} \tag{5 · 8}$$

으로 부여되고 학습 연산자 $\Gamma(s)$로서

$$\Gamma(s) = \frac{s^2 + (2k-\mu)s + (k^2-\mu)}{k^2} \qquad (\mu > 0) \tag{5 · 9}$$

를 선택한 경우의 학습 제어의 안정성을 생각해 보자. 이 때

$$1 - \Gamma(s)W(s) = \frac{\mu(s+1)}{(s+k)^2} \tag{5 · 10}$$

이 되므로 학습이 안정되기 위한 조건식 (5 · 7)은

$$|1 - \Gamma(j\omega)W(j\omega)| = \left| \frac{\mu(j\omega+1)}{(j\omega+k)^2} \right| = \mu \frac{\sqrt{1+\omega^2}}{k^2+\omega^2} < 1 \tag{5 · 11}$$

이 된다. 따라서 $\omega \geq 0$에 대해서 $|1 - \Gamma(j\omega)W(j\omega)|$의 최대값이 1보다 작은 조건을 구하면 된다. 그래서 $f(\omega) = |1 - \Gamma(j\omega)W(j\omega)|$ 라고 하고 그 미분값을 구하면

$$\frac{df}{d\omega} = \frac{\mu\omega(k^2-2-\omega^2)}{(k^2+\omega^2)^2\sqrt{1+\omega^2}} \tag{5 · 12}$$

이 되므로

$$\omega = 0 , \quad \omega = \sqrt{k^2-2}$$

일 때 식 (5 · 12)는 0이 된다. 그래서 함수 $f(\omega)$의 증감을 생각하면 $0 < k \leq \sqrt{2}$ 일 때 이 함수는 $\omega = 0$으로 최대가 되고 그 값은 μ/k^2 이다. 또한 $k > \sqrt{2}$ 일 때 $\omega = \sqrt{k^2-2}$ 로 최대가 되고 그 값은 $\mu/2\sqrt{k^2-1}$ 이다. 따라서 학습이 안정되기 위한 조건은

$$0 < k \leq \sqrt{2} \text{일 때,} \quad \mu < k^2 \tag{5 · 13a}$$

$$k > \sqrt{2} \text{일 때,} \quad \mu < 2\sqrt{k^2-1} \tag{5 · 13b}$$

이다.

그림 5 · 5는 이 해석 결과를 $k-\mu$ 평면에 표시한 것이다. 사선 영역 내의 파라미터 값을 선택하면 학습은 안정된다. 또한 식 (5 · 13)의 어느 경우에도 최대값은 μ에 비례하므로 $\mu = 0$로 설정하면 조건식 (5 · 7)의 좌변은 항상 0이다. 따라서 식 (5 · 4)의 $Y^2(s)$에 있어서 이미 출력은 바람직한 출력과 일치하므로 1회의 학습에 의해 출력은 바람직한 출력에 수렴된다. 이것은 $\mu = 0$으로 설정하면 학습 법칙 (식 (5 · 9))이

$$\Gamma(s) = \frac{s^2+2ks+k^2}{k^2}$$

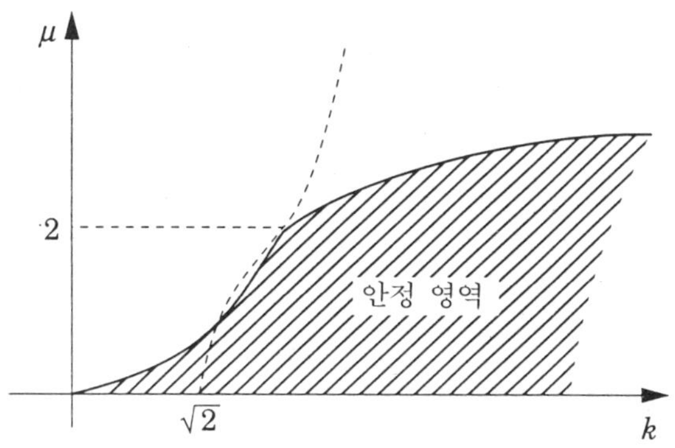

그림 5 · 5 학습 법칙의 안정 영역

이 되고 제어시스템(식 (5 · 8))의 역 시스템(여기서는 역수가 된다)이 되는 것을 의미하므로 이 결과는 당연하다. 이 결과를 이용하면, 이 예의 경우는 파라미터 μ를 작게 취하면 취할수록 $1 - \Gamma(j\omega)W(j\omega)$의 궤적은 원점 가까이에 존재하게 된다.

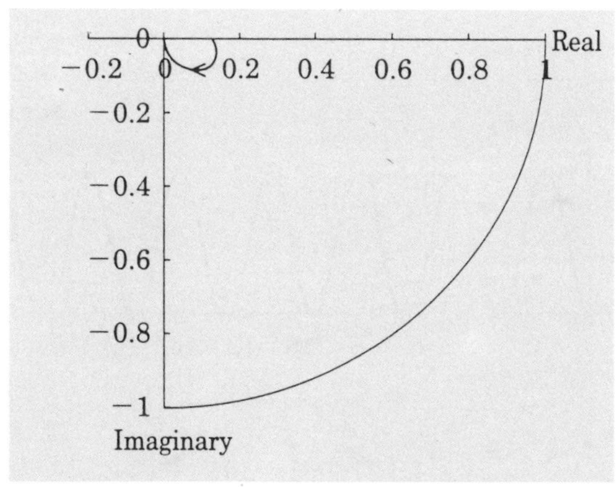

그림 5 · 6 $1 - \Gamma W$의 궤적

그림 5 · 6은 시스템의 파라미터 k를 2로 하고 학습 법칙 파라미터 μ를 0.5로 한 경우의 $1 - \Gamma(j\omega)W(j\omega)$의 궤적을 나타내고 있다. 다만 이 예의 경우는 궤적이 제 4상 한도에만 존재하므로 그 부분만을 표시하고 있다. 이 그림에서 궤적은 모두 반경 1의 원 내에 있으므로 학습은 안정적임을 알 수 있다. 또한 그것이 원점 가까이에 있으므로 학습의 수속은 빠를 것이 예상된다.

그림 5 · 7은 학습 과정을 컴퓨터 시뮬레이션을 한 결과를 나타내고 있다. 여기서는 바람직한 출력을 $\sin^2 t$로 하고 있다.

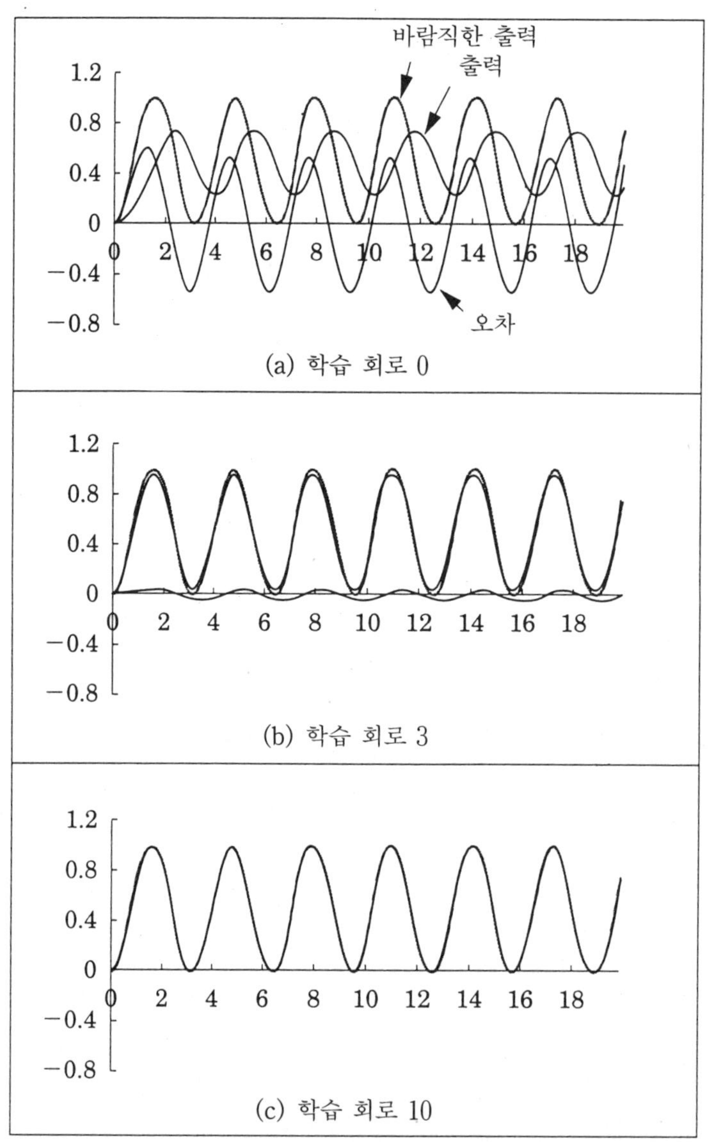

그림 5·7 학습 제어의 결과

그림 (a), (b), (c)는 학습을 각각 0회, 3회, 10회 행한 후의 결과를 나타낸다. 또한 그림의 세 곡선은 바람직한 출력, 제어계의 출력 그리고 양자의 차(오차)이다. 이 그림에서 시행을 반복함으로써 시스템 출력은 바람직한 출력에 수렴되고 있는 것을 알 수 있다.

그림 5·8은 파라미터 k의 참값이 2인데도 불구하고 $k=3$으로 틀린 경우의 $1-\Gamma(j\omega)W(j\omega)$의 궤적을 나타내고 있다. 이 그림에서 50%의 파라미터 추정 미스가 있어도 학습은 안정된다.

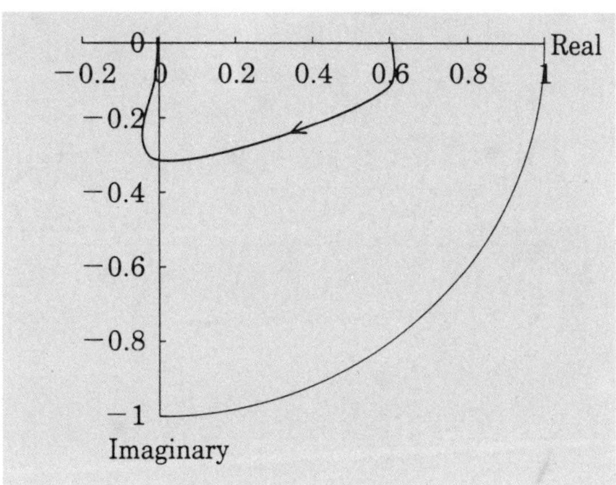

그림 5 · 8 $1-PW$ 의 궤적
(추정값에 오차가 있는 경우)

그림 5 · 9는 이 경우의 시뮬레이션 결과를 나타내고 있다. 수속 속도는 내려갔지만 출력은 목표 출력에 수속되고 있음을 알 수 있다.

여기에 든 예제에서는 학습이 안정되기 위한 조건을 해석적으로 풀 수 있었다. 그러나 이러한 경우는 드물다. 이 조건은 그림 5 · 6이나 그림 5 · 8과 같이 모든 $\omega \geq 0$에 대한 $1 - \Gamma(j\omega) W(j\omega)$의 벡터 궤적을 컴퓨터에 의해 그리고 그 벡터 궤적 전체가 원점에 중심을 가지는 반경 1의 원내에 존재하도록 시행 착오적으로 학습 측의 파라미터 또는 학습 법칙을 결정하지 않으면 안된다.

●잠깐 한 마디●

이미 설명한 것과 같이 여기서 기술한 학습 제어법은 그 개념을 설명하기 위해 문제를 극히 간단화시켰다. 즉 시스템은 선형이고 또 1입력 1출력계라고 하였다. 그러나 머니퓰레이터의 운동을 기술하는 미분방정식은 비선형이기 때문에 이상의 논의를 그대로 적용할 수는 없다. 이와 같은 경우에 대응할 수 있는 이론 설명에는 고도의 수학적 준비가 필요하다. 상세한 것은 아리모토 등의 연구(제2편 끝의 참고문헌 4)를 참조하기 바란다.

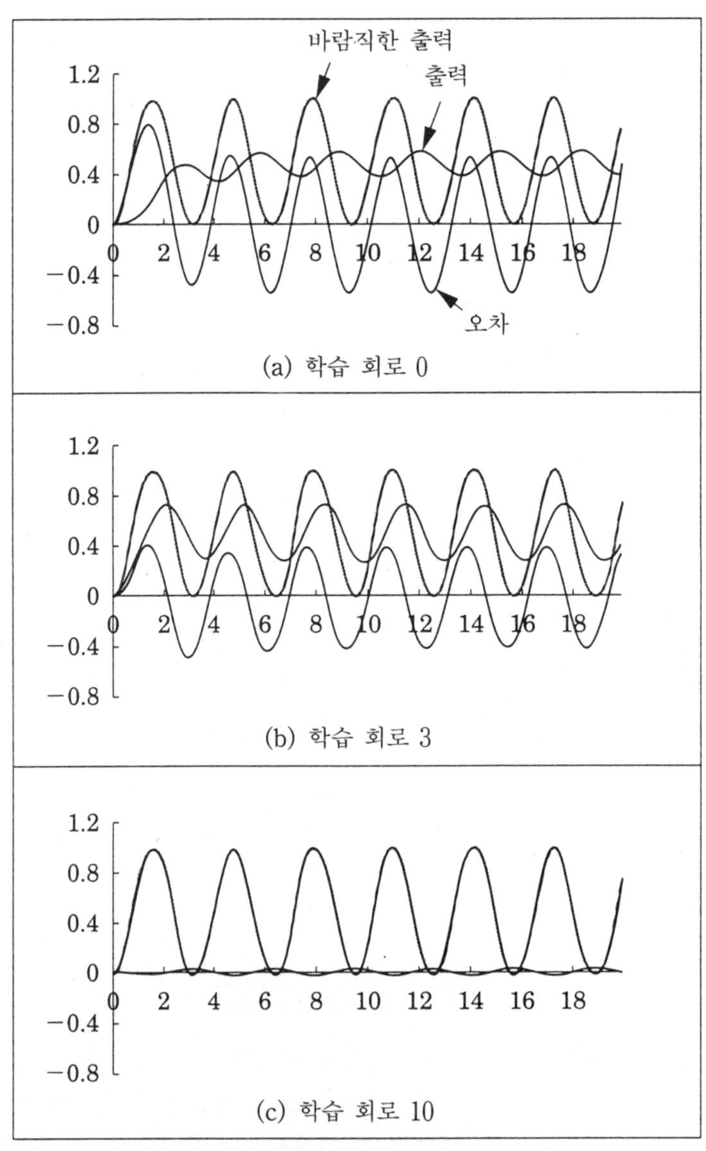

그림 5 · 9 학습 제어의 결과
(추정값에 오차가 있는 경우)

제 **6** 장

스페이스 머니퓰레이터

이 장에서는 최근 주목받고 있는 우주 로봇, 특히 머니퓰레이터를 가진 우주 로봇(이것을 스페이스 머니퓰레이터라고 한다)의 모델링과 제어법에 대해서 설명한다.

6·1 스페이스 머니퓰레이터의 특징

우주 개발에 있어서 사람을 대신해서 위험한 작업을 하기 위한 로봇의 하나로 그림 6·1과 같은 스페이스 머니퓰레이터가 제안되고 있다.

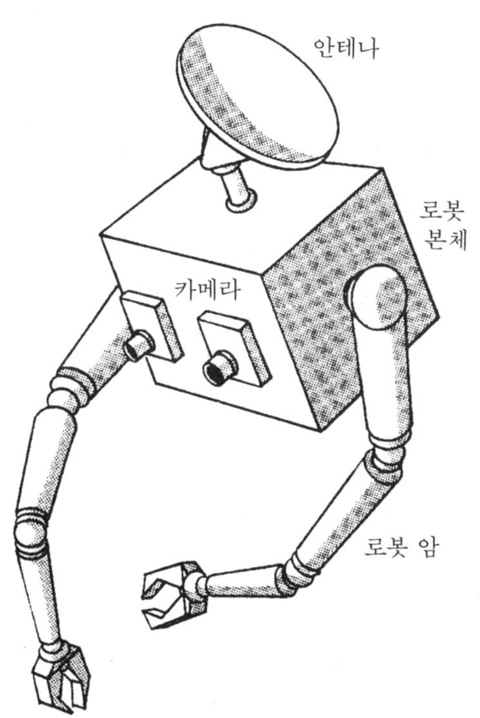

그림 6·1 스페이스 머니퓰레이터

이 로봇은 본체와 복수 개의 암으로 구성되는 로봇이다. 먼저 스페이스 머니퓰레이터의 특징에 대해서 알아보자. 지상용 머니퓰레이터와 스페이스 머니퓰레이터의 차이점은 무엇인가라는 관점에서 이 로봇의 특징을 생각해 보면 주로 다음과 같다.

① 스페이스 머니퓰레이터는 공간에 떠 있다.

② 스페이스 머니퓰레이터 주위는 진공이다.

③ 스페이스 머니퓰레이터는 열적으로 과혹한 환경에 있다.

④ 스페이스 머니퓰레이터는 오퍼레이터로부터 멀리 떨어진 장소에서 작업을 한다.

특징 ①에 의해 생기는 현상은 머니퓰레이터를 동작시키면 로봇 본체도 이동·회전하는 현상이다. 지구상의 머니퓰레이터의 경우도 우주 로봇의 경우와 상황은 동일하지만, 본체에 대응하는 지구가 매우 크기 때문에 이와 같은 현상은 생기지 않는다고 생각해도 된다. 또한 지상용 로봇의 경우는 공간에 떠있는 물체를 잡는 작업도 거의 존재하지 않으므로 이와 같은 문제는 생기지 않는다. 이 때문에 지상용 머니퓰레이터로 개발한 제어 방법을 그대로 사용하면 스페이스 머니퓰레이터의 손끝을 목표 위치 또는 목표 자세에 도달시킬 수 없게 된다.

특징 ②는 운동 부분(주로 관절의 회전 부분)의 윤활에 악영향을 준다. 만일 이 부분이 진공중에 노출되어 있는 상태가 되면 윤활유는 무산되고 극단적인 경우 이 부분의 마찰계수는 무한대가 된다. 이 때문에 우주용 윤활재나 피복 방법의 개발이 필요하다. 또한 로봇 암을 제어하는 입장에서 생각하면 관절 부분의 마찰계수가 대폭 변화하는 것은 로봇시스템의 파라미터가 변화하는 것을 의미하므로 통상적인 제어 방법을 사용하면 제어 성능은 열화된다.

특징 ③에 의한 영향으로는 구조재 변형이나 피로 등의 영향을 생각할 수 있다. 또한 로봇에 필요한 각종 기기(예를 들면 컴퓨터나 센서)로의 영향도 빼놓을 수 없다. 따라서 구조재 변형에 기인하는 제어 성능의 악화 등도 우려된다.

특징 ④는 제어의 입장에서는 중요하다. 현재로는 완전히 자립된 형태의 우주 로봇은 기술적으로나 경제적으로나 현실적이지 못하다. 따라서 로봇의 자율화는 어느 정도 도모된다고 해도 사람에 의한 먼 곳에서의 조작, 즉 원격 조작이 필요하다. 그러나 이 경우, 사람이 내린 명령이 로봇에게 통신되기 위한 시간, 로봇이 하는 계산 시간 및 로봇의 정보가 사람에게까지 전달되기 위한 시간 등의 시간 지연이 생긴다. 지상에서 사람이 조작하는 경우 그 지연 시간은 4초 정도라고 한다. 제어공학에서는 이와 같은 지연 시간을 '**낭비 시간**'이라고 하는데, 이 시간은 제어 성능을 극단적으로 열화시키는 것으로 알려지고 있다.

이상과 같이 스페이스 머니퓰레이터를 양호하게 조작하기 위해서는 몇 가지 문제를 해결하지 않으면 안된다. 그러나 반대로 바람직한 특징도 있다. 그것은

⑤ 스페이스 머니퓰레이터는 미소 중력 환경에 있다.

⑥ 스페이스 머니퓰레이터 주위에는 아무 것도 없다.

등이다.

특징 ⑤는 로봇에 작용하는 원심력과 중력이 균형을 이뤄 생기는 특징이다. 이 때문에 스페이스 머니퓰레이터의 암이 가늘고 긴 링크라도 지구상과 같이 자중으로 인해 휘는 일은 없다. 이 때문에 장대한 구조물이나 긴 암의 로봇도 실현 가능해진다. 그러나 긴 암의 머니퓰레이터를 조작하는 경우, 암에 진동이 생기기 쉽다는 새로운 문제도 동시에 발생하게 되므로 바람직한 특징이라고는 말할 수 없는 측면도 있다.

특징 ⑥이 의미하는 것은 공중이나 수중의 경우와 같이 로봇 주위에는 공기나 물 등과 같은 비선형성이 강한 유체가 전혀 존재하지 않는다는 것이다. 보통 유체내에서 가동하는 로봇은 그 모델링 자체가 어렵고 그 제어계를 설계하는 것은 더더욱 어려운 문제이다. 그러나 스페이스 머니퓰레이터 운동은 특징 ⑥ 덕택에 이론대로의 운동이 되므로 그 모델링도 제어법 개발도 비교적 간단해진다.

이상과 같이 스페이스 머니퓰레이터가 활약하는 환경 및 그것에 기인하는 특징은 여러 가지이며 해결하지 않으면 안되는 문제가 많다. 여기서는 주로 특징 ①, ⑤, ⑥에 착안하여 스페이스 머니퓰레이터의 모델링과 그 제어법에 대해서 설명한다.

머니퓰레이터를 작동시키면 로봇 본체도 이동·회전하는 특징을 가지는 스페이스 머니퓰레이터의 손끝과 자세를 목표 위치에 이동시키는 문제에 대해서는 다음 두 가지 전략을 생각할 수 있다.

ⓐ 본체의 회전·이동을 제어하면서 손끝 제어를 한다.

ⓑ 본체의 회전·이동 제어는 포기하고 손끝 제어만을 추구한다.

전략 ⓐ는 본체의 회전·이동을 제어함으로써 지상용 머니퓰레이터와 동일한 상태를 만들어 내는 방법이다. 이 방법은 좋은 방법이긴 하지만 본체의 회전·이동, 특히 이동 운동 억제를 위해서는 스러스터 젯(thruster jet) 등에 의한 자원 방출이 필요해지므로 좋은 해결책이라고는 할 수 없다. 왜냐하면 우주에서는 자원, 특히 물질 자원이 매우 귀중하기 때문이다.

또한 분출된 물질이 로봇 자체나 가까이에 있는 구조물에 부착하여 어떠한 문제

를 일으키는 원인이 될 수도 있다. 또한 이 전략은 지구상 머니퓰레이터를 위해 개발된 여러 가지 제어 방법의 직접적인 응용이 되지만, 이론적으로는 그리 흥미있는 것이라고는 할 수 없는 측면도 있다. 그래서 여기서는 전략 ⓑ에 입각한 제어법을 설명한다.

6·2 스페이스 머니퓰레이터의 모델링

설명을 간단히 하기 위해 그림 6·2와 같은 (2차원) 평면 2링크 머니퓰레이터를 갖는 우주 로봇(이것을 간단히 평면 2링크 스페이스 머니퓰레이터라고 부르기로 한다)에 대해서 생각한다. 이 로봇은 본체와 2개의 링크로 구성된 1개의 암으로 되어 있다. 모델링은 다음과 같이 가정한다.

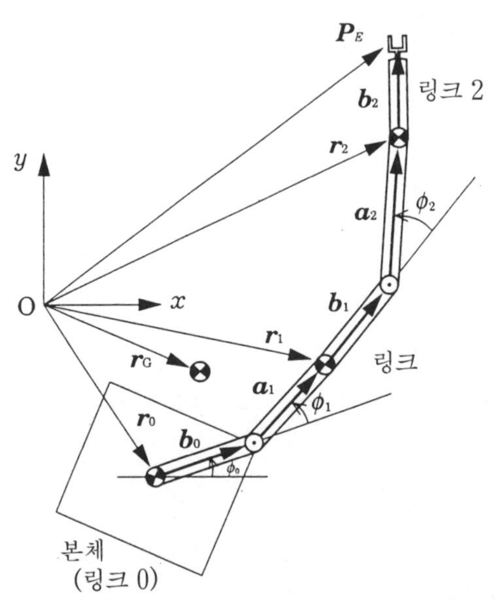

그림 6·2 평면 2링크 스페이스 머니퓰레이터의 모델

가정 1 : 로봇의 구성 요소(본체, 링크 등)는 전부 강체이다.

가정 2 : 로봇에는 어떠한 외력도 작용하지 않는다.

가정 3 : 로봇은 초기 상태에서 정지해 있다.

또한 여기서 사용하는 기호의 의미는 다음과 같다.

m_i : 링크 i의 질량($i=0$, 1, 2이며 0은 본체를 나타낸다. 특별한 요구가 없는

한 이하 동일하다)

I_i : 링크 i의 관성 텐서(tensor)

r_i : 관성좌표계 원점에서 링크 i 중심까지의 벡터

r_G : 관성좌표계 원점에서 로봇시스템 전체 중심까지의 벡터

a_i : 관절 i에서 링크 i 중심까지의 벡터

b_i : 링크 i의 중심부터 링크 $(i+1)$까지의 벡터(링크 0, 즉 본체 중심을 관절 0
으로 본다)

P_E : 관성좌표계 원점에서 머니퓰레이터 손끝까지의 벡터

ϕ_i : 관절 i의 각도

ω_i : 관절 i의 각속도 벡터

l_i : 관절 i에서 관절 $(i+1)$까지의 벡터

벡터 $A=(A_x, A_y, A_z)^T$가 부여됐을 때 왜대칭 행렬 $\tilde{a}$를 다음과 같이 정의한다.

$$\tilde{\alpha}=\begin{bmatrix} 0 & -a_z & a_y \\ a_z & 0 & -a_x \\ -a_y & a_x & 0 \end{bmatrix}$$

이 로봇의 수식 모델은 로봇 전체의 질량 중심의 정의, 기하학적인 관계, 운동량 및 각 운동량 보존 법칙에서 유도된다. 각각의 관계식은 다음과 같다.

질량 중심의 정의 : $\displaystyle\sum_{i=0}^{2} m_i\,r_i = r_G \sum_{i=0}^{2} m_i$ $\qquad\qquad$ (6 · 1)

링크의 기하학적 관계 : $r_i - r_{i-1} = a_i + b_{i-1}$ $\quad (i=1,\ 2)$ $\qquad$ (6 · 2)

운동량 보존 법칙 : $\displaystyle\sum_{i=0}^{2} m_i\,\dot{r}_i = \text{const.}\ \ (=0)$ $\qquad\qquad$ (6 · 3)

각 운동량 보존 법칙 : $\displaystyle\sum_{i=0}^{2} (I_i\,\omega_i + m_i\,r_i \times \dot{r}_i) = \text{const.}\ \ (=0)$ $\qquad$ (6 · 4)

머니퓰레이터의 손끝 벡터 : $P_E = r_0 + b_0 + \displaystyle\sum_{i=1}^{2} l_i$ $\qquad\qquad$ (6 · 5)

식 (6 · 3), (6 · 4)의 우변을 모두 0으로 하고 있는 것은 가정 3에 의한 것이다. 여기서 로봇 전체의 질량 중심이 관성좌표계의 원점에 있다고 하면 식 (6 · 1)에서

$r_G = 0$ 이므로

$$m_0 \boldsymbol{r}_0 + m_1 \boldsymbol{r}_1 + m_2 \boldsymbol{r}_2 = 0 \tag{6 · 6}$$

가 성립된다. 또 식 $(6 · 2)$에 의해

$$\boldsymbol{r}_1 - \boldsymbol{r}_0 = \boldsymbol{a}_1 + \boldsymbol{b}_0 \tag{6 · 7}$$

$$\boldsymbol{r}_2 - \boldsymbol{r}_1 = \boldsymbol{a}_2 + \boldsymbol{b}_1 \tag{6 · 8}$$

이다. 식 $(6 · 6)$, $(6 · 7)$, $(6 · 8)$에서 벡터 $\boldsymbol{r}_0$ 를 구하면

$$\boldsymbol{r}_0 = -\frac{m_1 + m_2}{m_{\text{tot}}}(\boldsymbol{a}_1 + \boldsymbol{b}_0) - \frac{m_2}{m_{\text{tot}}}(\boldsymbol{a}_2 + \boldsymbol{b}_1) \tag{6 · 9}$$

이 된다. 단, $m_{\text{tot}} = m_0 + m_1 + m_2$ 이다. 한편, 식 $(6 · 5)$에서 손끝 벡터 $\boldsymbol{P}_E$ 는

$$\boldsymbol{P}_E = \boldsymbol{r}_0 + \boldsymbol{b}_0 + \boldsymbol{a}_1 + \boldsymbol{b}_1 + \boldsymbol{a}_2 + \boldsymbol{b}_2 \tag{6 · 10}$$

이므로 식 $(6 · 9)$를 이 식에 대입하면

$$\boldsymbol{P}_E = \boldsymbol{K}_0 \begin{bmatrix} C_0 \\ S_0 \end{bmatrix} + \boldsymbol{K}_1 \begin{bmatrix} C_1 \\ S_1 \end{bmatrix} + \boldsymbol{K}_2 \begin{bmatrix} C_2 \\ S_2 \end{bmatrix}$$

$$\boldsymbol{K}_0 = \frac{m_0 b_0}{m_{\text{tot}}} \quad , \quad \boldsymbol{K}_1 = \frac{m_0 a_1 + (m_0 + m_1)b_1}{m_{\text{tot}}} \quad , \quad \boldsymbol{K}_2 = \frac{(m_0 + m_1)a_2}{m_{\text{tot}}} + b_1$$

$$C_i = \cos\theta_i \quad , \quad S_i = \sin\theta_i \quad , \quad \theta_i = \sum_{j=0}^{i} \phi_j \tag{6 · 11}$$

가 된다. 이것을 시간 t 로 미분하면

$$\dot{\boldsymbol{P}}_E = \boldsymbol{J}_s \dot{\phi}_0 + \boldsymbol{J}_M \dot{\boldsymbol{\phi}}_M$$

$$\boldsymbol{\phi}_M = (\phi_1 \quad \phi_2)^T$$

$$\boldsymbol{J}_s = \begin{bmatrix} -\dfrac{m_0 b_0 S_0 + (m_0 l_1 + m_1 b_1)S_1 + [(m_0 + m_1)l_2 + m_2 b_2]S_2}{m_{\text{tot}}} \\ \dfrac{m_0 b_0 C_0 + (m_0 l_1 + m_1 b_1)C_1 + [(m_0 + m_1)l_2 + m_2 b_2]C_2}{m_{\text{tot}}} \end{bmatrix}$$

$$\boldsymbol{J}_M = \begin{bmatrix} -\dfrac{(m_0 l_1 + m_1 b_1)S_1 + [(m_0 + m_1)l_2 + m_2 b_2]S_2}{m_{\text{tot}}} & -\dfrac{[(m_0 + m_1)l_2 + m_2 b_2]S_2}{m_{\text{tot}}} \\ \dfrac{(m_0 l_1 + m_1 b_1)C_1 + [(m_0 + m_1)l_2 + m_2 b_2]C_2}{m_{\text{tot}}} & \dfrac{[(m_0 + m_1)l_2 + m_2 b_2]S_2}{m_{\text{tot}}} \end{bmatrix}$$

$$\tag{6 · 12}$$

가 구해진다. 한편, 식 $(6 · 3)$, 즉

$$I_0\,\omega_0 + m_0\boldsymbol{r}_0 \times \dot{\boldsymbol{r}}_0 + I_1\,\omega_1 + m_1\boldsymbol{r}_1 \times \dot{\boldsymbol{r}}_1 + I_2\,\omega_2 + m_2\boldsymbol{r}_2 \times \dot{\boldsymbol{r}}_2 = 0 \qquad (6\cdot13)$$

을 계산하면

$$I_s\dot{\phi}_0 + \boldsymbol{I}_M\,\dot{\boldsymbol{\phi}}_M = 0 \qquad (6\cdot14)$$

여기서

$$I_s = I_0' + I_1' + I_2' + 2(I_{01} + I_{12} + I_{20})$$

$$I_M = (I_1' + I_2' + I_{01} + 2I_{12} + I_{20}I_2' + I_{12} + I_{20})$$

$$I_0' = I_0 + M_0 b_0{}^2$$

$$I_1' = I_1 + M_0 a_1{}^2 + M_2 b_1{}^2 + 2M_1 a_1 b_1{}^2$$

$$I_2' = I_2 + M_2 a_2{}^2$$

$$I_{01} = (M_0 a_1 b_0 + M_1 b_0 b_1)\cos\phi_1$$

$$I_{12} = (M_1 a_1 a_2 + M_2 b_1 b_2)\cos\phi_2$$

$$I_{20} = M_1 a_2 b_0 \cos(\phi_1 + \phi_2)$$

$$M_0 = \frac{m_0(m_1 + m_2)}{m_{\text{tot}}}$$

$$M_1 = \frac{m_0\,m_2}{m_{\text{tot}}}$$

$$M_2 = \frac{m_2(m_0 + m_1)}{m_{\text{tot}}}$$

이 된다[*].

식 $(6\cdot14)$에서

$$\dot{\phi}_0 = -\,I_s^{-1}\boldsymbol{I}_M\,\dot{\boldsymbol{\phi}}_M \qquad (6\cdot15)$$

이므로 이것을 식 $(6\cdot12)$에 대입하면

---

[*] 이 계산은 약간 복잡하지만 다음 방침으로 연산하면 구해진다.

식 $(6\cdot6)$~$(6\cdot8)$에서 식$(6\cdot9)$의 $\boldsymbol{r}_0$ 가 $\boldsymbol{a}_i$, $\boldsymbol{b}_i$ 로 표현된 것과 같이 $\boldsymbol{r}_1$, $\boldsymbol{r}_2$도 동일하게 $\boldsymbol{a}_i$, $\boldsymbol{b}_i$ 로 표현된다. 또한 $\dot{\boldsymbol{r}}_i$ 는 $\boldsymbol{r}_i$ 를 시간으로 미분함으로써 구해진다. 따라서 벡터 $\boldsymbol{p}$, $\boldsymbol{q}$ 의 외적이

$$\boldsymbol{p} \times \boldsymbol{q} = \tilde{\boldsymbol{p}}\boldsymbol{q}$$

로 표시되는 것을 이용하면 식 $(6\cdot13)$의 제2, 4, 6항이 구해진다. 제1, 3, 6항을 포함해서 이것들을 정리하면 식 $(6\cdot14)$가 된다.

$$\dot{P}_E = -J_s I_s^{-1} I_M \dot{\phi}_M + J_M \dot{\phi}_M = (J_M - J_s I_s^{-1} I_M)\, \dot{\phi}_M \equiv J^\# \dot{\phi}_M \qquad (6 \cdot 16)$$

이 구해진다. 이 관계식은 지상용 머니퓰레이터의 미분 관계식 (2·2)에 대응하는 스페이스 머니퓰레이터의 미분 관계를 나타내고 있다. J_M 은 지상용 머니퓰레이터의 야코비 행렬이며 $J_s I_s^{-1} I_M$ 은 로봇 본체가 운동하는 것에 의한 효과를 나타내는 항이다. 따라서 이 식은 식 (2·2)를 확장한 것이라고 할 수 있다. 이 의미를 넣어 이 연구자는 이 야코비 행렬 $J^\# \equiv J_M - J_s I_s^{-1} I_M$ 을 **일반화 야코비 행렬**이라고 명명하고 있다.

보통의 야코비 행렬 요소가 로봇의 기하학적인 파라미터(길이와 각도)로 구성되어 있는 것에 비해서 일반화 야코비 행렬 요소에는 관성 파라미터(질량이나 관성 모멘트)가 포함되어 있는 것에 주의할 필요가 있다.

6·3 스페이스 머니퓰레이터의 분해 속도 제어

가장 간단한 스페이스 머니퓰레이터 제어법의 한 가지인 분해 속도 제어법에 대해서 설명한다. 그림 6·2와 같은 초기 상태에 우주 로봇이 있다고 하고 머니퓰레이터의 손끝 위치와 정지하고 있는 목표 위치가 계측 가능하다고 한다. 또한 희망하는 손끝 궤도는 목표 위치와 손끝의 초기 위치를 연결하는 직선이라고 한다. 또한 손끝 속도는 그림 6·3에 나타내는 것과 같은 사다리꼴 패턴이라고 하자.

여기서 t_f 는 소망하는 이동 시간이고 사다리꼴과 횡축으로 포위된 면적이 이동 거리가 된다. 그림 내의 파라미터 t_a, t_d, v_m 은 결정되어 있다고 한다.

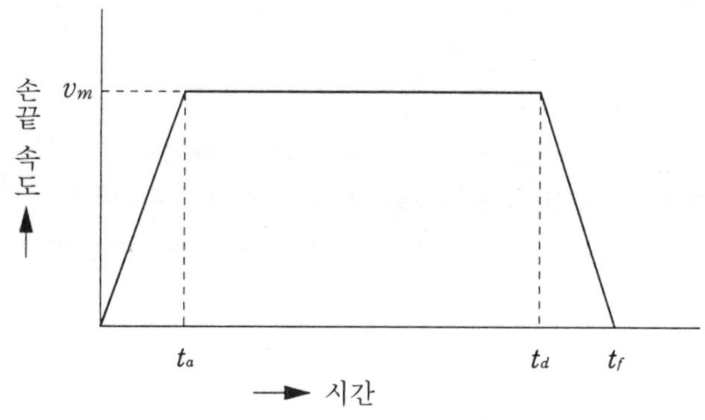

그림 6·3 손끝 속도 패턴

　지금 손끝을 직선 궤도상을 이동시키므로 목표로 하는 벡터(손끝 위치에서 목표 위치로의 벡터)의 방향은 일정해진다. 이 방향을 나타내는 단위 벡터를 k_{ET}로 하면 시간 t에서의 목표 손끝 속도 벡터는

$$\dot{P}_d(t) = \dot{P}_d(t)k_{ET}$$

가 된다. 따라서 이 목표 손끝 벡터와 식 (6 · 16)의 관계를 이용하면 일반화 야코비 행렬 $J^{\#}$가 정칙이면

$$\dot{\phi}_M = J^{\#-1}\dot{P}_d \tag{6 · 17}$$

에 의해 바람직한 손끝 속도를 실현시키는 관절각속도가 결정된다. 따라서 이 관절각속도를 실현시키는 속도 제어계가 구성되면 바람직한 손끝 궤도 제어가 실현된다.

　그러나 실제로는 여러 가지 이유로 인해 손끝 위치 오차가 생긴다. 그래서 목표 궤도로부터의 오차를 수정한다는 의미에서

$$\dot{\phi}_M = J^{\#-1}\{\dot{P}_d - A(P_d - P)\} \tag{6 · 18}$$

를 채용한다. 여기서 $A = \text{diag}\{\lambda_1 \ \lambda_2\}$는 위치 오차 수정 게인 행렬이다. 그림 6 · 4는 필자가 시험 제작한 스페이스 머니퓰레이터의 지상 실험 장치이다.

그림 6 · 4　스페이스 머니퓰레이터 테스트 베드
SMART-Ⅱ

　로봇은 압축 공기의 힘에 의해 정반상에 부유하고 있다. 이 때문에 로봇 평면내의 운동은 우주에서와 동일한 운동이 된다.

그림 6·5는 이 장치를 사용한 실험 결과를 나타내는 것으로 상술한 제어법(식 (6·18))이 유효함을 알 수 있다. 장치에 대한 상세한 설명은 생략한다.

부여된 손끝의 궤도는 초기 위치와 목표 위치를 연결하는 직선으로서 이동 거리는 10 cm, 소요 시간은 8초이다. 이 그림에서 머니퓰레이터의 운동에 수반하여 로봇 본체가 이동·회전하고 있는데 손끝은 거의 목표 궤도상을 이동, 목표 위치에 도달하고 있다. 이것에 의해 일반화 야코비 행렬을 사용한 제어법은 스페이스 머니퓰레이터 제어에 효과적이라는 것을 알 수 있다.

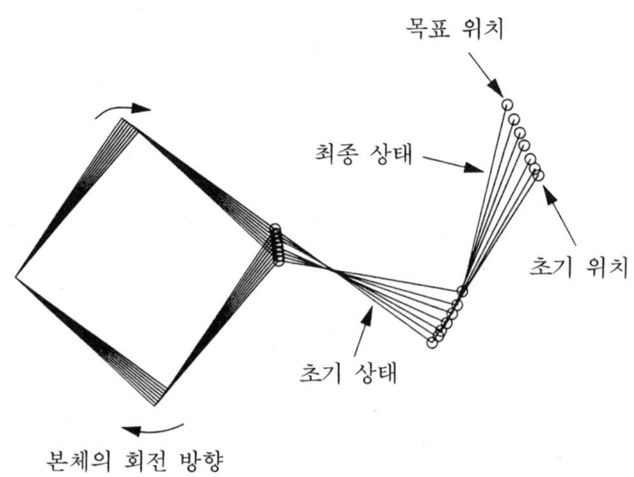

그림 6·5 분해 속도 제어에 의한 실험 결과

여기서 든 스페이스 머니퓰레이터의 제어법은 가장 간단한 것이다. 이 머니퓰레이터의 제어 문제에 대해서는 수많은 연구 결과가 보고되고 있다. 관심있는 독자들은 해당 문헌을 참고하기 바란다.

참 고 문 헌

1) 広瀬茂雄, ロボット工学 － 機械システムのベクトル解析 － , 裳華房, 1987

2) 吉川恒夫, ロボット制御基礎論, コロナ社, 1988

3) 柳井晴夫, 竹内啓, 射影行列・一般化逆行列・特異値分解, 東京大学出版会, 1983

4) 有本　卓, ロボットの力学と制御, 朝倉書店, 1990年

5) ゴールドスタイン, 古典力学, 吉岡書店, 1959

6) 森　政弘, 小川鑛一, はじめて学ぶ基礎制御工学, 東京電機大学出版局, 1994

7) D.E Whitney, Quasi － Static Assembly of Compliantly Supported Rogid Parts, ASME Journal of Dynamic Systems, Measurement, and Control, 104, 1, pp.65 ～ 77, 1982

8) 内山　勝, 試行による人工の手の高速運動パターンの形成, 計測自動制御学会論文集, 第14巻, 第6号, pp.706 ～ 712, 1978

9) 梅谷陽二, 吉田和哉, 一般化ヤコビ行列を用いた宇宙用ロボットマニピュレータの分解速度制御, 日本ロボット学会誌, 第7巻, 第4号, pp.63 ～ 74, 1989

10) 山田克彦, 土屋和雄, 宇宙における剛体多体システムの定式化, 日本機械学会論文集C編, 第53巻, 第491号, pp.1598 ～ 1606, 1987

11) 升谷保博, 宮崎文夫, 宇宙用マニピュレータのセンサフィードバック制御, 日本ロボット学会誌, 第7巻, 第6号, pp.647 ～ 655, 1989

12) 室津義定ほか, 柔軟マニピュレータを持つ宇宙ロボットのダイナミクスと位置決め制御, 日本機械学会論文集C編, 第57巻, 第539号, pp.2363 ～ 2370, 1991

13) 播磨浩一, 川口淳一郎, 中谷一郎, 二宮敬虔, スライディングモード型制御を用いた宇宙用マニピュレータの制御, 日本ロボット学会誌, 第9巻, 第5号, pp.572 ～ 579, 1991

14) 山本俊彦, 小林　順, 大川不二夫, 加藤了三, 宇宙用マニピュレータのディジタル適応制御, 日本機械学会論文集C編, 第62巻, 第593号, pp.168 ～ 174, 1996

15) 稲田智久ほか, 宇宙マニピュレータテストベッドSMART － Ⅱによる手先軌道適応制御実験, 九州工業大学研究報告（工学）, 第69号, 1997

연습 문제 해답

제 1 편 로봇공학의 기초

제 1 장 로봇이란

1. 대략 도해 1과 같은 변화가 있다. 소프트웨어를 사용하여 그림 1·2에 나타낸 것과
   같은 원활한 동작을 시킬 수도 있다.

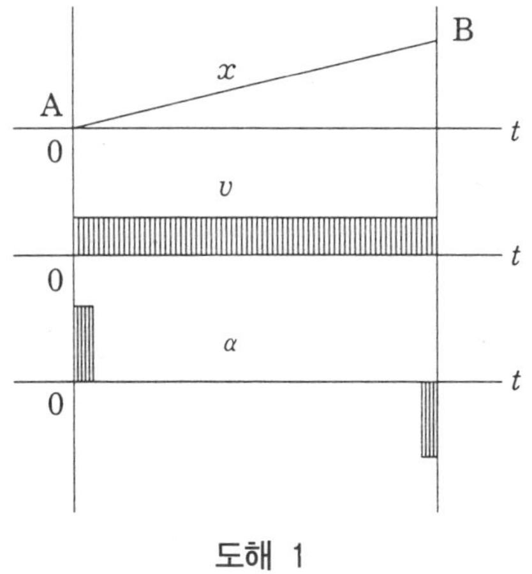

도해 1

2. (1) 그 위치에서 정지하여 동작하지 않는다.

   (2) E_X 는 0이 된다. 그 결과, $E_L - E_X$ 는 E_L 과 같아지며 모터는 계속 회전한다.
   즉, 로봇 핸드는 계속 돈다. 만일 로봇 핸드에 회전 멈춤이 있으면 그 회전 멈춤에
   부닥쳐 정지한다.

3. (1) 센서란 사람의 5감에 대응하는 것으로서, 온도를 전압으로 변환하는 서미스터나
   각도를 전압으로 변환하는 퍼텐쇼미터와 같이 측정 대상의 물리량을 측정하기 위
   한 변환 소자이다.

   (2) 센서는 제어량(예를 들면 각도나 위치)을 측정하는 소자로서, 제어 대상을 목표값
   대로의 값(양)으로 조절하기 위해 필요 불가결하다.

4. ① 컴퓨터

　② 모터(유압 실린더)

　③ 광 센서(CCD 카메라)

5. **기구학** : 로봇은 기구학의 한 분야인 링크 기구나 기어 기구로 구성되어 있다.

　제어공학 : 핸드 위치결정에는 피드백 제어를 빼놓을 수 없다. 그 제어의 이론과 실제가 로봇공학에는 불가결하다.

　전자공학 : 로봇을 동작시키는 근원의 대부분은 전기이다. 로봇의 위치, 각도, 속도, 힘 등의 상태량을 계측하는 센서 및 센서 회로, 제어 회로 대부분에 반도체 전자 부품이 사용되고 있다. 예를 들면 관절과 같은 각도도 전기량으로 측정된다. 로봇 제어 신호의 처리, 연산, 증폭, 모터 구동 등의 회로기술은 전자공학 분야이다.

제 2 장　로봇의 형태 · 구조 · 요소

1. 사람의 특징

① 명령을 받지 않아도 일을 실행하지만 명령받은 것을 잊는 경우도 있다.

② 단순 작업은 곧 싫증내고 복잡한 작업은 실행하기 싫어한다.

③ 장시간 작업하면 피로하다.

④ 문제가 생기면 과거에 얻은 자신의 지식, 경험, 능력을 활용, 판단, 처리하여 해결한다.

⑤ 측정 정밀도는 나쁘지만 그 결과를 종합적으로 판단, 조합하여 인식, 추론한다.

⑥ 작업을 반복하면 점차 실력이 향상되어 고급 동작을 빠르게, 또한 능숙하게 할 수 있다. 즉, 학습 능력이 있다.

⑦ 한정된 크기와 무게밖에 들 수 없고 또 한정된 힘과 속도밖에 낼 수 없다.

기계의 특징

① 명령을 부여하지 않으면 절대로 움직이지 않는다. 일단 명령이 부여되면 동작은 확실하고 또 빠르며 정확하다.

② 단순 작업이나 복잡한 작업, 동일한 작업을 싫증내지 않고 언제까지나 반복 실행한다.

③ 고장이 날 때까지 계속 움직인다.

④ 설계시에 짜여진 프로그램에 따른 판단만을 하고 그 이외의 판단은 하지 못한다.

⑤ 단순한 계측은 확실, 정확하게 실행하지만 그 결과를 종합, 인식, 추론하는 기능은 없다.

⑥ 반복 동작은 잘 하지만 그것을 했다고 해서 그 동작을 학습하거나 그 이상으로 숙

　달되지는 못한다.

　⑦ 초대형, 초소형, 초고속, 초저속과 같이 상상도 할 수 없는 큰 힘, 속도를 낼 수
있고 또 상상도 할 수 없는 작은 힘, 속도를 낼 수 있다.

2. 문제 1의 해답을 참조하라.

3. 사람이 동작을 할 수 있는 것은 힘을 발휘하는 근육 덕택이다. 이것과 동일하게 로봇
의 동작도 사람 근육에 해당하는 액추에이터가 필요하다. 여기서 액추에이터란 토크나
힘을 발생시키는 전기모터, 유압 실린더, 공기압 실린더의 총칭이다.

4. 원통 좌표를 사용하여 x, y, z를 나타낸다.

$$x = r \cos \theta$$
$$y = r \sin \theta$$
$$z = z$$

극좌표를 사용하여 x, y, z를 나타낸다.

$$x = r \cos \theta \cos \psi$$
$$y = r \sin \theta \cos \psi$$
$$z = r \sin \psi$$

5. 도해 2

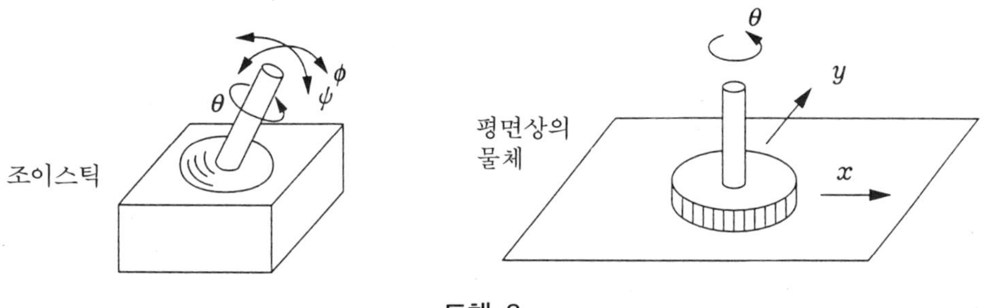

도해 2

6. 평면상에 놓인 공은 상하 방향인 z축 방향으로는 움직일 수 없으므로 그 자유도는 5
이다.

제 3 장   로봇의 손발을 임의의 위치 · 자세로 설정하기 위해서

1. ① 이상 동작(예를 들면 모터의 이상 전류)을 검지하면 브레이크를 건다.
   ② 동작 속도를 검출(예를 들면 모터 회전 속도를 상시 검출)하여 정해진 속도를 초과하면 정지시킨다.
   ③ 동작 범위 한계 위치에 폭주 멈춤을 설치한다.

2. 로봇 제어계의 블록선도는 로봇을 동작시키기 위한 신호의 흐름이 명확하게 표시되어 있다. 또한 각 블록이 전달함수로 표현되고 있는 경우는 그 계 전체의 이론적 해석을 전망할 수 있다.

3. $f(t)$가 델타 함수이므로 그 라플라스 변환은 1이다. 따라서 $F(s)=1$이라고 하면 $X(s)$는 다음과 같다.

$$X(s) = \frac{1}{s+1} F(s) = \frac{1}{s+1}$$

$X(s)$를 라플라스 역변환하면 $x(t)=e^{-t}$가 된다.

4. 초기값을 제로로 한 출력 신호의 라플라스 변환과 입력 신호의 라플라스 변환의 비로 정의되고, 시스템의 신호 전달 특성을 나타내는 것이다.

5. (1) $\dfrac{10}{s(s+1)}$ (2) $\dfrac{1}{s+1+k}$

6. A/D 변환이란 analog to digital converter의 머릿글자를 취한, 아날로그 신호를 디지털 신호로 변환하는 변환기이다. 또한 D/A 변환기란 digital to analog converter의 머리 글자를 취한, 디지털 신호를 아날로그 신호로 변환하는 변환기이다. 로봇이 아날로그 신호를 컴퓨터로 디지털 처리시키기 위해서는 A/D 변환기가 필요하다. 한편, D/A 변환기는 컴퓨터로 처리된 디지털량을 사람이 이해할 수 있는 아날로그량으로 변환하거나 아날로그식 액추에이터를 구동하기 위해서 사용된다.

7. $(9)_{10} = (1001)_2$

8. $(1101)_2 = (13)_{10}$

제 4 장   로봇의 움직임을 뒷받침하는 일렉트로닉스와 센서

1. 모터를 역전시키고자 하는 경우에는 그 모터에 가하는 전압의 극성을 반대로 하면 된다. 모터의 입력 단자를 일일이 떼고 접속을 바꾸는 것은 번잡하다. 그래서 양측으로 전환되는 그림 4·1과 같은 스위치를 사용해서 직류 전원의 전압 극성을 반대로 한다.

2. 그림 4·5의 2개의 퍼텐쇼미터에 의해 도해 3과 같이 직류 회로의 휘트스톤 브리지를 구성하고 있다. 퍼텐쇼미터의 저항은 각각 R_1+R_2 및 R_3+R_4이다. 예를 들면 목표값 설정용 P.T.A를 변화(화살표를 내린다)시키면 R_1은 커지고, R_2는 감소한다. 그러면 목표값 설정용 화살표와 암(arm)각 측정용 화살표간에 전위차가 생기므로 이 전위차를 OP 앰프가 계산(비교)한다.

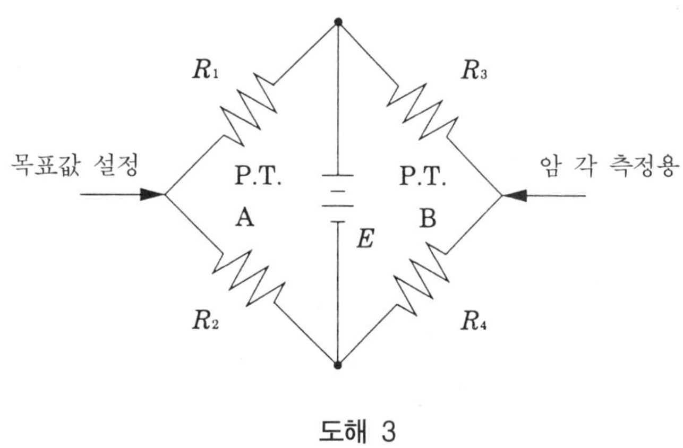

도해 3

3. 퍼텐쇼미터는 각도(변위) 측정용 가변 저항기이다. 이것은 각도나 변위를 측정하는 센서이므로 그 저항값 변화량은 정확하다. 또한 퍼텐쇼미터의 축을 돌리는 토크를 가능한 한 작게 하기 위해 베어링이 사용되고 있다.

4. 회전형 인크리멘털 인코더(증분형)는 일주 360°에 대해서, 예를 들면 1000개의 슬릿이 뚫려 있다. 인코더가 회전하면 슬릿을 통과하는 빛의 펄스가 나타난다. 이 펄스의 수를 계수하면 회전각을 알 수 있다. 이에 대해서 앱설루트 인코더(절대값형)는 인코더가 회전하면 회전한 그 위치의 각도가 직접 판독되는 것이다.

5. (a) 분해능＝30/500＝0.06cm/펄스 수   10/0.06＝166펄스
   (b) 360/500＝0.72°/펄스   30/0.72＝41펄스

6. (a) 10비트로는 1회전당 최대 $2^{10}(=1024)$까지의 수를 표현할 수 있다. 따라서 1증분 당 $0.3515°(=360/1024)$ 각도이다. 이것이 분해능이다.

(b) 8비트의 인코더는 1회전당 $256(=2^8)$까지의 수를 표현할 수 있다. 한편, 인코더의 1회전은 $360°$이므로 출력값은 $21(=(256/360)\times30)$이다. 이 21을 2진 코드로 표시하면 $(00010101)_2$가 된다.

제 5 장   일을 하는 로봇

1. 잡은 물체를 어떻게 취급하는가에 따라 그 취급 방법은 다르다. 액체가 들어 있는 용기면 수평을 유지하도록 잡는다. 이동 목표점에서 자세결정이 요구되면 잡은 물체의 자세를 중시하여 위치결정을 할 필요가 있다.

2. 산업용 로봇이 취급하는 대상물은 물체이다. 그러나 복지용 로봇의 작업 대상은 사람이다. 따라서 철물을 취급하는 것 같이 할 수는 없고 안전성이나 신뢰성을 중시하지 않으면 안된다. 또한 대상이 사람이기 때문에 로봇 핸드가 접촉하는 것은 부드러운 육체이고 체격, 연령, 성별 등의 개인차가 있으므로 물체를 잡거나 들어 올리는 것을 간단히 할 수 없다. 그 때문에 보다 상세한 연구가 요구되어 복지 로봇의 보급이 늦어지고 있다.

3. 우주 공간에서는 무중력, 심해에서는 고압력에 노출된다. 그 때문에 우주에서는 무중력이나 관성력 문제, 심해에서는 수중이라는 점과 높은 압력 문제가 있어 지구상의 조건에 맞춘 로봇을 동작시킬 수는 없다. 또한 로봇을 동작시키는데 기본이 되는 에너지 문제와 원격의 계측·제어 문제가 있다.

4. 로봇은 기계이므로 고장이나 오작동을 일으킬 것을 전제로 해서 작업이 안전하게 수행되도록 설계되어 있다. 이것은 페일 세이프 시스템이라고 해서 고장이 나도 안전은 보증되도록 설계되어 있다.

제 2 편 로봇 제어의 시작

제 1 장 머니퓰레이터의 운동학

1. $\boldsymbol{P}' = \begin{bmatrix} \cos\dfrac{\pi}{2} & -\sin\dfrac{\pi}{2} \\ \sin\dfrac{\pi}{2} & \cos\dfrac{\pi}{2} \end{bmatrix}\begin{bmatrix} 2 \\ 1 \end{bmatrix} = \begin{bmatrix} 0 & -1 \\ 1 & 0 \end{bmatrix}\begin{bmatrix} 2 \\ 1 \end{bmatrix} = \begin{bmatrix} -1 \\ 2 \end{bmatrix}$

2. $\begin{bmatrix} 2 \\ 1 \end{bmatrix} + \begin{bmatrix} \cos\dfrac{\pi}{4} & -\sin\dfrac{\pi}{4} \\ \sin\dfrac{\pi}{4} & \cos\dfrac{\pi}{4} \end{bmatrix}\begin{bmatrix} 1 \\ 2 \end{bmatrix} = \begin{bmatrix} 2 \\ 1 \end{bmatrix} + \begin{bmatrix} \dfrac{\sqrt{2}}{2} & -\dfrac{\sqrt{2}}{2} \\ \dfrac{\sqrt{2}}{2} & \dfrac{\sqrt{2}}{2} \end{bmatrix}\begin{bmatrix} 1 \\ 2 \end{bmatrix}$

$$= \begin{bmatrix} 2 - \dfrac{\sqrt{2}}{2} \\ 1 + \dfrac{3\sqrt{2}}{2} \end{bmatrix}$$

3. (1) $\mathbf{Rot}(\phi) = \begin{bmatrix} \cos\phi & -\sin\phi \\ \sin\phi & \cos\phi \end{bmatrix}$ 으로부터

$$\{\mathbf{Rot}(\phi)\}^{T} = \begin{bmatrix} \cos\phi & \sin\phi \\ -\sin\phi & \cos\phi \end{bmatrix}$$

$$\{\mathbf{Rot}(\phi)\}^{-1} = \frac{\mathrm{adj}(\mathbf{Rot}(\phi))}{\det(\mathbf{Rot}(\phi))} = \begin{bmatrix} \cos\phi & \sin\phi \\ -\sin\phi & \cos\phi \end{bmatrix}$$

이상에서

$$\{\mathbf{Rot}(\phi)\}^{T} = \{\mathbf{Rot}(\phi)\}^{-1}$$

이다.

(2) $|\mathbf{Rot}(\phi)| = \begin{vmatrix} \cos\phi & -\sin\phi \\ \sin\phi & \cos\phi \end{vmatrix} = 1$

제 2 장 머니퓰레이터의 미분 관계

1. 식 $(2 \cdot 2)$에 의해 이 머니퓰레이터의 야코비 행렬 $J\{\phi(t)\}$는

$$J\{\phi(t)\} = \begin{bmatrix} -l_1 S_1 - l_2 S_{12} - l_3 S_{123} & -l_2 S_{12} - l_3 S_{123} & -l_3 S_{123} \\ l_1 C_1 + l_2 C_{12} + l_3 C_{123} & l_2 C_{12} + l_3 C_{123} & l_3 C_{123} \\ 1 & 1 & 1 \end{bmatrix}$$

이므로

$$\det[J\{\phi(t)\}] = l_1 l_2 S_2$$

이다. 따라서 이것이 0이 되는 것은 $\phi_2 = n\pi \, (n=0,\ 1,\ \cdots)$일 때이다.

2. (1) 이 예제의 경우 $m=2$, $n=3$이므로 식 $(2 \cdot 13)$에서 $m < n$의 경우에 해당한다. 따라서 A의 일반화 역행렬 $A^{\#}$는

$$A^{\#} = A^T (AA^T)^{-1}$$

에 의해 구해지며

$$A^{\#} = \frac{1}{9} \begin{bmatrix} 5 & 4 \\ 2 & -2 \\ 4 & 5 \end{bmatrix}$$

가 된다.

(2) 이것들은 모두 연산하면 확인된다. 예를 들면 ①의 경우는

$$AA^{\#}A = \begin{bmatrix} 1 & 2 & 0 \\ & & \\ 0 & -2 & 1 \end{bmatrix} \cdot \frac{1}{9} \begin{bmatrix} 5 & 4 \\ 2 & -2 \\ 4 & 5 \end{bmatrix} \begin{bmatrix} 1 & 2 & 0 \\ & & \\ 0 & -2 & 1 \end{bmatrix}$$

$$= \frac{1}{9} \begin{bmatrix} 1 & 2 & 0 \\ & & \\ 0 & -2 & 1 \end{bmatrix} \begin{bmatrix} 5 & 2 & 4 \\ 2 & 8 & -2 \\ 4 & -2 & 5 \end{bmatrix}$$

$$= \frac{1}{9} \begin{bmatrix} 9 & 18 & 0 \\ & & \\ 0 & -18 & 9 \end{bmatrix} = \begin{bmatrix} 1 & 2 & 0 \\ & & \\ 0 & -2 & 1 \end{bmatrix} = A$$

가 된다. ②~④에 대해서도 동일하다.

(3) ②에 대해서 연산 과정을 나타낸다.

$$\text{우변} = \left(\boldsymbol{A}^{\#}\right)^{T} = \frac{1}{9}\begin{bmatrix} 5 & 2 & 4 \\ 4 & -2 & 5 \end{bmatrix}$$

이다. 한편, 좌변의 계산은

$$\left(\boldsymbol{A}^{T}\right)^{\#} = \begin{bmatrix} 1 & 0 \\ 2 & -2 \\ 0 & 1 \end{bmatrix}^{\#}$$

를 할 필요가 있는데, 행렬 $\boldsymbol{A}^{T}$ 는 3×2행렬이므로 식 $(2 \cdot 13)$의 $m > n$ 의 경우로 계산할 필요가 있다. 즉

$$\text{좌변} = \begin{bmatrix} 1 & 0 \\ 2 & -2 \\ 0 & 1 \end{bmatrix}^{\#} = \left\{ \begin{bmatrix} 1 & 2 & 0 \\ 0 & -2 & 1 \end{bmatrix} \begin{bmatrix} 1 & 0 \\ 2 & -2 \\ 0 & 1 \end{bmatrix} \right\}^{-1} \begin{bmatrix} 1 & 2 & 0 \\ 0 & -2 & 1 \end{bmatrix}$$

$$= \begin{bmatrix} 5 & -4 \\ -4 & 5 \end{bmatrix}^{-1} \begin{bmatrix} 1 & 2 & 0 \\ 0 & -2 & 1 \end{bmatrix}$$

$$= \frac{1}{9}\begin{bmatrix} 5 & 4 \\ 4 & 5 \end{bmatrix} \begin{bmatrix} 1 & 2 & 0 \\ 0 & -2 & 1 \end{bmatrix}$$

$$= \frac{1}{9}\begin{bmatrix} 5 & 2 & 4 \\ 4 & -2 & 5 \end{bmatrix}$$

가 되며 우변=좌변이 된다.

①, ③에 대해서도 동일하게 확인된다.

3. $(-37.16, \ -14.84)^{T} \ [\mathrm{N \cdot m}]$

제 3 장   머니퓰레이터의 동역학

1. **[힌트]** 행렬의 정정성을 판정하는 방법이 몇 가지 있는데, 여기서는 실베스터의 판정법을 소개한다.

   대칭행렬 S 가

$$S = \begin{bmatrix} S_{11} & S_{12} & \cdots & S_{1n} \\ \vdots & \vdots & & \vdots \\ S_{n1} & S_{n2} & \cdots & S_{nn} \end{bmatrix}$$

   으로 부여되어 있을 때

$$S_{11} > 0$$

$$\begin{vmatrix} S_{11} & S_{12} \\ S_{21} & S_{22} \end{vmatrix} > 0$$

$$\begin{vmatrix} S_{11} & \cdots & S_{1n} \\ \vdots & & \\ S_{n1} & \cdots & S_{nn} \end{vmatrix} > 0$$

   가 성립될 때 행렬 S 는 정정이다. 이 방법에 의하면 관성행렬의 정정성은 용이하게 표시할 수 있다.

2. 생략

3. $(I_0 + ml_G{}^2)\,\ddot{\phi} + D\,\dot{\phi} + mgl_G \sin\phi = 0$

제 4 장   머니퓰레이터의 제어

1. (1) $\omega_n = \sqrt{\dfrac{mgl_G}{I}}, \quad \zeta = \dfrac{1}{2}\sqrt{\dfrac{D}{mgl_G}}$

   (2) $\dfrac{\overline{BB'}}{\overline{AA'}} = e^{\frac{-2\zeta\pi}{\sqrt{1-\zeta^2}}}$

   [힌트] 단진자의 운동방정식을 초기값 $\phi(\omega)=0$, $\phi(0)=\phi_0$ 으로 하고 감쇠계수가 1 보다 작다고 해석, 진동 파형의 미분값이 0이 되는 시각을 구하면 $\overline{AA'}$, $\overline{BB'}$ 의

값이 구해지므로 이것으로 그 비도 구할 수 있다.

2. 머니퓰레이터의 운동방정식 (4 · 3)과 컨트롤러의 식 (4 · 25)에서

$$I_0 \ddot{\phi}^* + D\dot{\phi}^* - G\phi^* = KK_p\{(\phi_r{}^* - \phi^*) + T_D(\dot{\phi}_r{}^* - \dot{\phi}^*)\}$$

가 된다. 이 식을 정리하여 양변을 라플라스 변환하면

$$\Phi^*(s) = \frac{KK_p(1 + T_D s)}{I_0 s^2 + (D + KK_p T_D)s + (KK_p - G)}\, \Phi_r{}^*(s)$$

가 된다. 다만 초기값은 모두 0으로 하고 있다. 여기서 $\Phi^*(s)$, $\Phi_r{}^*(s)$ 는 모두 $\phi^*(t)$, $\phi_r{}^*(t)$ 를 라플라스 변환한 것이지만 가정에 의해

$$\Phi_r{}^*(s) = \frac{1}{s}\, \phi_r{}^*$$

이므로

$$\Phi^*(s) = \frac{KK_p(1 + T_D s)}{I_0 s^2 + (D + KK_p T_D)s + (KK_p - G)}\, \frac{1}{s}\, \phi_r{}^*$$

이다. 따라서 최종값의 정리에 의해

$$\lim_{t \to \infty} \phi^*(t) = \lim_{s \to 0} s\,\Phi(s) = \frac{KK_p}{KK_p - G}\, \phi_r{}^* = \frac{K'}{K' - G}\, \phi_r{}^*$$

가 되며 식 (2 · 24)와 동일해진다. 따라서 컨트롤러에 PD 컨트롤러를 사용하여도 오프셋은 해소되지 않는다.

3. 문제 1의 결과의 하나

$$\omega_n = \sqrt{\frac{mgl_G}{I}}$$

에서 가정에 의해 m, g, l_G 는 이미 알고 있다. 또한 ω_n 은 그림 4 · 19의 파형에서 계산되므로 관성 모멘트 I 는

$$I = \frac{mgl_G}{\omega_n{}^2}$$

에 의해 구해진다.

한편, 그림 4 · 19의 진폭비 $\overline{\mathrm{BB}'}/\overline{\mathrm{AA}'}$ 가 구해지면 문제 1.의 (2)의 결과

$$\frac{\overline{\mathrm{BB}'}}{\overline{\mathrm{AA}'}} = e^{\frac{-2\zeta\pi}{\sqrt{1-\zeta^2}}}$$

에 의해 ζ가 구해지므로 문제 1.의 (1)의 결과

$$\zeta = \frac{1}{2}\sqrt{\frac{D}{mgl_G}}$$

를 사용하면 점성 마찰계수 D는

$$D = 4\,mgl_G\zeta^2$$

에 의해 구해진다.

찾 아 보 기

〈가나다순〉

자

차

카

타

MEMO

[옮긴이 약력]

김진오(金鎭吾)

학력 | 서울대학교 기계공학과 공학사

서울대학교 대학원 기계공학과 공학석사

카네기멜론대학교(Carnegie Mellon University) Robotics 공학박사

경력 | KIST(한국과학기술연구원) 기계시스템실, CAD/CAM실 위촉연구원

Carnegie Mellon University, The Robotics Institute, Research assistant

일본 SECOM Intelligent System Lab, Robotics Department, Senior leader

삼성전자, 로봇개발팀장(1994.2.~1997.1.)

삼성전자, 로봇사업그룹장(1997.2.~1998.9.)

로봇산업연구조합 Founder(2000)

산업통상자원부 퍼스널로봇 기획위원장(2001.3.~2002.8.)

산업통상자원부 지능형로봇 기획단장(2003.9.~2004.4.)

차세대성장동력 지능형로봇 실무위원장(2004.1.~2008.3.)

Stanford University, Computer Science, AI Lab, Visiting Associate Professor(2005.9.~2006.8.)

현재 | 광운대학교 정보제어공학과 교수(1999.3.~현재)

광운대학교 로봇게임단(로빛) 지도교수(2006.11.~현재)

로봇기술자격시험제도 운영위원장(2007.11.~현재)

로봇산업정책포럼 의장(2006.11.23.~현재)

기초 로봇공학

1999. 1. 8. 초 판 1쇄 발행
2024. 1. 10. 초 판 9쇄 발행

지은이 | 오가와 코이치, 카토 료조
옮긴이 | 김진오
펴낸이 | 이종춘
펴낸곳 | **BM** ㈜도서출판 **성안당**
주소 | 04032 서울시 마포구 양화로 127 첨단빌딩 3층(출판기획 R&D 센터)
10881 경기도 파주시 문발로 112 파주 출판 문화도시(제작 및 물류)
전화 | 02) 3142-0036
031) 950-6300
팩스 | 031) 955-0510
등록 | 1973. 2. 1. 제406-2005-000046호
출판사 홈페이지 | www.cyber.co.kr
ISBN | 978-89-315-0582-5 (93550)
정가 | 20,000원

이 책을 만든 사람들
기획 | 최옥현
진행 | 이희영
교정·교열 | 문 황
전산편집 | 이다혜
표지 디자인 | 박원석
홍보 | 김계향, 유미나, 정단비, 김주승
국제부 | 이선민, 조혜란
마케팅 | 구본철, 차정욱, 오영일, 나진호, 강호묵
마케팅 지원 | 장상범
제작 | 김유석

이 책의 어느 부분도 저작권자나 **BM** ㈜도서출판 **성안당** 발행인의 승인 문서 없이 일부 또는 전부를 사진 복사나 디스크 복사 및 기타 정보 재생 시스템을 비롯하여 현재 알려지거나 향후 발명될 어떤 전기적, 기계적 또는 다른 수단을 통해 복사하거나 재생하거나 이용할 수 없음.

■ **도서 A/S 안내**

성안당에서 발행하는 모든 도서는 저자와 출판사, 그리고 독자가 함께 만들어 나갑니다.
좋은 책을 펴내기 위해 많은 노력을 기울이고 있습니다. 혹시라도 내용상의 오류나 오탈자 등이 발견되면 **"좋은 책은 나라의 보배"**로서 우리 모두가 함께 만들어 간다는 마음으로 연락주시기 바랍니다. 수정 보완하여 더 나은 책이 되도록 최선을 다하겠습니다.
성안당은 늘 독자 여러분들의 소중한 의견을 기다리고 있습니다. 좋은 의견을 보내주시는 분께는 성안당 쇼핑몰의 포인트(3,000포인트)를 적립해 드립니다.

잘못 만들어진 책이나 부록 등이 파손된 경우에는 교환해 드립니다.